NEW
全新版
★★★

高等院校基础课系列教材·实验类

GAODENG YUANXIAO JICHUKE XILIE JIAOCAI · SHIYAN LEI

电路电子技术仿真与实践

主　编　王玉菡　古良玲　曾自强

副主编　张　里　张　杰　贺　娟　杜　红

参　编　贺媛媛　李　双　施帮利　侯艳芳　陈　龙

重庆大学出版社

内容提要

本书总结了近年来重庆理工大学的实验教学经验，共分为3章。第1章介绍 Multisim 14 仿真软件，介绍菜单功能、元器件库和仪器仪表的使用等。第2章为电路分析基础实验，给出了12个电路实验，以单个实验为主体进行编写，针对每个实验完成了计算机仿真实验内容，较好地把理论、仿真有机地结合起来。为了方便学生在课下进行巩固练习，每个实验均配备了"练一练"。第2章的名人简介，介绍了电子工程相关领域的重要先驱人物和历史事件。第3章为电子技术应用实验，给出了7个综合实验项目研究与实践，实现了由验证性实验为主到工程训练为主的转变，可作为课程设计、学生课外综合电子技术实践选题，提高学生的创新能力。

本书可作为相关学校电子信息类、自动化类专业的教科书，也可供从事电工电子技术设计和应用的科技人员参考。

图书在版编目(CIP)数据

电路电子技术仿真与实践 / 王玉菡，古良玲，曾自强主编. -- 重庆 ：重庆大学出版社，2023.11
高等院校基础课系列教材
ISBN 978-7-5689-3673-6

Ⅰ. ①电… Ⅱ. ①王… ②古… ③曾… Ⅲ. ①电路设计—计算机仿真—高等学校—教材②电子技术—计算机仿真—高等学校—教材 Ⅳ. ①TN-39

中国国家版本馆 CIP 数据核字(2023)第012604号

电路电子技术仿真与实践
DIANLU DIANZI JISHU FANGZHEN YU SHIJIAN
主　编　王玉菡　古良玲　曾自强
副主编　张　里　张　杰　贺　娟　杜　红
参　编　贺媛媛　李　双　施帮利　侯艳芳　陈　龙
策划编辑：鲁　黎
责任编辑：文　鹏　　版式设计：鲁　黎
责任校对：刘志刚　　责任印制：张　策
*
重庆大学出版社出版发行
出版人：陈晓阳
社址：重庆市沙坪坝区大学城西路21号
邮编：401331
电话：(023)88617190　88617185(中小学)
传真：(023)88617186　88617166
网址：http://www.cqup.com.cn
邮箱：fxk@cqup.com.cn (营销中心)
全国新华书店经销
重庆高迪彩色印刷有限公司印刷
*
开本：787mm×1092mm　1/16　印张：14.25　字数：358千
2023年11月第1版　2023年11月第1次印刷
印数：1—2 000
ISBN 978-7-5689-3673-6　定价：48.00元

前言

实验教学是一门高等学校电类本科生学习专业技术基础的重要实践课程,是当前高等学校教学改革的一项重要任务,是培养学生分析和解决实际问题的有效途径。

电子设计自动化(EDA)技术在电类专业中的应用也逐渐被人们所认识,许多高等学校开设了相应的课程,并为学生提供了课程设计、综合实践、电子设计竞赛等 EDA 技术的综合应用实践环节。其中,Multisim 就是 EDA 技术领域中一款杰出的仿真软件。它的人机交互界面友好,易于使用和操作,具有显著的优势。

本书基于新工科和专业工程认证,修订了人才培养方案,新增电路仿真实验与电子技术应用实验内容。具有以下特点:

(1)电路部分只针对电路仿真实验编写,与原有传统实验教材互为补充,实验内容与理论教学紧密结合,由浅至深;以学生为中心,以单个实验为主体进行编写,有利于实验的开展;增加名人简介,介绍电子工程相关领域的重要先驱和历史事件。

(2)电子技术应用实验部分仿真与实作结合,注重学生工程设计与创新思维能力的培养。

(3)具有新形态教材特征,书中电路仿真实验项目配有相关视频讲解与课件,学生可以扫描二维码进行学习。

(4)充分考虑初学者的实际情况,语言通俗易懂,注重兴趣培养。

(5)既适合初学者学习,又适合设计人员参考。

本书由王玉菡、古良玲、曾自强担任主编,张里、张杰、贺娟、杜红担任副主编,贺媛媛、李双、施帮利、侯艳芳、陈龙参编。具体分工如下:第 1 章由曾自强编写,第 2 章由王玉菡、张杰编写,第 3 章由古良玲、张里编写,配套课件由贺娟、杜红编写,附录由贺媛媛编写,施帮利、李双负责实验室操作验证,侯艳芳、陈龙负责仿真实验验证。全书由王玉菡统稿。

本书在编写过程中得到了重庆理工大学2023年国家级一流课程“数字电子技术”、2020年重庆市一流课程“电路”和“数字电子技术”、2021年重庆市一流课程“模拟电子技术”、2021年重庆市教育科学规划课题(项目编号2021-GX-130)等资助,并得到了重庆理工大学电工电子技术实验中心领导及全体老师的大力支持和帮助,在此一并表示衷心的感谢!

本书提供所有的计算机仿真实验电路图。

由于编者水平有限,书中难免有疏漏与不足之处,恳请读者批评指正。

编　者

2023年5月

目录

1

Multisim 14 仿真软件介绍

1.1 Multisim 14 简述

Multisim 14简介

虚拟仿真实验教学是高等教育信息化建设和实验教学示范中心建设的重要内容。通过虚拟仿真技术,可以使理论和实践相结合,使过程、结果具象化,而且可以不受时间和空间的限制,反复进行,成为现代教学不可或缺的工具之一。在当前科技不断创新、突破与发展,多学科交叉、融合背景下,通过虚拟仿真技术验证理论知识、巩固常用的分析方法并解决具体实际问题,可帮助学生养成实事求是、积极探索的治学态度以及认真细致的工作作风、客观辩证的思维方式,引导学生践行社会主义核心价值观,进而培养出高质量的"复合型"创新人才满足当今科技形势发展的需要。

早期的 EWB 仿真软件由加拿大 Interactive Image Technologies 公司(简称"IIT 公司")推出,后又更名为 Multisim,并升级为 Multisim 2001、Multisim 7.0 和 Multisim 8.0。2005 年,美国国家仪器公司(National Instrument, 简称"NI 公司")收购了加拿大的 IIT 公司,并先后推出 NI 公司的 Multisim 9.0、Multisim 10.0、Multisim 11.0、Multisim 12.0、Multisim 13.0 和 Multisim 14.0。Multisim 系列软件是用软件的方法模拟电子与电工元器件,模拟电子与电工仪器和仪表,实现了"软件即元器件""软件即仪器"。后面三个版本在电子技术仿真方面差别并不大,只是后续版本适当地增加了某些高级功能模块。本书选用 Multisim 14 版本进行讲解。

Multisim 14 是一个集电路原理设计、电路功能测试的虚拟仿真软件,其元器件库提供数千种电路元器件供实验选用,同时也可以新建或扩充已有的元器件库,而且建库所需的元器件参数可以从生产厂商的产品使用手册中查到,因此也可很方便地在工程设计中使用。其虚拟测试仪器仪表种类齐全,有一般实验用的通用仪器,如万用表、函数信号发生器、双踪示波器、直流电源;而且还有一般实验室少有或没有的仪器,如波特图仪、字信号发生器、逻辑分析仪、逻辑转换器、失真分析仪、频谱分析仪和网络分析仪等。

Multisim 14 具有较为详细的电路分析功能,可以完成电路的瞬态分析和稳态分析、时域和频域分析、器件的线性和非线性分析、电路的噪声分析和失真分析、离散傅里叶分析、电路零极点分析、交直流灵敏度分析等,以帮助设计人员分析电路的性能。

Multisim 14 可以设计、测试和演示各种电子电路,包括电工学、模拟电路、数字电路、射频电路、微控制器和接口电路等;可以对被仿真电路中的元器件设置各种故障,如开路、短路和不同程度的漏电等,从而观察不同故障情况下的电路工作状况。在进行仿真的同时,软件还可以存储测试点的所有数据,列出被仿真电路的所有元器件清单,以及存储测试仪器的工作状态、显示波形和具体数据等。

Multisim 12 在 Multisim 10 的基础上增加了以下新功能(部分):

- 全局连接器;
- 页内连接器;
- 项目打包和归档;
- 片段操作;
- 特殊粘贴操作;
- 菜单锁定;
- 在线设计支持;
- 利用 Ultiboard 重新构建前/后向标注;
- “所见即所得”网络系统;
- 示例查找器;
- 高级二极管参数模型;
- SPICE 网表查看器;
- 图形标注;
- 图形智能图例;
- NI 硬件连接器;
- LabVIEW 仪器增至 7 个;
- 虚拟仪器联合仿真终端。

Multisim 14 在 Multisim 12 的基础上增加了以下新功能:

- 全新的电压、电流和功率探针功能;
- 基于 Digilent FPGA 板卡支持的数字可编程逻辑图功能;
- 基于 Multisim 和 MPLAB 的微控制器联合仿真;
- 在 iPAD 上使用 Multisim Touch 实现交互式仿真;
- 借助 Ultiboard 完成设计项目。

Multisim 14 易学易用,便于电子信息、通信工程、自动化、电气控制类专业学生自学,并开展综合性设计和实验,有利于培养学生的综合分析能力、开发和创新的能力。

1.2 Multisim 14 的基本功能介绍

1.2.1 Multisim 14 的操作界面

依次单击“开始”→“程序”→“National Instruments”→“Circuit Design Suite 14.0”→

“Multisim 14.0”，启动 multisim l4，可以看到如图 1.2.1 所示的 Multisim 14 的主窗口，主要包括 Menu Toolbar（菜单工具栏）、Standard Toolbar（标准工具栏）、Design Toolbox（设计工具盒）、Component Toolbar（元件工具栏）、Circuit Window（电路窗口）、Spreadsheet View（数据表格视图）、Active Circuit Tab（激活电路标签）、Instrument Toolbar（仪器工具栏）等。其含义如下：

①菜单工具栏：用于查找所有的功能命令。

②标准工具栏：包含常用的功能命令按钮。

③仪器工具栏：包含软件提供的所有仪器按钮。

④元件工具栏：提供了从 Multisim 元件数据库中选择、放置元件到原理图中的按钮。

⑤电路窗口：也可称作工作区，是设计人员设计电路的区域。

⑥设计工具盒：用于操控设计项目中各种不同类型的文件，如原理图文件、PCB 文件和报告清单文件，同时也用于原理图层次的控制，显示和隐藏不同的层。

文件所有的操作都可以通过主菜单来进行，所有的功能组件都可以通过 View 菜单让它显示或不显示在屏幕上。

Multisim 14.0 支持汉化版，可单击“Option”→“Global Options”，找到“General”页面的“Language”，选择“Chinese-simplified”，即可使用汉化界面。

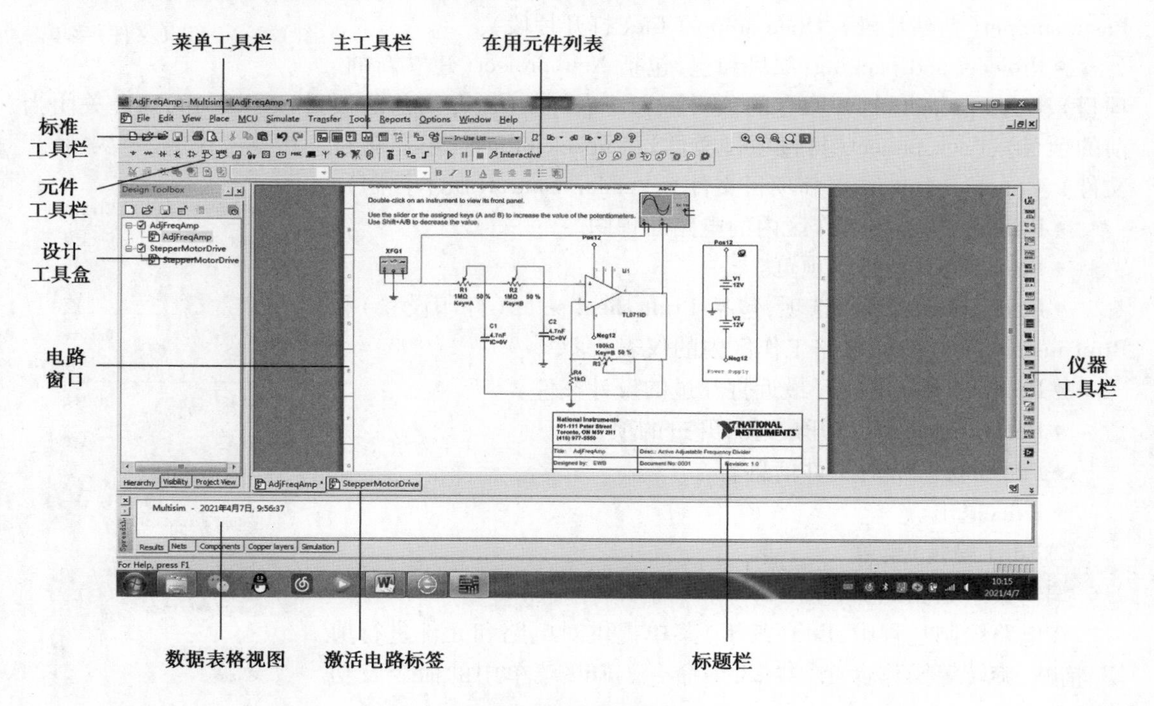

图 1.2.1　Multisim14 的主窗口

1.2.2　Multisim 14 的主要菜单

1）File（文件）菜单

文件菜单如图 1.2.2 所示。

File（文件）菜单提供 17 个文件操作命令，如打开、保存和打印等。File 菜单中的命令及功能如下：

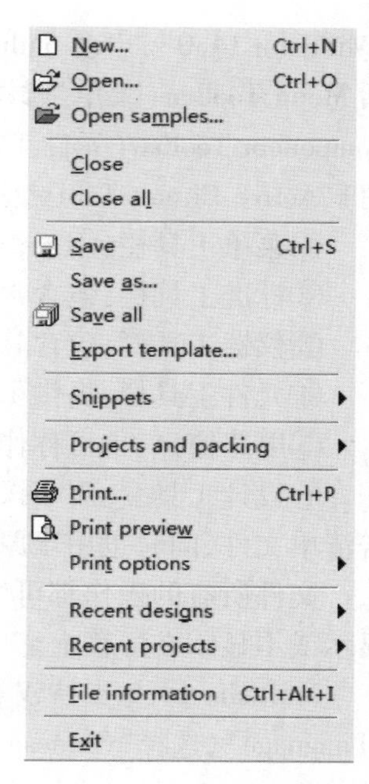

图 1.2.2 File(文件)菜单

• New:建立一个新文件。

• Open:打开一个已存在的 *.ms14、*.ms13、*.ms12、*.ms11、*.ms10、*.ms9、*.ms8、*.ms7、*.dsn、*.png 或 *.utsch 等格式的文件。

• Open Sample:打开范例文件。

• Close:关闭当前文件。

• Close all:关闭所有文件。

• Save:将电路工作区内的当前文件以 *.ms14 的格式存盘。

• Save as:将电路工作区内的当前文件另存为一个文件,仍为 *.ms14 格式。

• Save all:将电路工作区内所有的文件以 *.ms14 的格式存盘。

• Export template:导出模板。

• Snippet:片段,包括 Save selection as snippet(将选定区域存为片段)、Save active design as snippet(保存当前设计为片段)、Paste snippet(粘贴片段)、Open snippet file(打开片段)。

• Projects and packing:项目和包,包括 New project(建立新的项目)、Open project(打开原有的项目)、Save project(保存当前的项目)、Close project(关闭当前的项目)、Pack project(打包项目文件)、Unpack project(解压项目文件)、Upgrade project(更新项目文件)、Version control(版本控制)。

• Print:打印电路工作区内的电路原理图。

• Print preview:打印预览。

• Print options:打印选项,包括 Print sheet setup(打印设置)和 Print instruments(打印电路工作区内的仪表)命令。

• Recent designs:打开最近打开过的设计文件。

• Recent projects:打开最近打开过的项目。

• File information:文件信息。

• Exit:退出。

2)Edit(编辑)菜单

编辑菜单如图 1.2.3 所示。

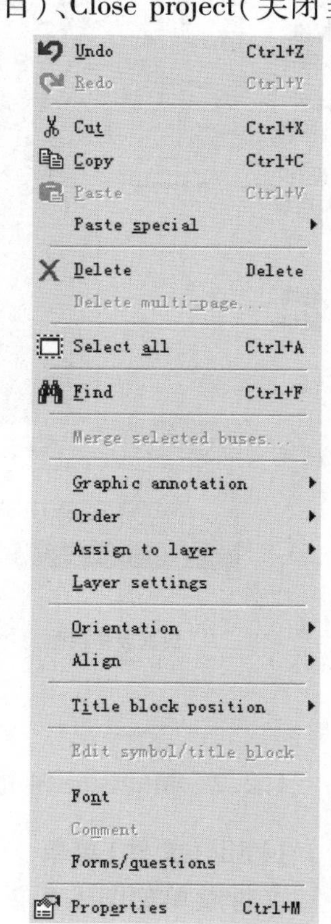

图 1.2.3 Edit(编辑)菜单

在电路绘制过程中,Edit(编辑)菜单提供对电路和元件进行剪切、粘贴、旋转等操作命令,共 23 个命令。Edit 菜单中的命令及功能如下:

• Undo:撤销前一次操作。

• Redo:恢复前一次操作。

• Cut:剪切所选择的内容,放在剪贴板中。

• Copy:将所选择的内容复制到剪贴板中。

• Paste:将剪贴板中的内容粘贴到指定的位置。

• Paste special:特殊粘贴,包括 Paste as subcircuit(粘贴为子电

路),Paste without renaming on-page connectors(不改变页内连接器粘贴)。

● Delete:删除所选择的内容。

● Delete multi-page:删除多页面电路文件中的某一页电路文件。

● Select all:选择电路中所有的元器件、导线和仪器仪表。

● Find:查找电路原理图中的元件。

● Merge selected buses:合并所选择的总线。

● Graphic annotation:图形注释,包括 Fill color(填充颜色)、Pen color(画笔颜色)、Pen style(画笔样式)、Fill type(填充类型)、Arrow(箭头类型)。

● Order: 图层顺序,包括 Bring to front(置于前面)、Send to back(置于后面)。

● Assign to layer:图层赋值,包括 ERC error mark(ERC 错误标记)、Static probe(静态探针)、Comment(修改所选择的注释)、Text/Graphics(文本/图形)。

● Layer settings:图层设置。

● Orientation:旋转方向选择,包括 Flip vertically(将所选择的元器件上下翻转)、Flip horizontally(将所选择的元器件左右翻转)、Rotate 90° clockwise(将所选择的元器件顺时针旋转 90°)、Rotate 90° counter clockwise(将所选择的元器件逆时针旋转 90°)。

● Align: 对齐,包括 Align left(左对齐)、Align right(右对齐)、Align centers vertically(中心垂直对齐)、Align bottom(下对齐)、Align top(上对齐)、Align centers horizontally(中心横向对齐)。

● Title block position:标题栏位置,包括 Bottom right(右下角)、Bottom left(左下角)、Top right(右上角)、Top left(左上角)。

● Edit symbol/title block:编辑符号/标题栏。

● Font:字体设置。

● Comment:注释。

● Forms/questions:格式/问题。

● Properties:属性编辑。

3) View(窗口显示)菜单

View(窗口显示)菜单如图 1.2.4 所示。View(窗口显示)菜单提供 21 个用于控制仿真界面上显示内容的操作命令。View 菜单中的命令及功能如下:

● Full screen:全屏显示电路仿真工作区。

● Parent sheet:返回到上一级工作区。

● Zoom in:放大电路原理图。

● Zoom out:缩小电路原理图。

● Zoom area:放大所选择的区域。

● Zoom sheet:显示完整电路图。

● Zoom to magnification:按一定的比例显示页面。

● Zoom selection:以所选电路部分为中心进行放大。

● Grid:显示或隐藏栅格。

● Border:显示或隐藏边界。

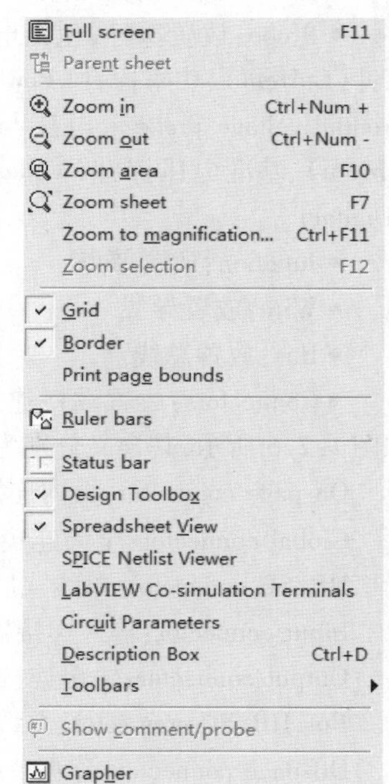

图 1.2.4 View(窗口显示)菜单

• Print page bounds：显示或者隐藏打印时的边界。

• Ruler bars：显示或隐藏标尺栏。

• Status bar：显示或隐藏状态栏。

• Design Toolbox：显示或隐藏设计工具箱。

• Spreadsheet View：显示或隐藏电子表格视窗。

• SPICE Netlist Viewer：显示或隐藏 SPICE 网表视窗。

• LabVIEW Co-simulation Terminals：显示或隐藏虚拟仪器联合仿真终端。

• Circuit Parameters：显示或隐藏电路参数。

• Description Box：显示或隐藏电路描述工具箱。

• Toolbars：显示或隐藏工具箱，一般需要开启 Standad（标准）、View（视图）、Main（主要）、Components（元件）、Simulation switch（仿真开关）、Simulation（仿真调试）、Instruments（仪器）这几个常用工具箱，方便操作。

• Show comment/probe：显示或隐藏注释/探针信息。

• Grapher：显示或隐藏仿真结果的图表。

4）Place（放置）菜单

Place（放置）菜单如图 1.2.5 所示。

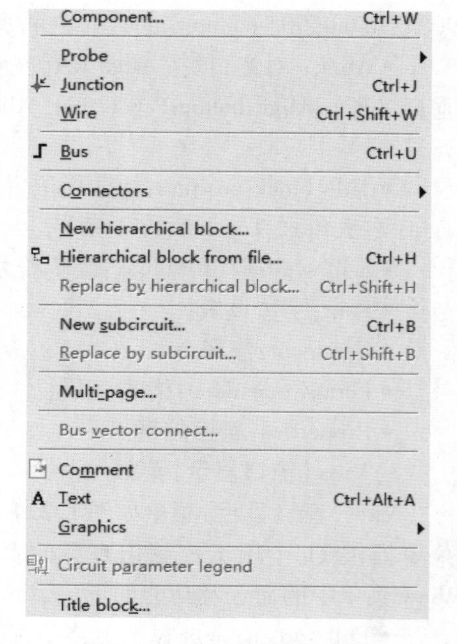

图 1.2.5　Place（放置）菜单

Place（放置）菜单提供在电路工作窗口内放置元件、连接点、导线和总线等 16 个命令。Place 菜单中的命令及功能如下：

• Component：放置元件。

• Probe：放置探针，包括电压探针（Voltage）、电流探针（Current）、功率探针（Power）、差分电压探头（Differential voltage probe）、电压与电流探针（Voltage and Current）、基准电压探针（Voltage reference）、数字探针（Digital）。

• Junction：放置节点。

• Wire：放置导线。

• Bus：放置总线。

• Connectors：放置端口连接器，包括 6 种连接器，如图 1.2.6 所示，其含义分别为：

On-page connector：页内连接器；

Global connector：全局连接器；

HB/SC connector：单线式层次电路或子电路连接器；

Input connector：输入连接器；

Output connector：输出连接器；

Bus HB/SC connector：总线式层次电路或子电路连接器；

Off-page connector：分页单线式连接器；

Bus off-page connector：分页总线式连接器；

LabVIEW co-simulation terminals：LabVIEW 联合仿真接口。

在电路控制区中,连接器可以看作只有一个引脚的元器件,所有操作方法与元器件相同,不同的是连接器只有一个连接点。

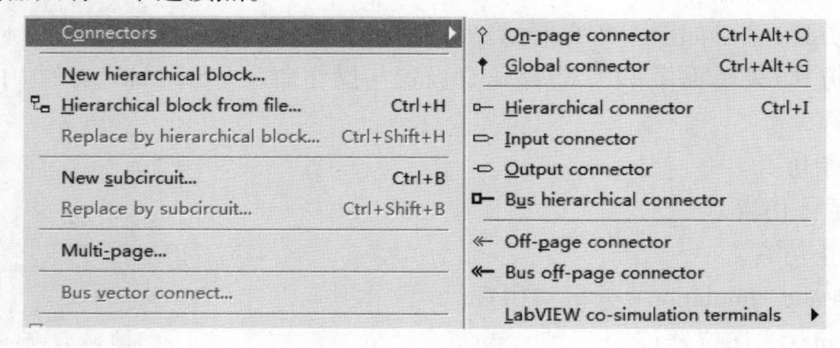

图 1.2.6　6 种连接器

- New hierarchical block:放置新的层次电路模块。
- Hierarchical block from file:从文件获取层次电路。
- Replace by hierarchical block:用层次电路模块替代所选电路。
- New subcircuit:创建子电路。
- Replace by subcircuit:用子电路代替所选电路。
- Multi-page: 增加多页电路中的一个电路图。
- Bus vector connect:放置总线矢量连接。
- Comment:放置注释。
- Text:放置文本。
- Graphcs:放置图形,包括线、折线、矩形、椭圆、多边形、图片等。
- Circuit parameter legend: 电路参数图例。
- Title block:放置标题栏。

5)MCU(微控制器)菜单

MCU(微控制器)菜单如图 1.2.7 所示。

MCU(微控制器)菜单提供在电路工作窗口内 MCU 的调试操作命令。MCU 菜单中的命令及功能如下:

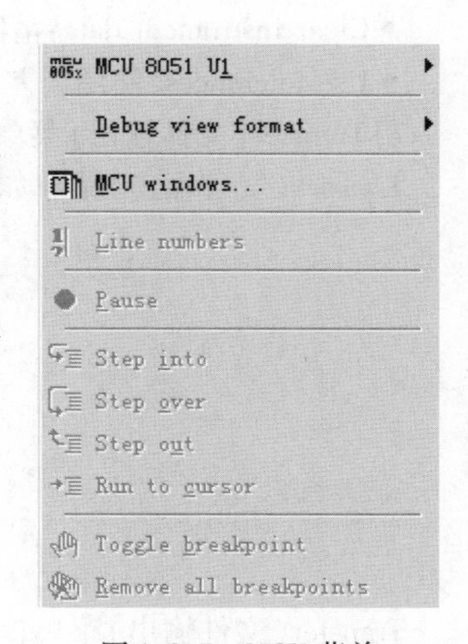

图 1.2.7　MCU 菜单

- MCU 8051 U1:显示文件中的 MCU 元件。如果文件中没有 MCU 元件,则该项显示为 No MCU component found(尚未创建 MCU 器件)。
- Debug view format:调试格式。
- MCU windows:显示 MCU 各种信息窗口。
- Line numbers:显示线路数目。
- Pause:暂停。
- Step into:进入。
- Step over:跨过。
- Step out:离开。
- Run to cursor:运行到指针。
- Toggle breakpoint:设置断点。

- Remove all breakpoints:取消所有的断点。

6) Simulate(仿真)菜单

Simulate(仿真)菜单如图 1.2.8 所示。

Simulate(仿真)菜单提供 17 个电路仿真设置与操作命令。Simulate 菜单中的命令及功能如下:

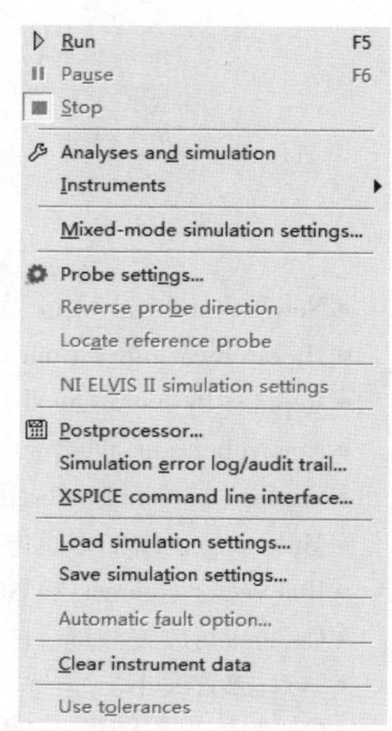

图 1.2.8　Simulate(仿真)菜单

- Run:开始仿真。
- Pause:暂停仿真。
- Stop:停止仿真。
- Analyses and simulation: 分析与仿真
- Instruments:选择仪器仪表。
- Mixed-mode simulation settings:混合模式仿真参数设置。
- Probe settings:探针设置。
- Reverse probe direction:更换指针方向。
- Locate reference probe:定位基准探针。
- NI ELVIS II simulation settings:NI ELVIS II 仿真设置。
- Postprocessor:启动后处理器。
- Simulationerror log/audit trail:仿真误差记录/查询索引。
- XSPICE command line interface:XSPICE 命令界面。
- Load simulation settings:导入仿真设置。
- Save simulation settings:保存仿真设置。
- Automatic fault option:自动故障选择。
- Clear instrument data:清除仪器数据。
- Use tolerances:使用公差。

7) Transfer(文件输出)菜单

Transfer(文件输出)菜单如图 1.2.9 所示。

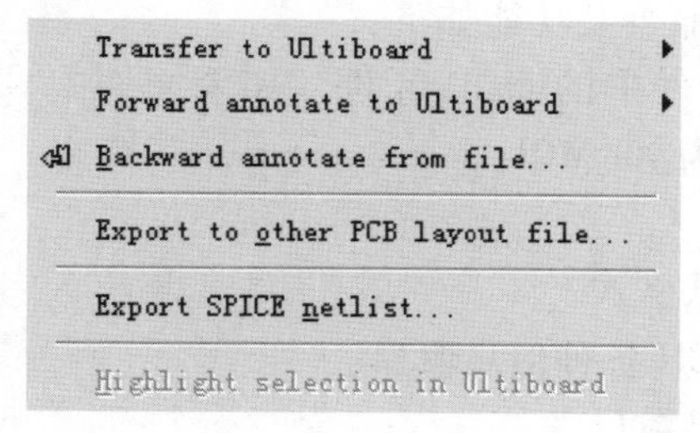

图 1.2.9　Transfer(文件输出)菜单

Transfer(文件输出)菜单提供 6 个传输命令。Transfer 菜单中的命令及功能如下:

- Transfer to Ultiboard:将电路图传送给 Ultiboard,包括 Transfer to Ultibord 14.0 和 Transfer to Ultiboard file...(其他版本)。
- Forward annotate to Ultiboard:发送注释到 Ultiboard 文件,包括 Forward annotate to Ultiboard 14.0(发送注释到 Ultiboard14 文件)和 Forward annotate to Ultiboard file...(发送注释到其

他早期版 Ultiboard 文件本)。

• Backward annotate from file:将 NI Ultiboard 14 中电路元件注释的变动传送回 Multisim 14 的电路文件中,使电路图中的元件注释也作相应的变化。

• Export to other PCB layout file:产生其他印刷电路板设计软件的网表文件。

• Export SPICE netlist:输出 SPICE 网表。

• Highlight selection in Ultiboard:对 Ultiboard 电路中所选择元件加以高亮显示。

8)Tools(工具)菜单

Tools(工具)菜单如图 1.2.10 所示。

Tools(工具)菜单提供 18 个元件和电路编辑或管理命令。Tools 菜单中的命令及功能如下:

• Component wizard:创建元件向导。

• Database:元件库。

• Variant manager:变量管理器。

• Set active variant:设置活动变量。

• Circuit wizards:电路设计向导。

• SPICE netlist viewer:SPICE 网表查看器。

• Advanced RefDes configuration :高级标识符号配置。

• Replace components:元件替换。

• Update components:更新电路元件。

• Update subsheet symbols: 更新子电路符号。

• Electrical rules check:电气规则检查。

• Clear ERC markers:清除 ERC 标志。

• Toggle NCmarker:切换 NC 标志。

• Symbol Editor:符号编辑器。

• Title Block Editor:标题栏编辑器。

• Description Box Editor:描述框编辑器。

• Capture screen area:捕获屏幕区域。

• Online design resources: 在线设计资源。

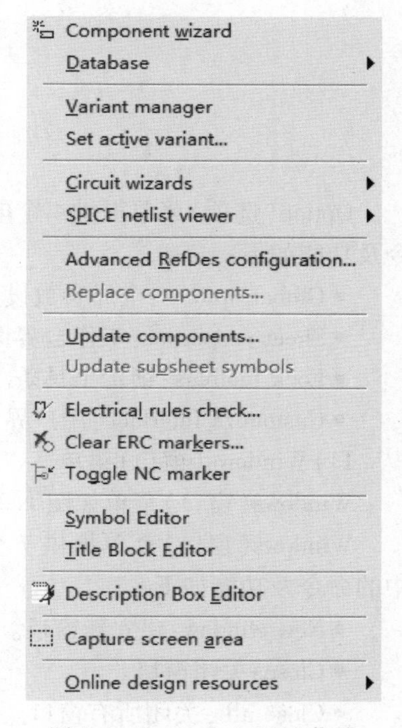

图 1.2.10　Tools(工具)菜单

9)Reports(报告)菜单

Reports(报告)菜单如图 1.2.11 所示。

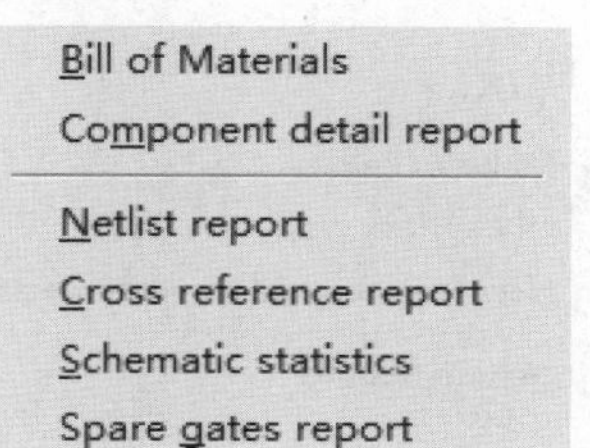

图 1.2.11　Reports(报告)菜单

Reports(报告)菜单提供材料清单等 6 个报告命令。Reports 菜单中的命令及功能如下:

• Bill of Materials: 材料清单。

- Component detail report:元件详细报告。
- Netlist report:网络表报告。
- Cross reference report: 元件交叉对照表报告。
- Schematic statistics: 电路图元件统计表。
- Spare gates report:剩余门电路报告。

10) Option(选项)菜单

Option(选项)菜单如图 1.2.12 所示。

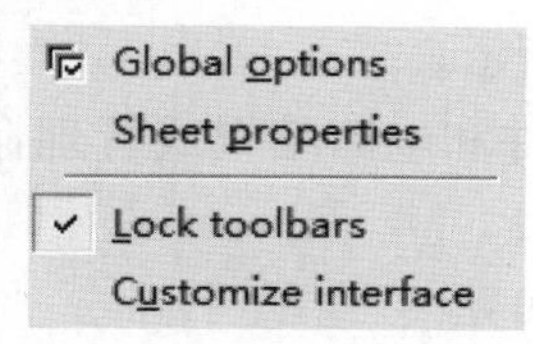

图 1.2.12 Option(选项)菜单

Option(选项)菜单提供 4 个电路界面和电路某些功能的设定命令。Options 菜单中的命令及功能如下:

- Global options:全局参数设置。
- Sheet properties:工作台界面设置。
- Lock toolbars:锁定工具条。
- Customize interface:用户界面定制。

11) Windows(窗口)菜单

Windows(窗口)菜单如图 1.2.13 所示。

Windows(窗口)菜单提供 7 个窗口操作命令。Windows 菜单中的命令及功能如下:

- New window:建立新窗口。
- Close:关闭窗口。
- Close all :关闭所有窗口。
- Cascade:窗口层叠。
- Tile horizontally:窗口水平平铺。
- Tile vertically:窗口垂直平铺。
- Windows:窗口选择。

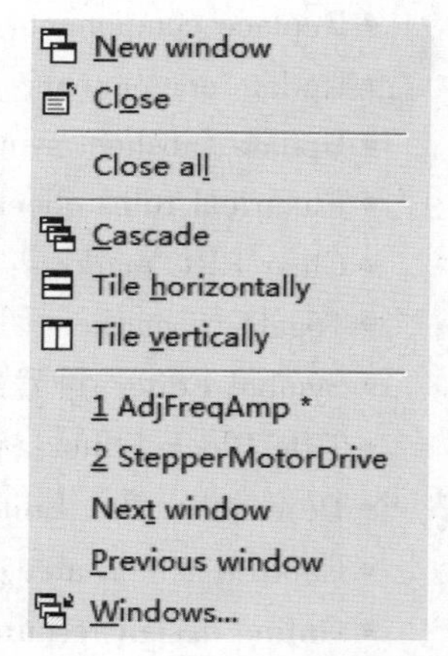

图 1.2.13 Windows(窗口)菜单

12) Help(帮助)菜单

Help(帮助)菜单如图 1.2.14 所示。

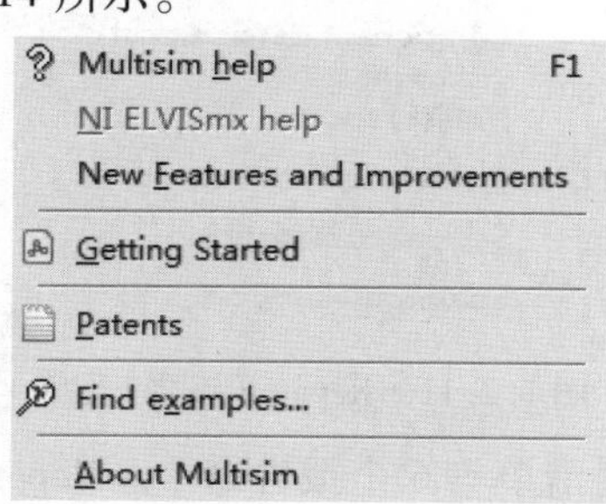

图 1.2.14 Help(帮助)菜单

Help(帮助)菜单为用户提供在线技术帮助和使用指导。Help 菜单中的命令及功能如下:

- Multisim Help:帮助主题目录。
- NI ELVISmx help:NI ELVISmx 帮助。
- New Features and Improvements :新特性和改进。
- Getting Started: Getting Started. pdf 帮助文档。
- Patents:专利权。
- Find examples:查找范例。
- About Multisim:有关 Multisim 14 的说明。

1.2.3　Multisim 14 的工具栏

Multisim 14 常用工具栏如图 1.2.15 所示。

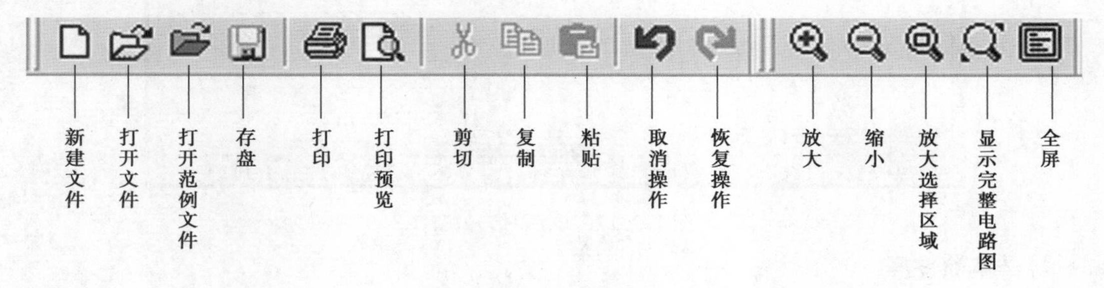

图 1.2.15　常用工具栏

1.2.4　Multisim 14 的元器件库

Multisim 14 提供了丰富的元器件库,元器件库栏图标和名称如图 1.2.16 所示。单击某一个图标即可打开该元件库。关于这些元器件的功能和使用方法将在后面介绍。读者还可使用在线帮助功能查阅有关的内容。

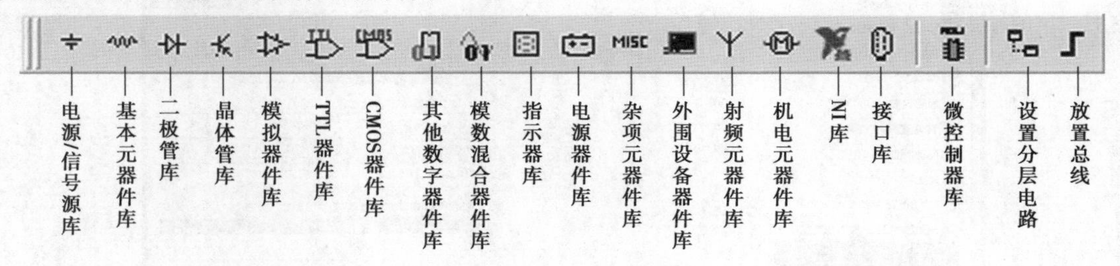

图 1.2.16　元器件库

1)电源/信号源库

电源/信号源库包含接地端、直流电压源(电池)、正弦交流电压源、方波(时钟)电压源、压控方波电压源等多种电源与信号源。电源/信号源库如图 1.2.17 所示。

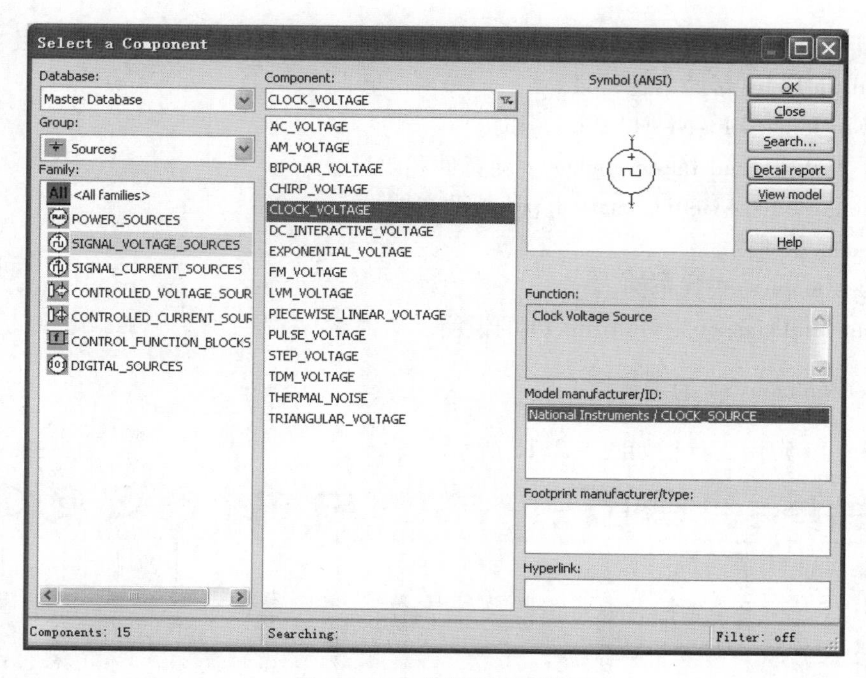

图 1.2.17　电源/信号源库

2)基本器件库

基本器件库包含电阻、电容等多种元件。基本器件库中的虚拟元器件的参数是可以任意设置的,非虚拟元器件的参数是固定的,但是可以选择。基本器件库如图 1.2.18 所示。

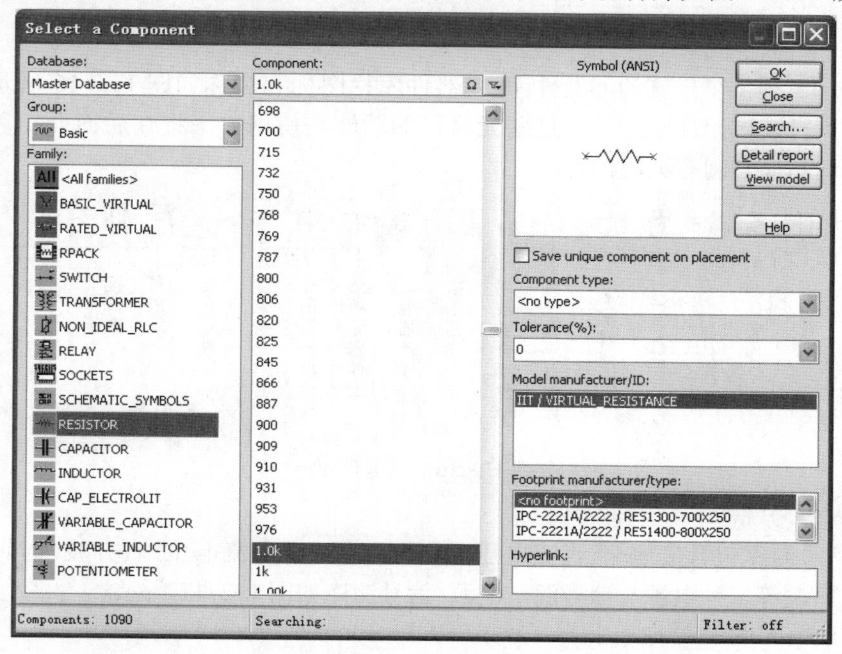

图 1.2.18　基本器件库

3)二极管库

二极管库包含二极管、可控硅等多种器件。二极管库中的虚拟器件的参数是可以任意设置的，非虚拟元器件的参数是固定的，但也是可以选择的。二极管库如图 1.2.19 所示。

图 1.2.19 二极管库

4）晶体管库

晶体管库包含晶体管、FET 等多种器件。晶体管库中虚拟器件的参数是可以任意设置的，非虚拟元器件的参数是固定的，但也是可以选择的。晶体管库如图 1.2.20 所示。

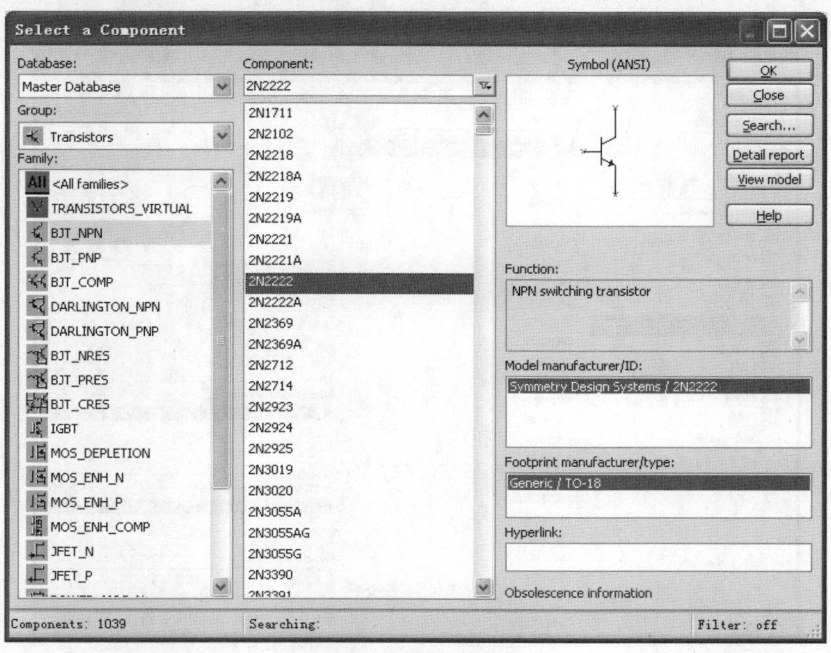

图 1.2.20 晶体管库

5）模拟集成电路库

模拟集成电路库包含有多种运算放大器。模拟集成电路库中虚拟器件的参数是可以任意设置的，非虚拟元器件的参数是固定的，但也是可以选择的。模拟集成电路库如图 1.2.21 所示。

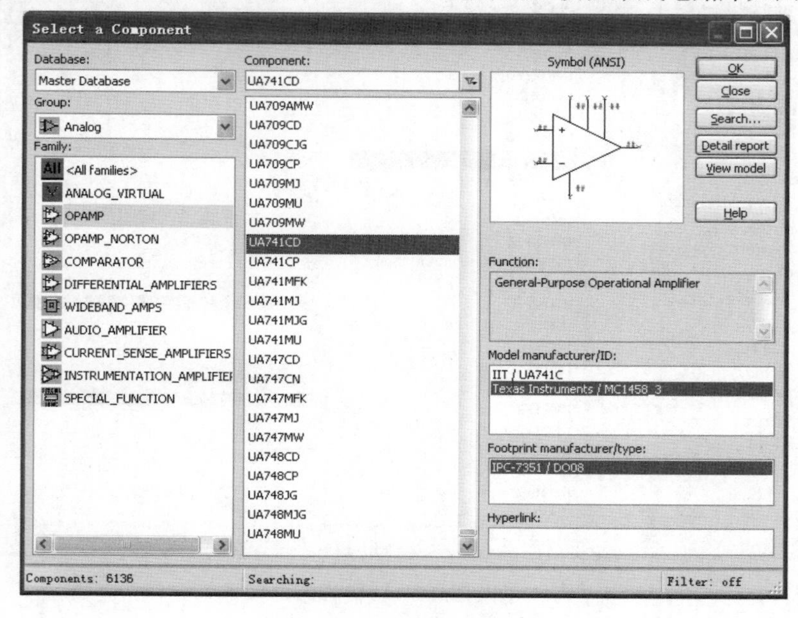

图 1.2.21　模拟集成电路库

6）TTL 数字集成电路库

TTL 数字集成电路库包含有 74××系列和 74LS××系列等 74 系列数字电路器件。TTL 数字集成电路库如图 1.2.22 所示。

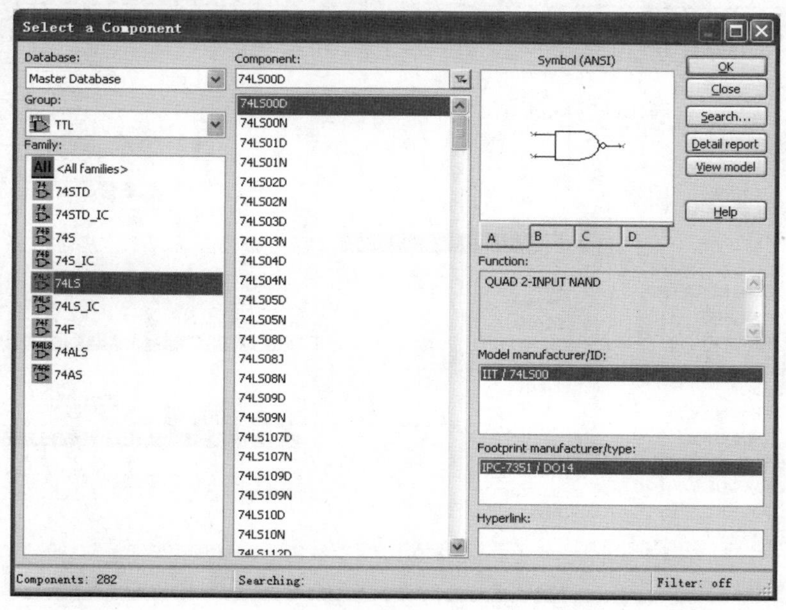

图 1.2.22　TTL 数字集成电路库

7) CMOS 数字集成电路库

CMOS 数字集成电路库包含有 40××系列和 74HC××系列等多种 CMOS 数字集成电路系列器件。CMOS 数字集成电路库如图 1.2.23 所示。

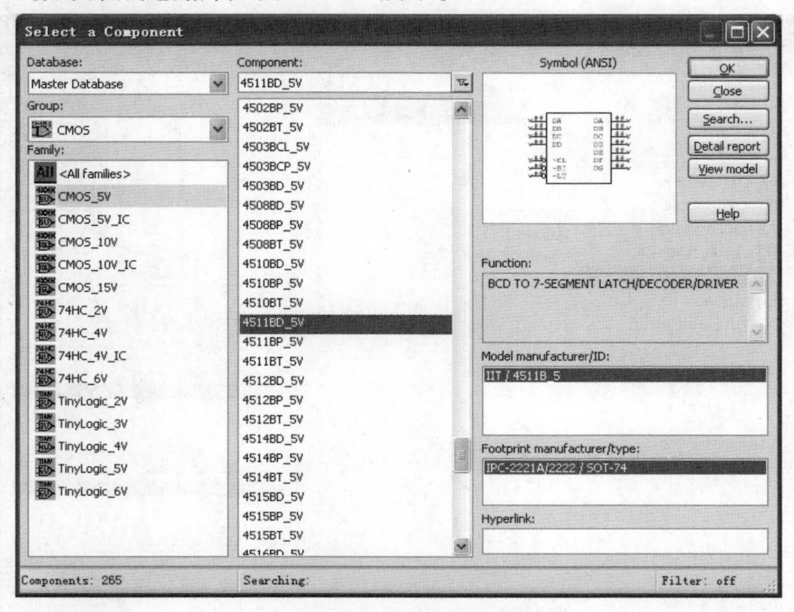

图 1.2.23　CMOS 数字集成电路库

8) 其他数字器件库

其他数字器件库包含有 DSP、FPGA、CPLD、VHDL 等多种器件。其他数字器件库如图 1.2.24 所示。

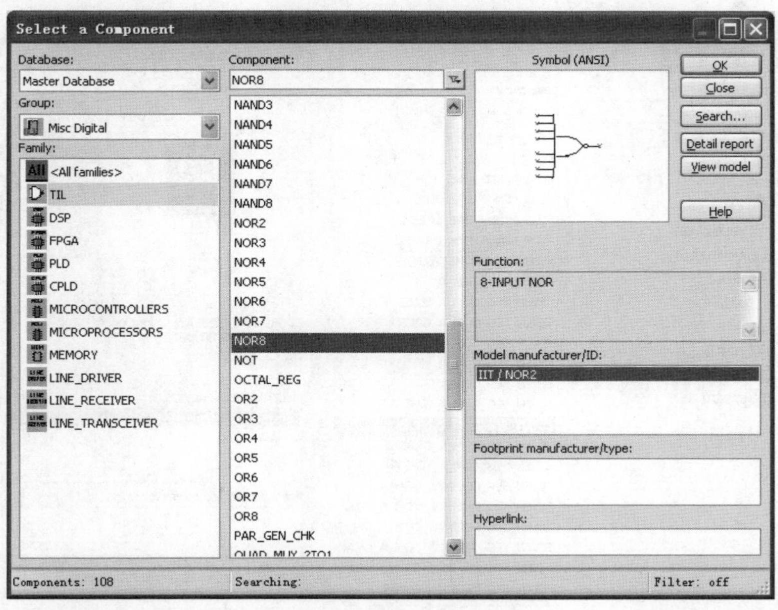

图 1.2.24　其他数字器件库

9)数模混合集成电路库

数模混合集成电路库包含有 ADC、DAC、555 定时器等多种数模混合集成电路器件。数模混合集成电路库如图 1.2.25 所示。

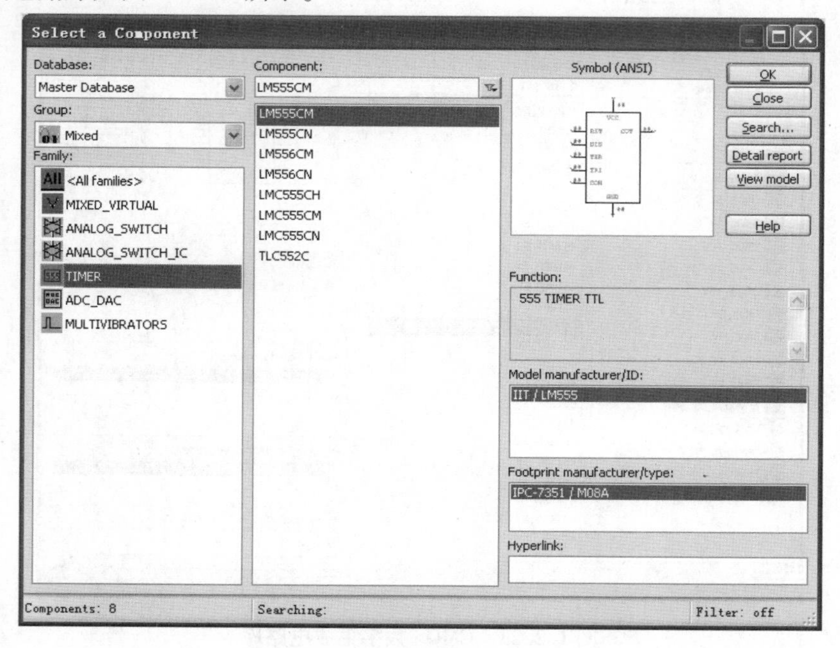

图 1.2.25　数模混合集成电路库

10)指示器件库

指示器件库包含有电压表、电流表、指示灯、七段数码管等多种器件。指示器件库如图 1.2.26 所示。

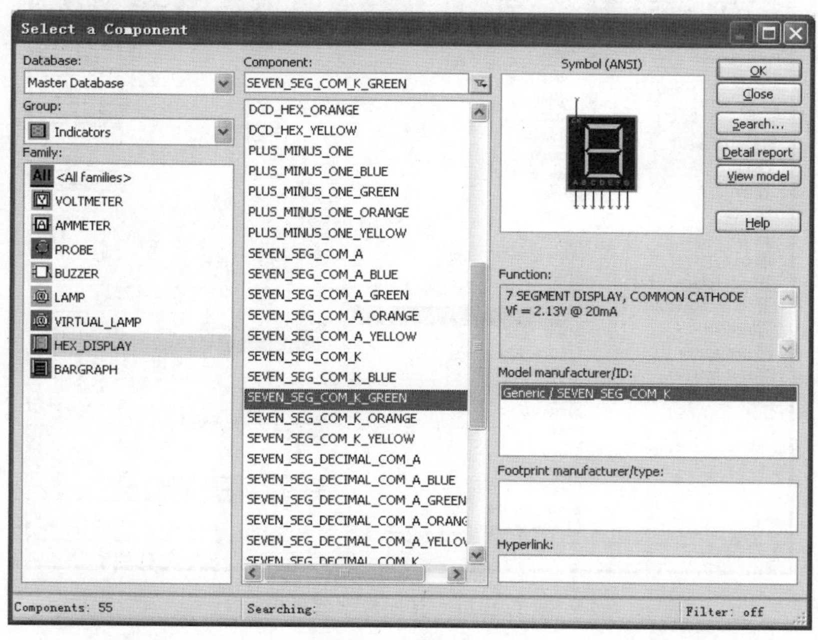

图 1.2.26　指示器件库

11)电源器件库

电源器件库包含有三端稳压器、PWM 控制器等多种电源器件。电源器件库如图 1.2.27 所示。

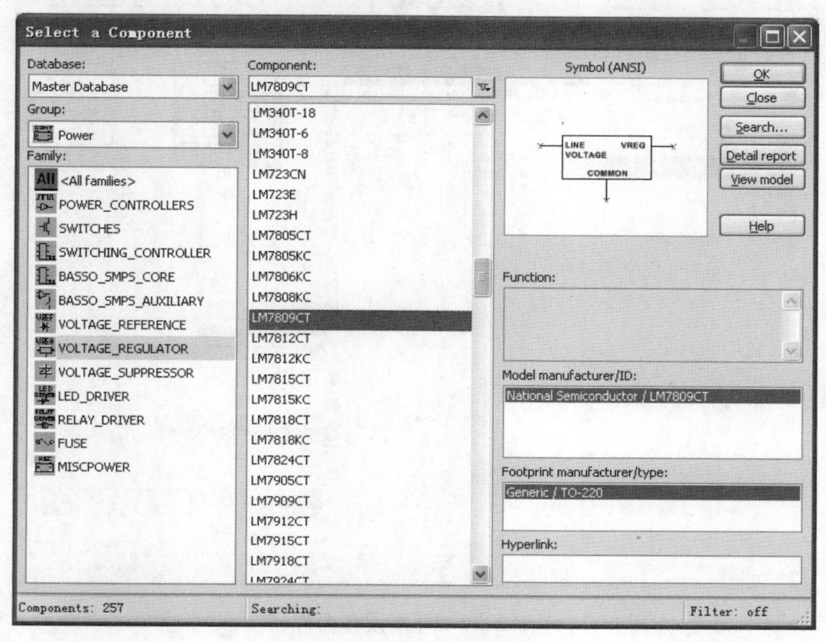

图 1.2.27 电源器件库

12)杂项元器件库

杂项元器件库包含有晶体、滤波器等多种器件。杂项元器件库如图 1.2.28 所示。

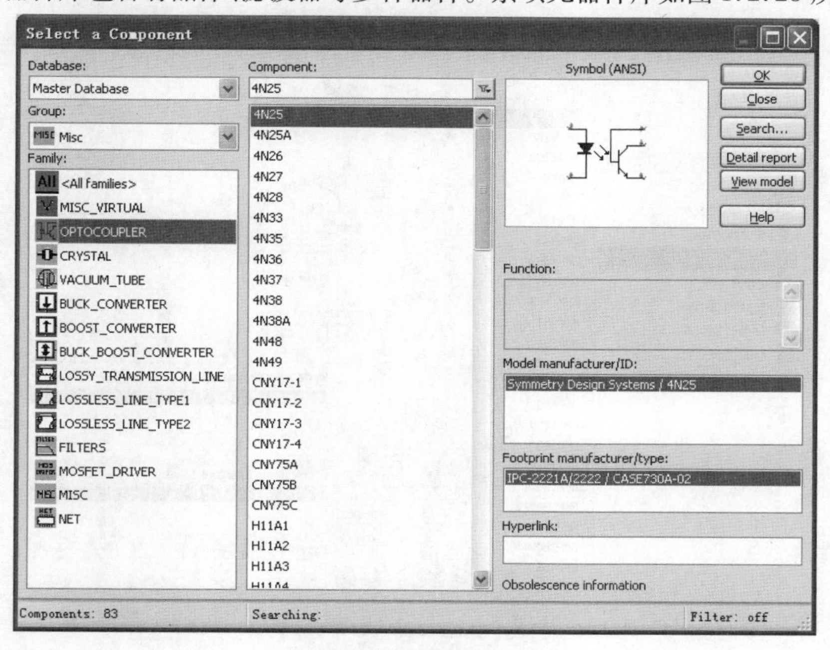

图 1.2.28 杂项元器件库

13) 外围设备器件库

外围设备器件库包含有键盘、LCD 等多种器件。外围设备器件库如图 1.2.29 所示。

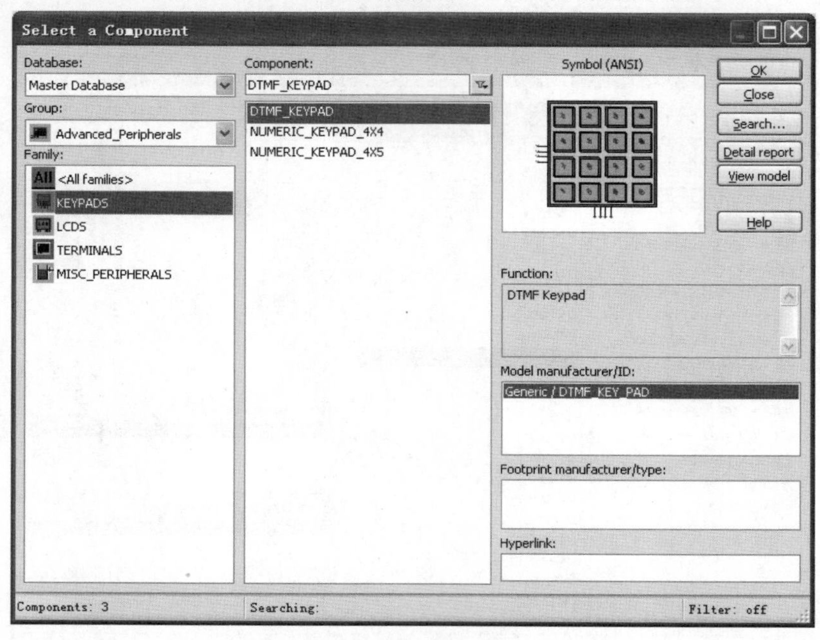

图 1.2.29 外围设备器件库

14) 射频元器件库

射频元器件库包含有射频晶体管、射频 FET、微带线等多种射频元器件。射频元器件库如图 1.2.30 所示。

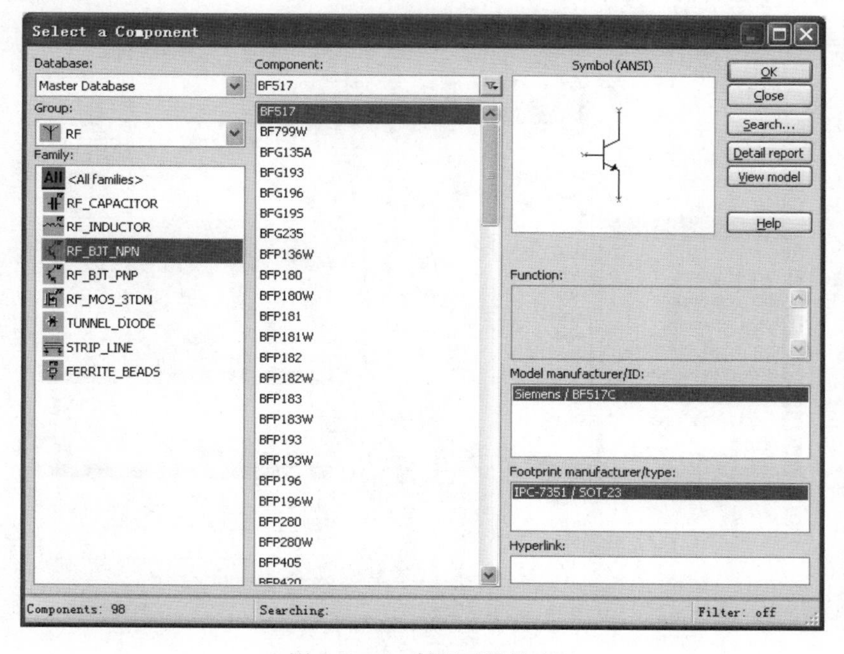

图 1.2.30 射频元器件库

15)**机电类器件库**

机电类器件库包含有开关、继电器等多种机电类器件。机电类器件库如图 1.2.31 所示。

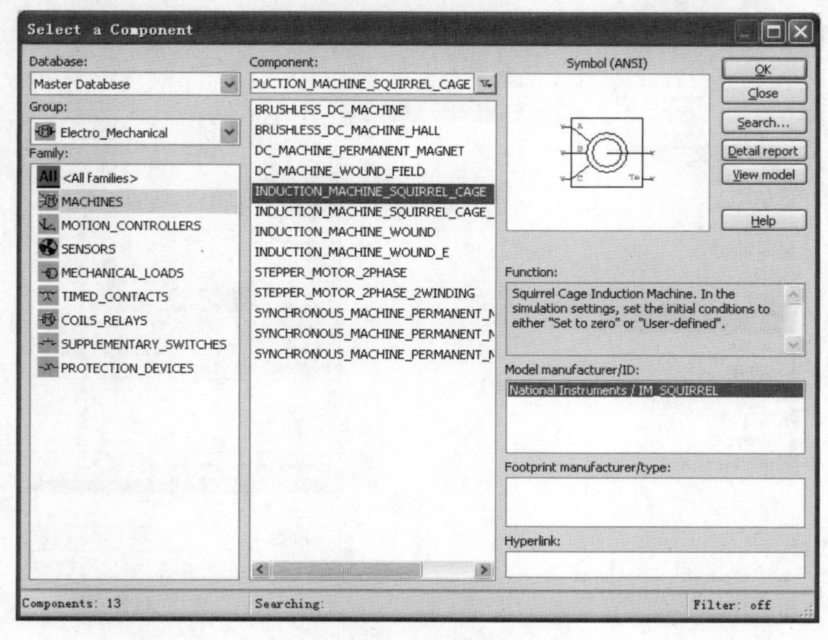

图 1.2.31　机电类器件库

16)**NI 库**

NI 库含有 NI 定制的 M_SERIES_DAQ(NI 定制 DAQ 板 M 系列串口)、sbRIO(NI 定制可配置输入输出的单板连接器)和 cRIO(NI 定制可配置输入输出紧凑型板连接器)等 9 个系列元器件,如图 1.2.32 所示。

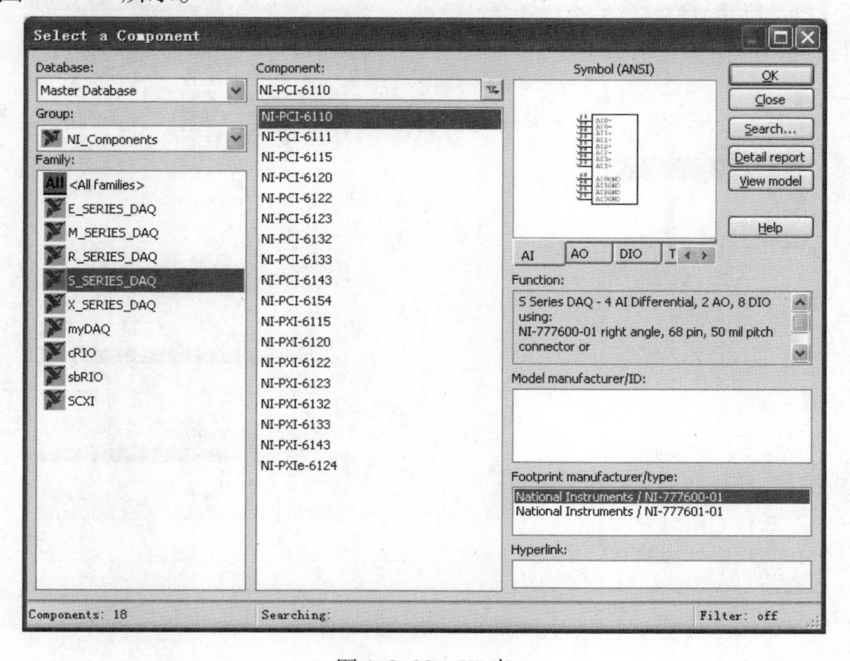

图 1.2.32　NI 库

17) **接口库**

各种行业标准接口,包括 USB 接口、D 型 9 针串口等器件。接口库如图 1.2.33 所示。

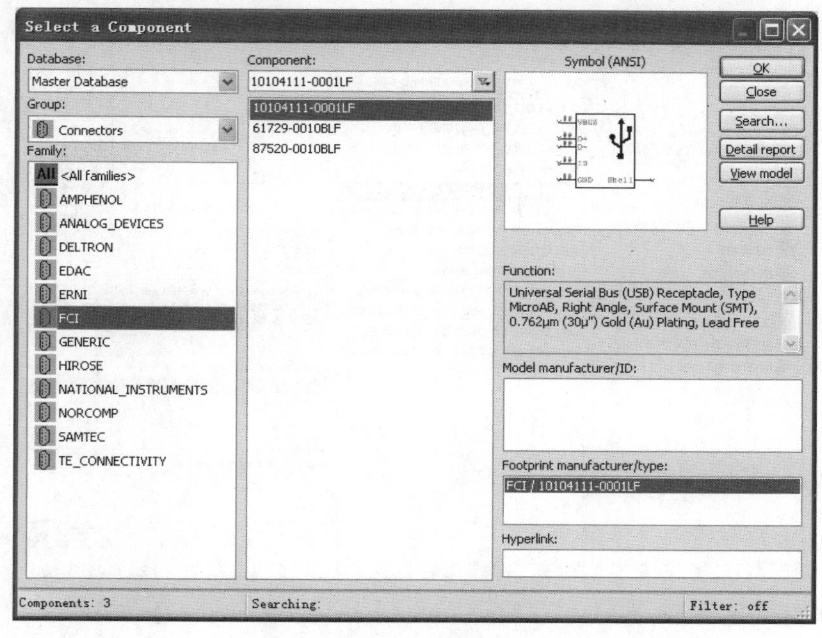

图 1.2.33 接口库

18) **微控制器库**

微控制器件库包含有 8051、PIC 等多种微控制器以及存储器等。微控制器件库如图 1.2.34 所示。

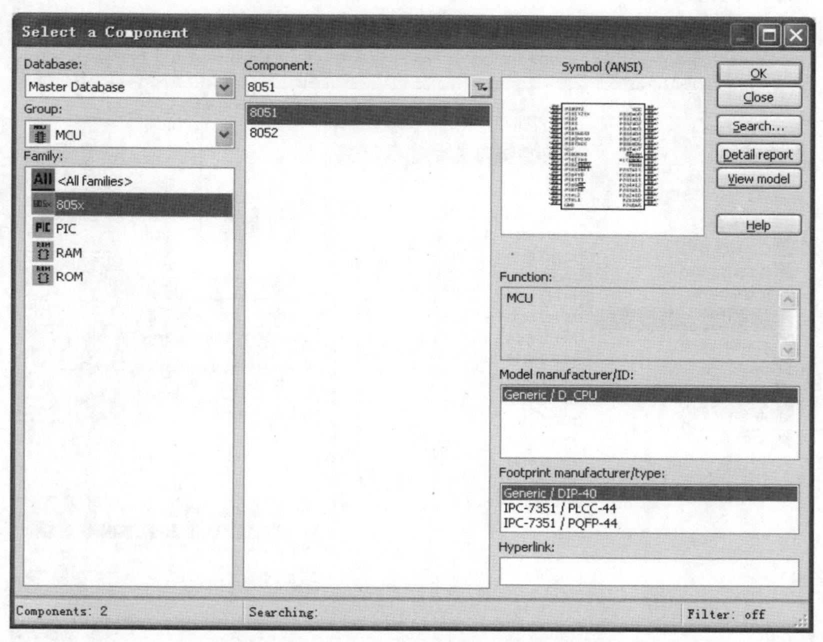

图 1.2.34 微控制器件库

Multisim 14
绘制电路

1.3　Multisim 14 的基本使用方法

1.3.1　元器件的操作

1）元器件的选用

选用元器件时，首先在元器件库栏中用鼠标单击包含该元器件的图标，打开该元器件库。然后在选中的元器件库对话框中（如图 1.3.1 所示电阻库对话框）用鼠标单击该元器件，然后点击“OK”，再用鼠标拖拽该元器件到电路工作区的适当地方即可。

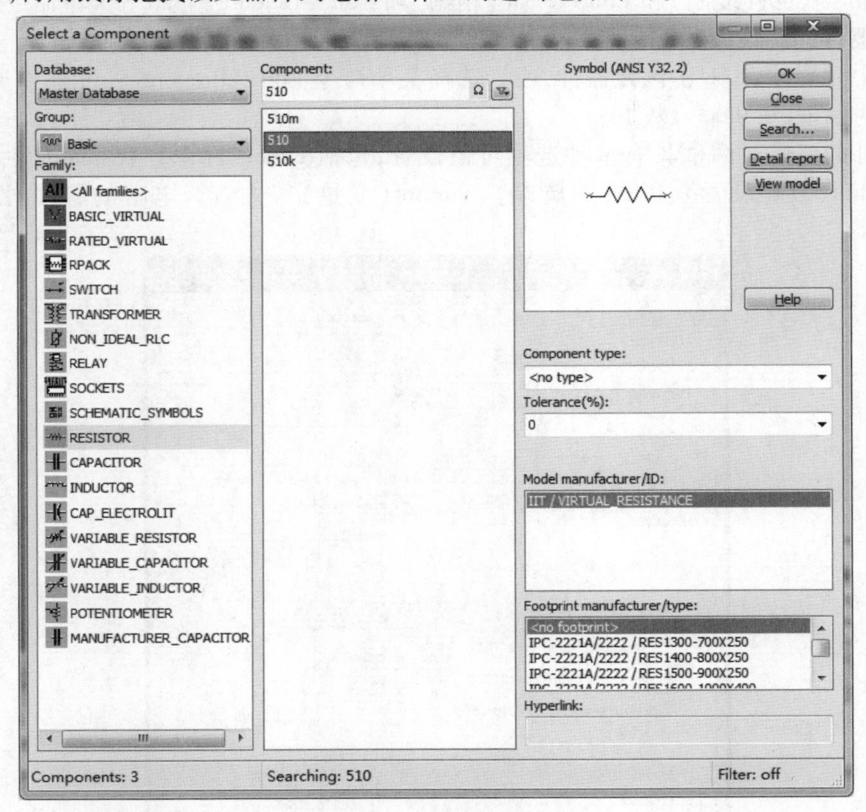

图 1.3.1　选用元器件

2）选中元器件

要选中某个元器件可使用鼠标左键单击该元器件，被选中元器件的四周出现蓝色虚框（电路工作区为白底），便于识别。对选中的元器件可以进行移动、旋转、删除、设置参数等操作。用鼠标拖拽形成一个矩形区域，可以同时选中在该矩形区域内包围的一组元器件。

要取消某一个元器件的选中状态，只需单击电路工作区的空白部分即可。

3）元器件的移动

用鼠标的左键单击该元器件（左键不松手），拖拽该元器件即可移动该元器件。

要移动一组元器件，必须先用前述的矩形区域方法选中这些元器件，然后用鼠标左键拖拽其中的任意一个元器件,则所有选中的部分就会一起移动。元器件被移动后,与其相连接的导线就会自动重新排列。选中元器件后,也可使用键盘上的箭头键使之作微小的移动。

4)元器件的旋转与翻转

对元器件进行旋转或翻转操作,需要先选中该元器件,然后单击鼠标右键或选择菜单 Edit→Orientation,选择该菜单中的 Flip horizontal(将所选择的元器件左右翻转)、Flip vertical(将所选择的元器件上下翻转)、90° Clockwise(将所选择的元器件顺时针旋转 90°)、90° CounterCW(将所选择的元器件逆时针旋转 90°)等命令,也可使用快捷键实现旋转操作。快捷键的定义标在菜单命令的旁边。

5)元器件的复制与删除

对选中的元器件进行复制、移动、删除等操作,可以单击鼠标右键或者使用菜单 Edit→Cut(剪切)、Edit→Copy(复制)和 Edit→Paste(粘贴)和 Edit→Delete(删除)等菜单命令。

6)元器件的属性设置

在选中元器件后,双击该元器件,或者选择菜单命令 Edit→Properties(元器件属性)会弹出相关的对话框,可供输入数据。

元器件的属性对话框具有多种选项可供设置,包括 Label(标识)、Display(显示)、Value(数值)、Fault(故障设置)、Pins(引脚端)、Variant(变量)等内容。电阻的属性对话框如图 1.3.2 所示。

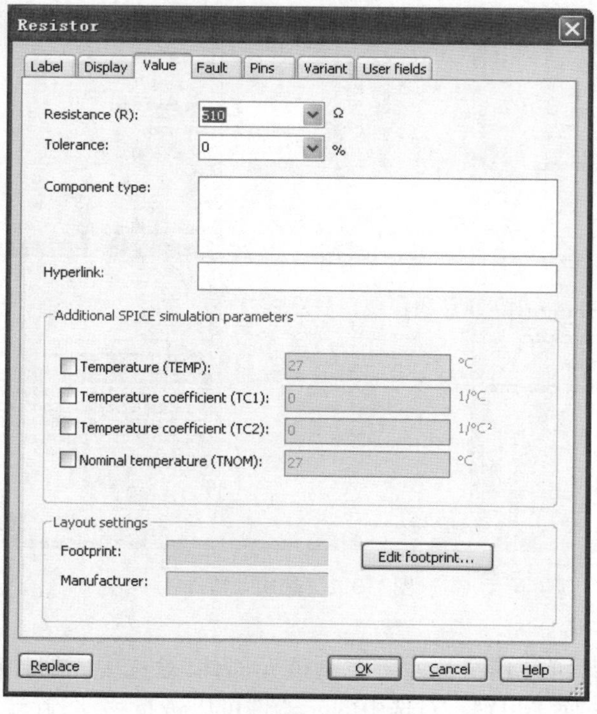

图 1.3.2 电阻的属性对话框

7)搜索元器件

如果知道某种元件的型号,却不知道它在哪个元件库中,可以利用元件搜索功能来查找。单击图 1.3.3 中的"Search(搜索)",即可搜索元件。如果使用搜索功能时不知道准确的元件名,可以使用模糊匹配的方法,在元件前后加入通配符"*",如需要查找定时器 555,则在

“Component”中输入“ *555* ”，如图 1.3.3 所示，再单击“Search”，在查找出的结果中根据功能描述“555 TIMER…”即可找到所需要的 555 时基电路，如图 1.3.4 所示。

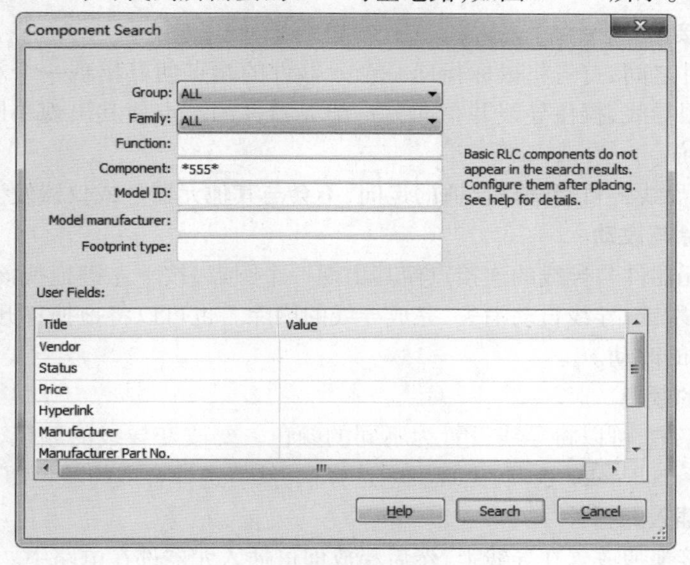

图 1.3.3　模糊匹配法搜索元件

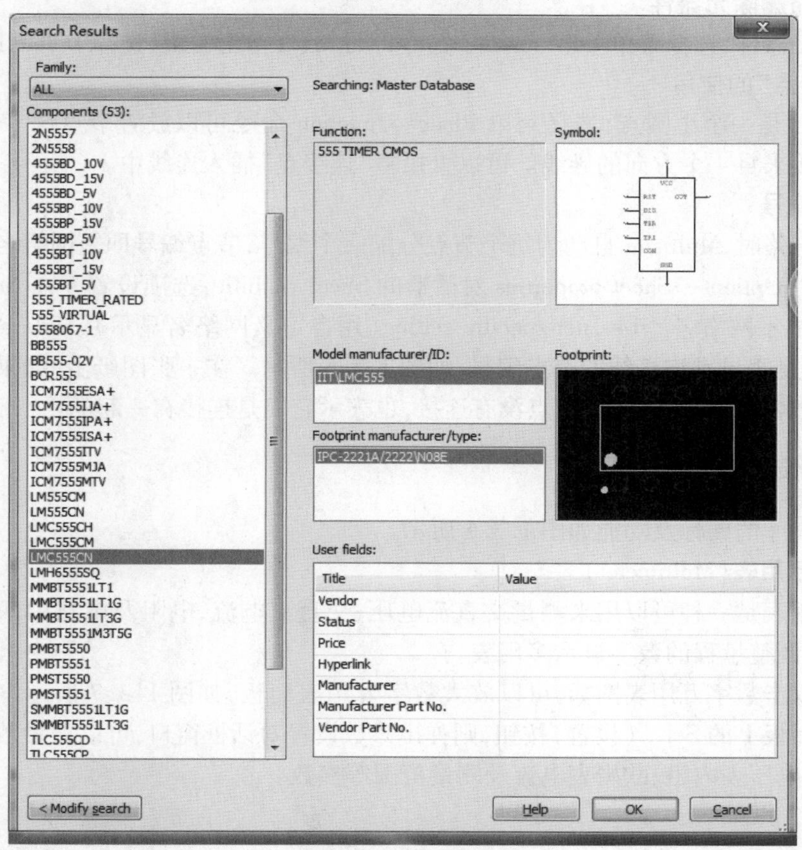

图 1.3.4　元件搜索结果

1.3.2 导线的操作

1)导线的连接

在两个元器件之间,首先将鼠标指向一个元器件的端点使其出现一个小圆点,按下鼠标左键并拖拽出一根导线,拉住导线并指向另一个元器件的端点使其出现小圆点,释放鼠标左键,则导线连接完成。

连接完成后,导线将自动选择合适的走向,不会与其他元器件或仪器发生交叉。

2)导线的删除与改动

将鼠标指向元器件与导线的连接点使其出现一个圆点,按下左键拖拽该圆点使导线离开元器件端点,释放左键,导线自动消失,完成导线的删除。也可以将拖拽移开的导线连至另一个节点,实现导线的改动。

3)改变导线的颜色

在复杂的电路中,可以将导线设置为不同的颜色。要改变导线的颜色,用鼠标指向该导线,单击右键,选择 Net color 选项,出现颜色选择框,然后选择合适的颜色即可。

4)在导线中插入元器件

将元器件直接拖拽放置在导线上,然后释放即可插入元器件在电路中。

5)从电路删除元器件

选中某元器件,选择菜单 Edit→Delete 命令即可,或者单击右键,选择 Delete 即可。

6)"连接点"的使用

"连接点"是一个小圆点,选择菜单 Place→Junction 命令可以放置节点。一个"连接点"最多可以连接来自 4 个方向的导线。可以直接将"连接点"插入连线中。

7)节点编号

在连接电路时,Multisim 自动为每个节点分配一个编号,节点编号即是网络名。是否显示节点编号可由 Options→Sheet properties 对话框的 Sheet visibility 选项设置。在 Net name 栏选择 Show all(显示网络名)、Use net-specific setting(用自定义网络名显示)、Hide all(隐藏网络名)可以选择是否显示连接线的节点编号,如图 1.3.5 所示。在一张图纸上,如果两个节点具有相同的网络名称,即使这两个节点没有连接,也表示它们是连接在一起的。

1.3.3 仪器仪表的使用

仪器仪表库的图标及功能如图 1.3.6 所示。

1)数字万用表(Multimeter)

数字万用表是一种可以用来测量交直流电压、交直流电流、电阻及电路中两点之间的分贝损耗,自动调整量程的数字显示多用表。

用鼠标双击数字万用表图标,可以放大数字万用表面板,如图 1.3.7 所示。用鼠标单击数字万用表面板上的 Set…(设置)按钮,则弹出参数设置对话框窗口,可以设置数字万用表的电流表内阻、电压表内阻、欧姆表电流及测量范围等参数。

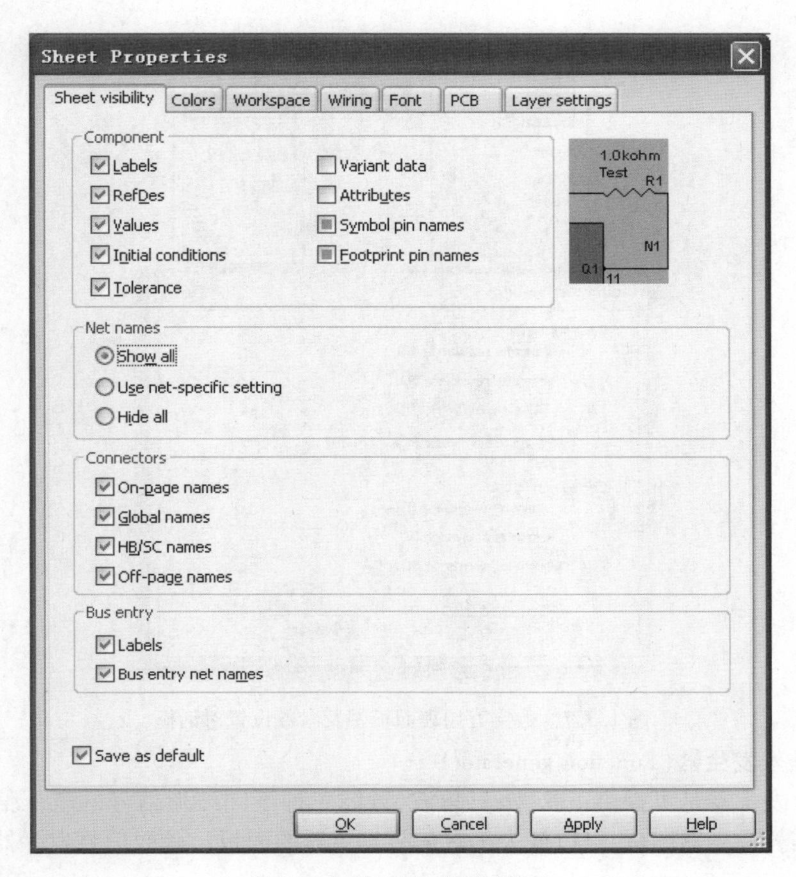

图 1.3.5 显示与隐藏网络名

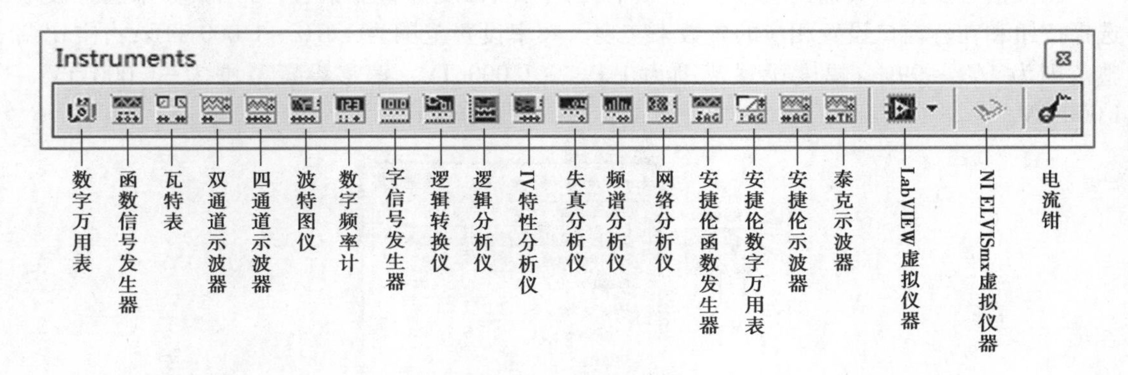

图 1.3.6 仪器仪表库

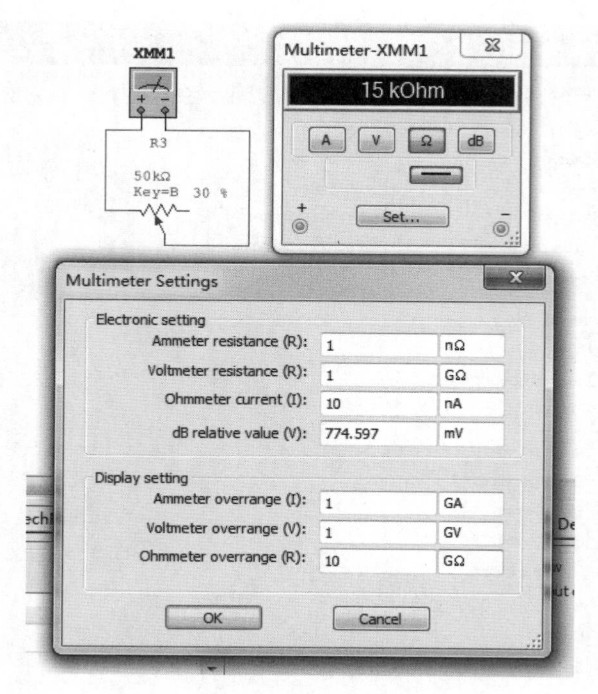

图 1.3.7　数字万用表面板图及参数设置对话框

2)函数信号发生器(Function generator)

函数信号发生器是可提供正弦波、三角波、方波三种不同波形信号的电压信号源。用鼠标双击函数信号发生器图标,可以放大函数信号发生器的面板。函数信号发生器的面板如图 1.3.8 所示。

函数信号发生器其输出波形、工作频率、占空比、幅度和直流偏置,可用鼠标来选择波形选择按钮和在各窗口设置相应的参数来实现。频率设置范围为 1 fHz ~ 1 000 THz;占空比调整范围为 1% ~ 99%;幅度设置范围为 1 fV_p ~ 1 000 TV_p;偏移设置范围为 -1 000 TV ~ 1 000 TV。

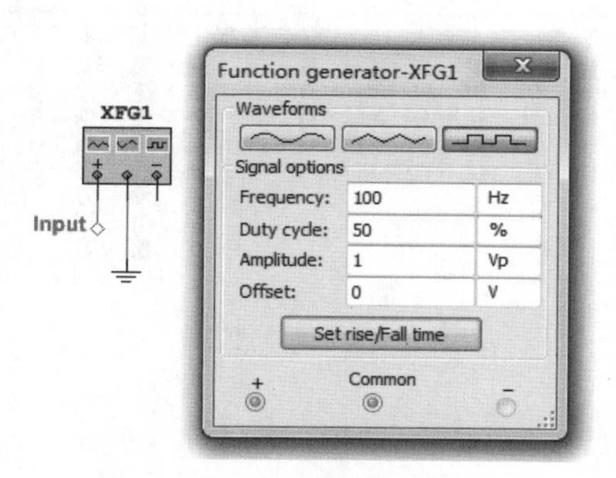

图 1.3.8　函数信号发生器面板图

3)瓦特表(Wattmeter)

瓦特表用来测量电路的功率,交流或者直流均可测量。用鼠标双击瓦特表的图标可以放大瓦特表的面板。电压输入端与测量电路并联连接,电流输入端与测量电路串联连接。瓦特表的面板如图 1.3.9 所示。

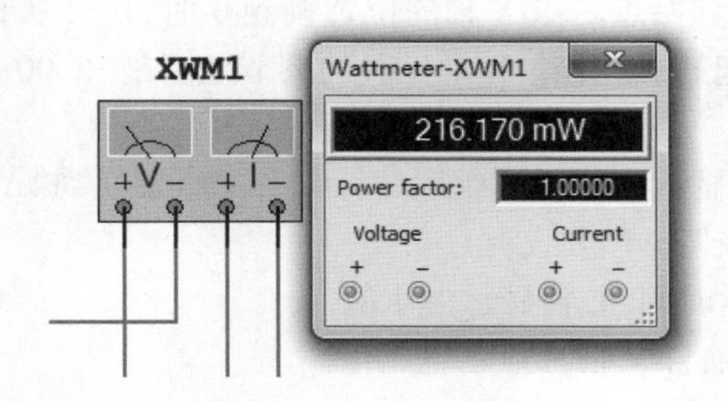

图 1.3.9　瓦特表面板图

4)**双通道示波器(Oscilloscope)与四通道示波器(Four-channel Oscilloscope)**

示波器是用来显示电信号波形、大小、频率等参数的仪器。用鼠标双击示波器图标,放大的示波器的面板图如图 1.3.10 所示。

示波器面板各按键的作用、调整及参数的设置与实际的示波器类似。四通道示波器使用方法与二通道比较相似,故不详叙。

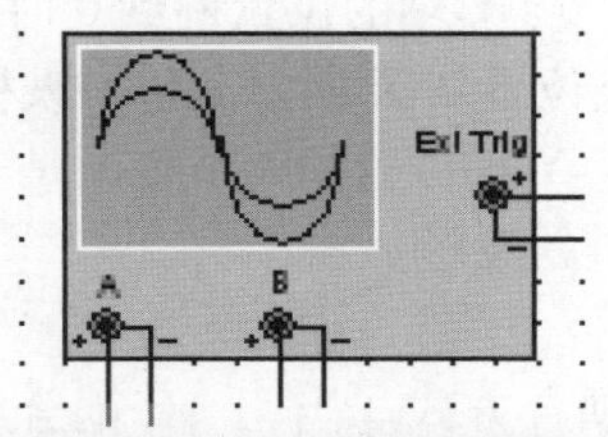

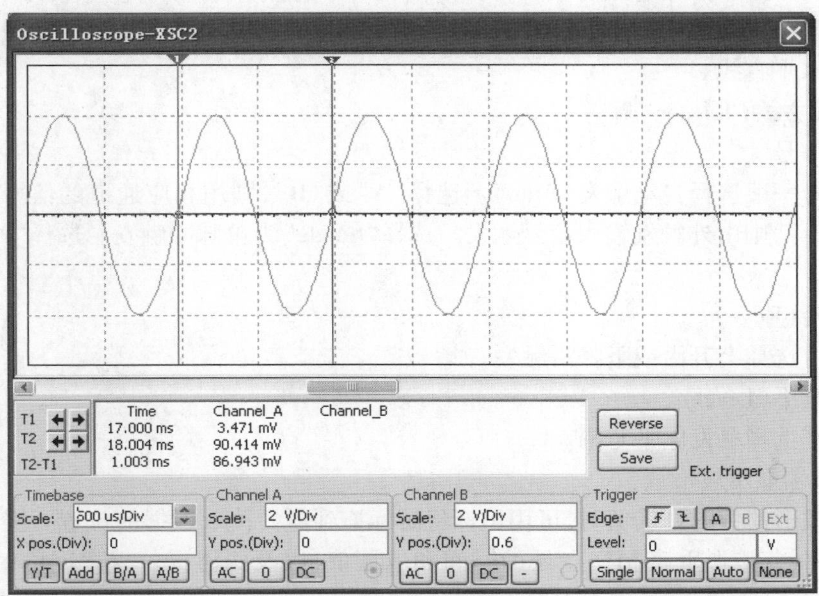

图 1.3.10　双通道示波器及面板图

(1)时基(Time base)控制部分的调整

①时间基准。

X 轴刻度显示示波器的时间基准,有 0.1 fs/Div ~ 1 000 Ts/Div 可供选择。

②X 轴位置。

X 轴位置控制 X 轴的起始点。当 X 轴的位置调到 0 时，信号从显示器的左边缘开始，正值使起始点右移，负值使起始点左移。X 轴位置的调节范围是-5.00～+5.00。

③显示方式。

显示方式指示波器的显示，可以从“幅度/时间（Y/T）”切换到“A 通道/B 通道中（A/B）”“B 通道/A 通道（B/A）”或“Add”方式。

- Y/T 方式：X 轴显示时间，Y 轴显示电压值。
- A/B、B/A 方式：X 轴与 Y 轴都显示电压值。
- Add 方式：X 轴显示时间，Y 轴显示 A 通道、B 通道的输入电压之和。

（2）示波器输入通道（Channel A/B）的设置

①Y 轴刻度。

Y 轴电压刻度范围是 1 fV/Div～1 000 TV/Div，可以根据输入信号大小来选择 Y 轴刻度值的大小，使信号波形在示波器显示屏上显示出合适的幅度。

②Y 轴位置（Y position）。

Y 轴位置控制 Y 轴的起始点。当 Y 轴的位置调到 0 时，Y 轴的起始点与 X 轴重合，如果将 Y 轴位置增加到 1.00，Y 轴原点位置从 X 轴向上移一大格；若将 Y 轴位置减小到-1.00，Y 轴原点位置从 X 轴向下移一大格。Y 轴位置的调节范围是-3.00～+3.00。改变 A、B 通道的 Y 轴位置有助于比较或分辨两通道的波形。

③Y 轴输入方式。

Y 轴输入方式即信号输入的耦合方式。当用 AC 耦合时，示波器显示信号的交流分量。当用 DC 耦合时，显示的是信号的 AC 和 DC 分量之和。当用 0 耦合时，在 Y 轴设置的原点位置显示一条水平直线。

（3）触发方式（Trigger）调整

①触发信号。

触发信号一般选择自动触发（Auto）。选择“A”或“B”，则用相应通道的信号作为触发信号。选择“Ext”，则由外触发输入信号触发。选择“Single”为单脉冲触发。选择“Normal”为一般脉冲触发。

②触发沿（Edge）。

触发沿可选择上升沿或下降沿触发。

③触发电平（Level）。

触发电平选择触发电平范围。

（4）示波器显示波形读数

要显示波形读数的精确值时，可用鼠标将游标拖到需要读取数据的位置。屏幕下方的方框内，显示游标与波形垂直相交点处的时间和电压值，以及两游标位置之间的时间、电压的差值。

用鼠标单击“Reverse”按钮可改变示波器屏幕的背景颜色。用鼠标单击“Save”按钮可按 ASCII 码格式存储波形读数。

5）波特图仪（Bode Plotter）

波特图仪可以用来测量和显示电路的幅频特性与相频特性，类似于扫频仪。用鼠标双击波特图仪图标,放大的波特图仪的面板图如图 1.3.11 所示。可选择幅频特性(Magnitude)或者相频特性(Phase)。

波特图仪有 In 和 Out 两对端口,其中 In 端口的"+"和"-"分别接电路输入端的正端和负端;Out 端口的"+"和"-"分别接电路输出端的正端和负端。使用波特图仪时,必须在电路的输入端接入 AC(交流)信号源。

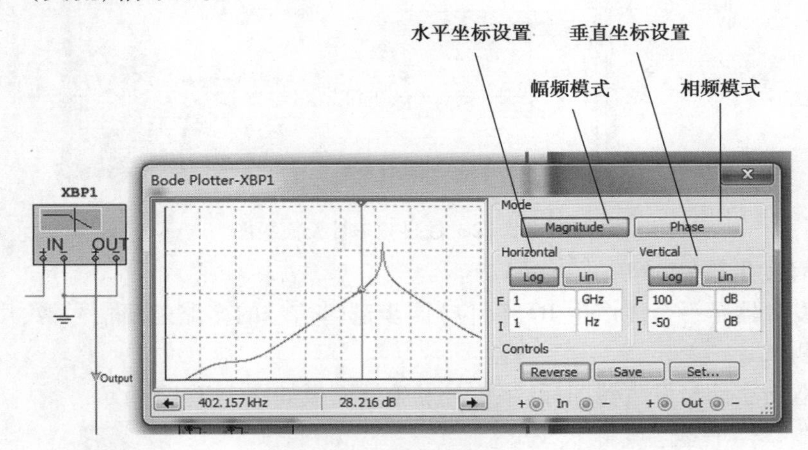

图 1.3.11 波特图仪及面板图

(1)坐标设置

在垂直(Vertical)坐标或水平(Horizontal)坐标控制面板图框内,单击"Log"按钮,则坐标以对数(底数为 10)的形式显示;单击"Lin"按钮,则坐标以线性的结果显示。

水平坐标:标度(1 mHz ~ 1 000 THz)。水平坐标轴总是显示频率值,它的标度由水平轴的初始值 I(Initial)和终值 F(Final)决定。

在信号频率范围很宽的电路中,分析电路频率响应时,通常选用对数坐标(以对数为坐标所绘出的频率特性曲线称为波特图)。

垂直坐标:当测量电压增益时,垂直轴显示输出电压与输入电压之比,若使用对数基准,则单位是分贝;如果使用线性基准,显示的是比值。当测量相位时,垂直轴总是以度为单位显示相位角。

(2)坐标数值的读出

要得到特性曲线上任意点的频率、增益或相位差,可用鼠标拖动游标(位于波特图仪中的垂直光标),或者用游标移动按钮来移动游标(垂直光标)到需要测量的点,游标(垂直光标)与曲线的交点处的频率和增益或相位角的数值显示在读数框中。

(3)分辨率设置

"Set..." 用来设置扫描的分辨率,用鼠标单击"Set...",出现分辨率设置对话框,数值越大,分辨率越高。

6)数显频率计(Frequency counter)

数显频率计是用来测量信号频率的仪器,它可以显示与信号频率有关的一些信息。数显频率计的面板和图标如图 1.3.12 所示,可观察频率、周期、脉宽、上升时间/下降时间。

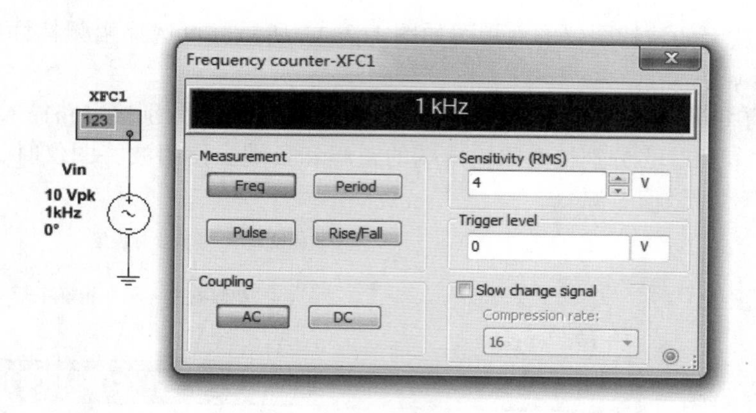

图 1.3.12　数显频率计及面板图

7)字信号发生器(Word generator)

字信号发生器是一个能产生 16 路(位)同步逻辑信号的多路逻辑信号源,用于对数字逻辑电路进行测试。

用鼠标双击字信号发生器图标,字信号发生器面板如图 1.3.13 所示。

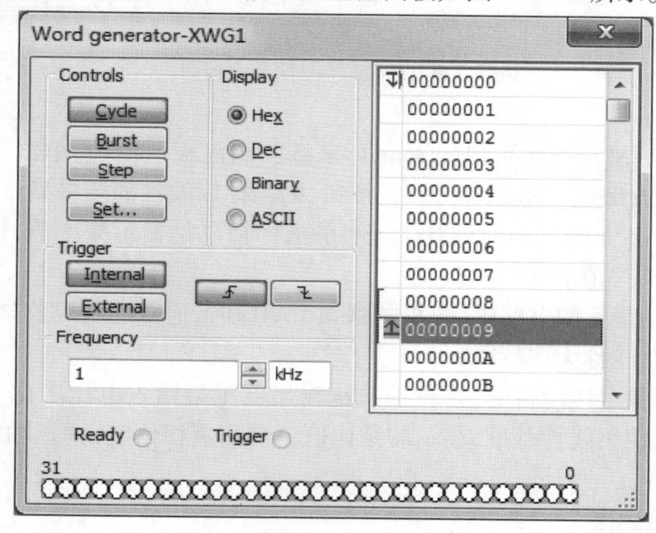

图 1.3.13　字信号发生器面板图

(1)字信号的输入

在字信号编辑区,32bit 的字信号以 8 位 16 进制数编辑和存放,可以存放 1 024 条字信号,地址编号为 0000 ~ 03FF。

字信号输入操作:将光标指针移至字信号编辑区的某一位,用鼠标单击后,由键盘输入如二进制数码的字信号,光标自左至右、自上至下移位,可连续输入字信号。

在字信号显示(Display)编辑区可以编辑或显示字信号格式有关的信息。字信号发生器被激活后,字信号按照一定的规律逐行从底部的输出端送出,同时在面板的底部对应于各输出端的小圆圈内,实时显示输出字信号各位(bit)的值。

(2)字信号的输出方式

字信号的输出方式分为 Step(单步)、Burst(单帧)、Cycle(循环)三种方式。用鼠标单击一次“Step”按钮，字信号输出一条，这种方式可用于对电路进行单步调试。

用鼠标单击“Burst”按钮，则从首地址开始至末地址连续逐条地输出字信号。

用鼠标单击“Cycle”按钮，则循环不断地进行 Burst 方式的输出。

Burst 和 Cycle 情况下的输出节奏由输出频率的设置决定。

Burst 输出方式时，当运行至该地址时输出暂停，再用鼠标单击 Pause 则恢复输出。

(3)字信号的触发方式

字信号的触发分为 Internal(内部)和 External(外部)两种触发方式。当选择 Internal(内部)触发方式时，字信号的输出直接由输出方式按钮(SteP、Burst、Cycle)启动。当选择 External(外部)触发方式时，则需接入外触发脉冲，并定义“上升沿触发”或“下降沿触发”，然后单击输出方式按钮，待触发脉冲到来时才启动输出。

(4)字信号的存盘、重用、清除等操作

用鼠标单击“Set...”按钮，弹出 settings 对话框，对话框中 Clear buffer(清字信号编辑区)、Load(打开字信号文件)、Save(保存字信号文件)三个选项用于对编辑区的字信号进行相应的操作。字信号存盘文件的后缀为“. DP”。对话框中 UP counter(按递增编码)、Down counter(按递减编码)、Shift right(按右移编码)、Shift left(按左移编码)四个选项用于生成一定规律排列的字信号。例如选择 UP counter(按递增编码)，则按 0000 ~ 03FF 排列；如果选择 Shift right(按右移编码)，则按 8000、4000、2000 等逐步右移一位的规律排列；其余类推。

8)逻辑分析仪(Logic Analyzer)

逻辑分析仪用于对数字逻辑信号进行高速采集和时序分析，可以同步记录和显示 16 路数字信号。逻辑分析仪的面板图如图 1.3.14 所示。

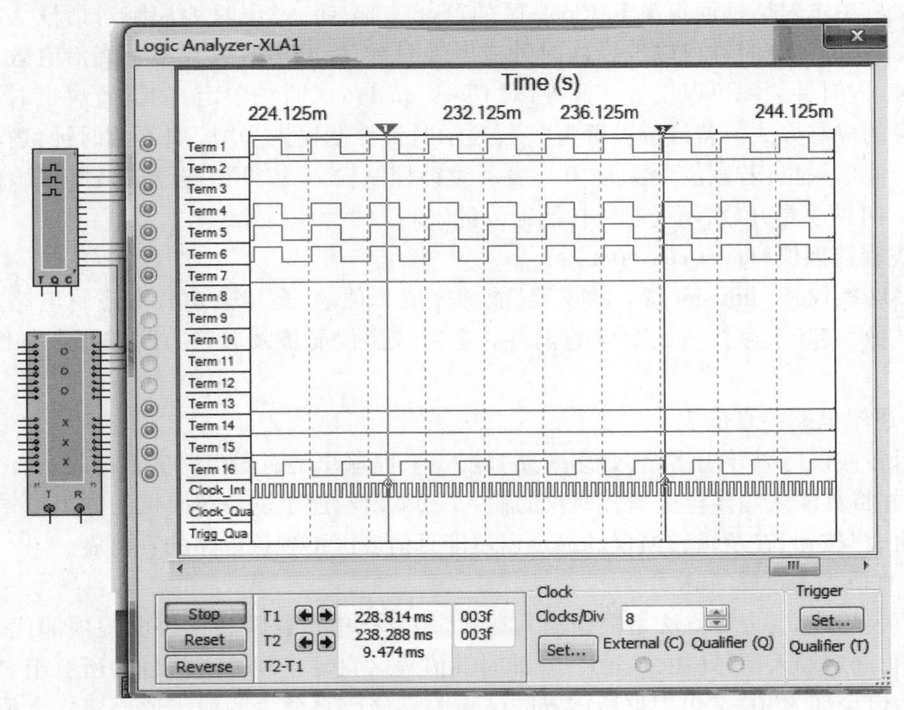

图 1.3.14　逻辑分析仪的面板图

(1)数字逻辑信号与波形的显示、读数

逻辑分析仪面板左边的16个小圆圈对应16个输入端,各路输入逻辑信号的当前值在小圆圈内显示,从上到下排列依次为最低位至最高位。16路输入的逻辑信号的波形以方波形式显示在逻辑信号波形显示区。通过设置输入导线的颜色可修改相应波形的显示颜色。波形显示的时间轴刻度可通过面板下边的Clocks/Div设置。读取波形的数据可以通过拖放游标完成。面板下部的两个方框内显示指针所处位置的时间读数和逻辑读数(4位16进制数)。

(2)触发方式设置

单击Trigger区的"Set..."按钮,可以弹出触发方式对话框。触发方式有多种选择。对话框中可以输入A、B、C三个触发字。逻辑分析仪在读到一个指定字或几个字的组合后触发。触发字的输入可单击标为A、B或C的编辑框,然后输入二进制的字(0或1)或者x,x代表该位为"任意"(0、1均可)。用鼠标单击对话框中Trigger combinations方框右边的按钮,弹出由A、B、C组合的8组触发字,选择8种组合之一,并单击"OK"(确认)后,在Trigger combinations方框中就被设置为该种组合触发字。

三个触发字的默认设置均为××××××××××××××××,表示只要第一个输入逻辑信号到达,无论是什么逻辑值,逻辑分析仪均被触发并开始采集波形,否则必须满足触发字条件才被触发。此外,Trigger qualifier(触发限定字)对触发有控制作用。若该位设为x,触发控制不起作用,触发完全由触发字决定;若该位设置为"1"(或"0"),则仅当触发控制输入信号为"1"(或"0")时,触发字才起作用;否则即使触发字组合条件满足也不能引起触发。

(3)采样时钟设置

用鼠标单击对话框面板下部Clock区的"Set..."按钮,弹出时钟控制对话框。在对话框中,波形采集的控制时钟可以选择内时钟或者外时钟;上升沿有效或者下降沿有效。如果选择内时钟,内时钟频率可以设置。此外,对Clock qualifier(时钟限定)的设置决定时钟控制输入对时钟的控制方式。若该位设置为"1",表示时钟控制输入为"1"时开放时钟,逻辑分析仪可以进行波形采集;若该位设置为"0",表示时钟控制输入为"0"时开放时钟;若该位设置为"x",表示时钟总是开放,不受时钟控制输入的限制。

9)逻辑转换仪(Logic converter)

逻辑转换仪是Multisim特有的仪器,能够完成真值表、逻辑表达式和逻辑电路三者之间的相互转换,实际不存在与此对应的设备。逻辑转换仪面板及转换方式选择图如图1.3.15所示。

(1)逻辑电路→真值表

逻辑转换仪可以导出多路(最多8路)输入、一路输出的逻辑电路的真值表。首先画出逻辑电路,并将其输入端接至逻辑转换仪的输入端,输出端连至逻辑转换仪的输出端。单击"电路—真值表"按钮,在逻辑转换仪的显示窗口即真值表区出现该电路的真值表。

(2)真值表→逻辑表达式

真值表的建立:一种方法是根据输入端数,用鼠标单击逻辑转换仪面板顶部代表输入端的小圆圈,选定输入信号(由A至H)。此时其值表区自动出现输入信号的所有组合,而输出列的初始值全部为"0"。可根据所需要的逻辑关系修改真值表的输出值而建立真值表;另一种方法是由电路图通过逻辑转换仪转换过来的真值表。

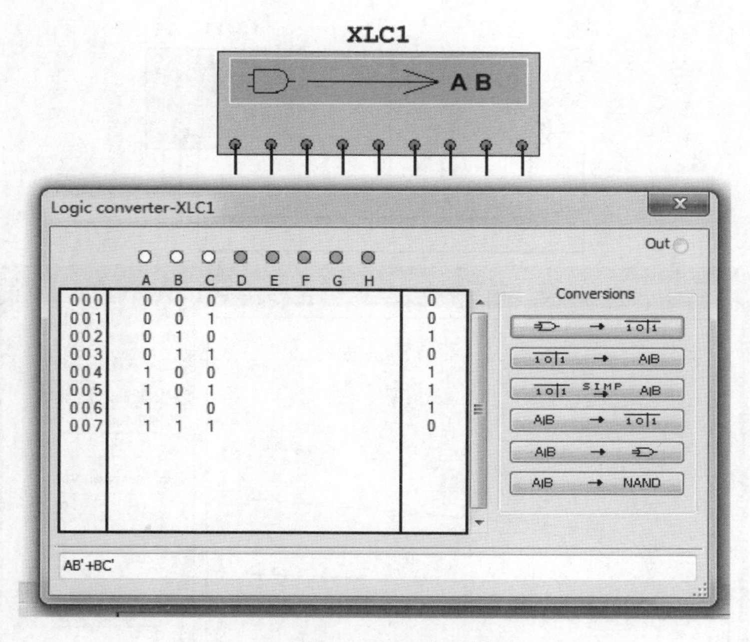

图 1.3.15 逻辑转换仪面板及转换方式图

对已在真值表区建立的真值表,用鼠标单击“真值表→逻辑表达式”按钮,在面板的底部逻辑表达式栏出现相应的逻辑表达式。如果要简化该表达式或直接由真值表得到简化的逻辑表达式,单击“真值表→简化表达式”按钮后,在逻辑表达式栏中出现相应的该真值表的简化逻辑表达式。在逻辑表达式中的“ ′ ”表示逻辑变量的“非”。

(3)表达式→真值表、逻辑电路或逻辑与非门电路

可以直接在逻辑表达式栏中输入逻辑表达式,“与—或”式及“或—与”式均可,然后按下“表达式→真值表”按钮得到相应的真值表;按下“表达式→电路”按钮得到相应的逻辑电路;按下“表达式→与非门电路”按钮得到与非门构成的逻辑电路。

10)IV(电流/电压)分析仪

IV(电流/电压)分析仪用来分析二极管、PNP 和 NPN 晶体管、PMOS 和 CMOS FET 的 IV 特性。注意:IV 分析仪只能够测量未连接到电路中的元器件。IV(电流/电压)分析仪的面板如图 1.3.16 所示。

11)失真分析仪(Distortion analyzer)

失真分析仪是一种用来测量电路信号失真的仪器。Multisim 提供的失真分析仪频率范围为 20 Hz ~ 20 kHz。失真分析仪面板如图 1.3.17 所示。

在 Controls(控制模式)区域中,THD 设置分析总谐波失真,SINAD 设置分析信噪比,Set… 设置分析参数。

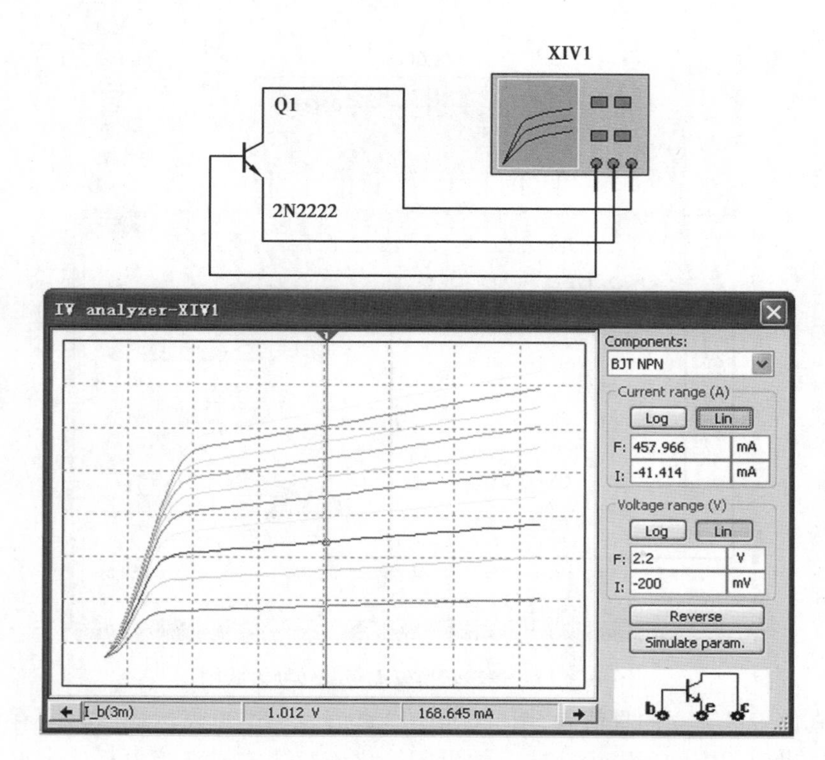

图 1.3.16　IV(电流/电压)分析仪的面板图

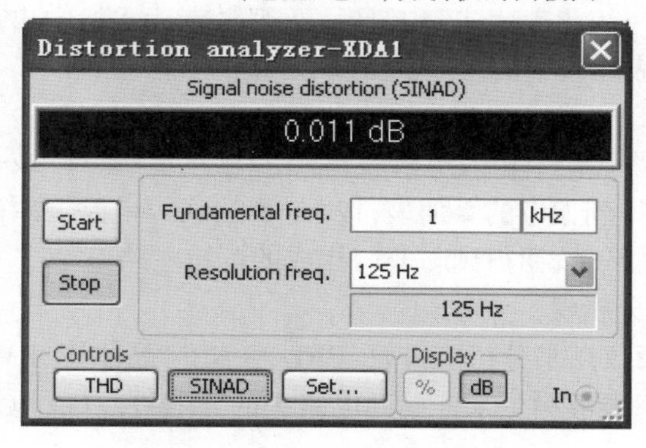

图 1.3.17　失真分析仪面板图

12)频谱分析仪(Spectrum analyzer)

频谱分析仪用来分析信号的频域特性。Multisim 提供的频谱分析仪频率范围的上限为 4 GHz。频谱分析仪面板如图 1.3.18 所示。

图 1.3.18 所示的频谱分析仪面板分 5 个区。

①Span Control 区:当选择 Set Span 时,频率范围由 Frequency 区域设定;当选择 Zero Span 时,频率范围仅由 Frequency 区域的 Center 栏设定的中心频率确定;当选择 Full Span 时,频率范围设定为 0 ~4 GHz。

②Frequency 区:Span 设定频率范围;Start 设定起始频率;Center 设定中心频率;End 设定终止频率。

③Amplitude 区:当选择 dB 时,纵坐标刻度单位为 dB;当选择 dBm 时,纵坐标刻度单位为

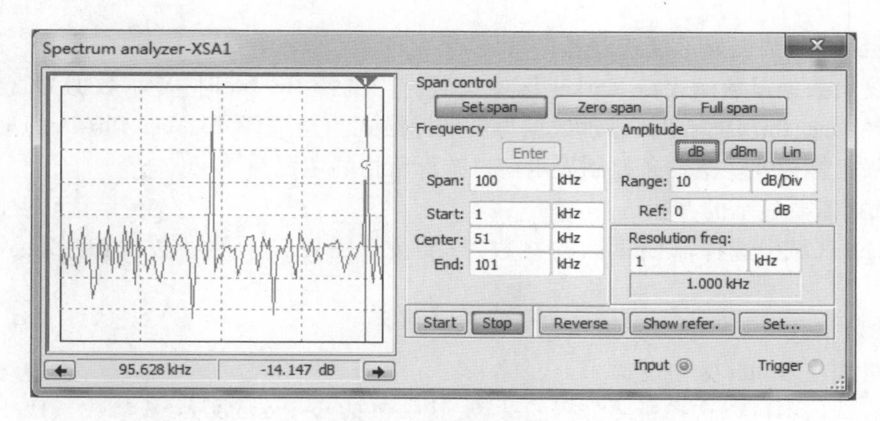

图 1.3.18 频谱分析仪面板图

dBm；当选择 Lin 时，纵坐标刻度单位为线性。

④Resolution Freq 区：可以设定频率分辨率，即能够分辨的最小谱线间隔。

⑤Controls 区：选择 Start 时，启动分析；选择 Stop 时，停止分析；选择 Set...时，选择触发源是 Internal（内部触发）还是 External（外部触发），选择触发模式是 Continuous（连续触发）还是 Single（单次触发）。

频谱图显示在频谱分析仪面板左侧的窗口中，利用游标可以读取其每点的数据并显示在面板右侧下部的数字显示区域中。

13）网络分析仪（Network Analyzer）

网络分析仪是一种用来分析双端口网络的仪器，它可以测量衰减器、放大器、混频器、功率分配器等电子电路及元件的特性。Multisim 提供的网络分析仪可以测量电路的 S 参数并计算出 H、Y、Z 参数。网络分析仪面板如图 1.3.19 所示。

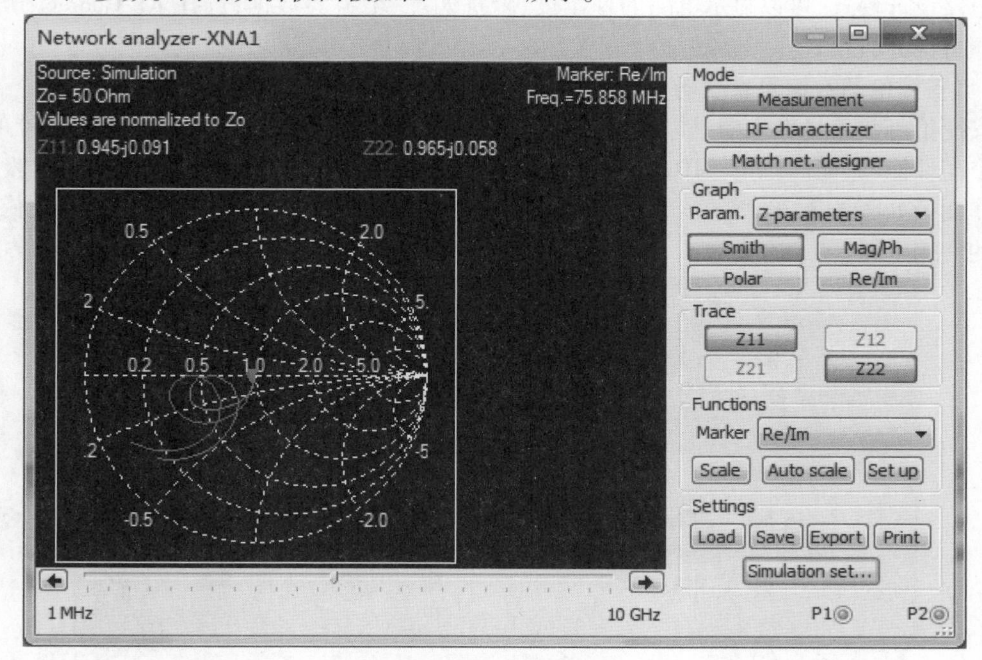

图 1.3.19 网络分析仪面板图

(1)显示窗口数据显示模式设置

显示窗口数据显示模式在 Marker 区中设置。当选择 Re/Im 时,显示数据为直角坐标模式。当选择 Mag/Ph(Degs)时,显示数据为极坐标模式。当选择 dB Mag/Ph(Deg)时,显示数据为分贝极坐标模式。滚动条控制显示窗口游标所指的位置。

(2)选择需要显示的参数

在 Trace 区域中选择需要显示的参数,只要按下需要显示的参数按钮(Z11、Z12、Z21、Z22)即可。

(3)参数格式

参数格式在 Graph 区中设置。

Param. 选项中可以选择所要分析的参数,其中包括 S-Parameters(S 参数)、H-Parameters(H 参数)、Y-Parameters(Y 参数)、Z-Parameters(Z 参数)、Stability factor(稳定因素)五种。

(4)显示模式

显示模式可以通过选择 Smith(史密斯格式)、Mag/Ph(增益/相位的频率响应图即波特图)、Polar(极化图)、Re/Im(实部/虚部)完成。以上四种显示模式的刻度参数可以通过 Scale 设置;程序自动调整刻度参数由 Auto scale 设置;显示窗口的显示参数,如线宽、颜色等由 Set up 设置。

(5)数据管理

Settings 区域提供数据管理功能,包括 Load(读取专用格式数据文件)、Save(储存专用格式数据文件)、Export(输出数据至文本文件)、Print(打印数据)。

(6)分析模式设置

分析模式在 Mode 区中设置。选择 Measurement 时为测量模式;选择 Match Net. Designer 时为电路设计模式,可以显示电路的稳定度、阻抗匹配、增益等数据;选择 RF Characterizer 时为射频特性分析模式。

14)安捷伦函数信号发生器(Agilent function generator)

安捷伦函数信号发生器是以安捷伦公司的 33120A 型函数信号发生器为原型设计的,它是一个高性能的、能产生 15 MHz 多种波形信号的综合函数发生器。安捷伦函数信号发生器的操作面板如图 1.3.20 所示。它的详细功能和使用方法,参考 Agilent 33120 型函数信号发生器的使用手册。

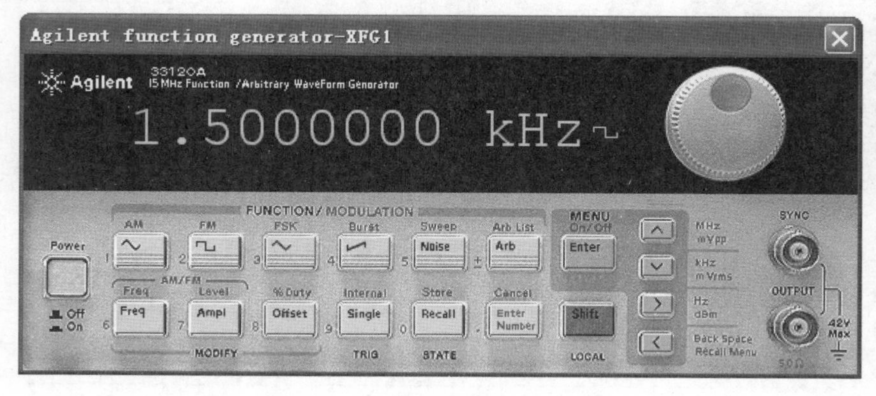

图 1.3.20　安捷伦函数信号发生器

15) **安捷伦数字万用表**(Agilent multimeter)

安捷伦数字万用表是以安捷伦公司的34401A型数字万用表为原型设计的,它是一个高性能的、测量精度为六位半的数字万用表。安捷伦数字万用表的操作面板如图1.3.21所示。它的详细功能和使用方法,参考Agilent 34401A型数字万用表的使用手册。

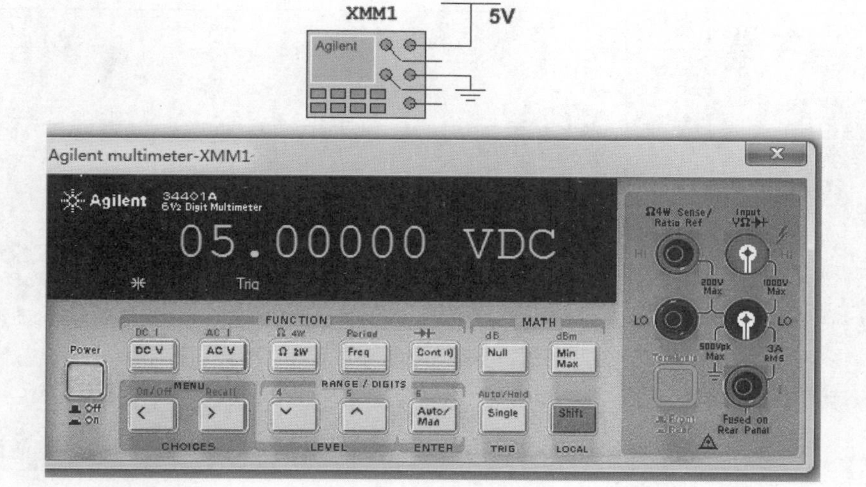

图1.3.21 安捷伦数字万用表面板图

16) **安捷伦数字示波器**(Agilent oscilloscope)

安捷伦数字示波器是以安捷伦公司的54622D型数字示波器为原型设计的,它是一个两模拟通道、16个数字通道、100 MHz数据宽带、附带波形数据磁盘外存储功能的数字示波器。安捷伦数字示波器的操作面板如图1.3.22所示。它的详细功能和使用方法参考Agilent 54622D型数字示波器的使用手册。

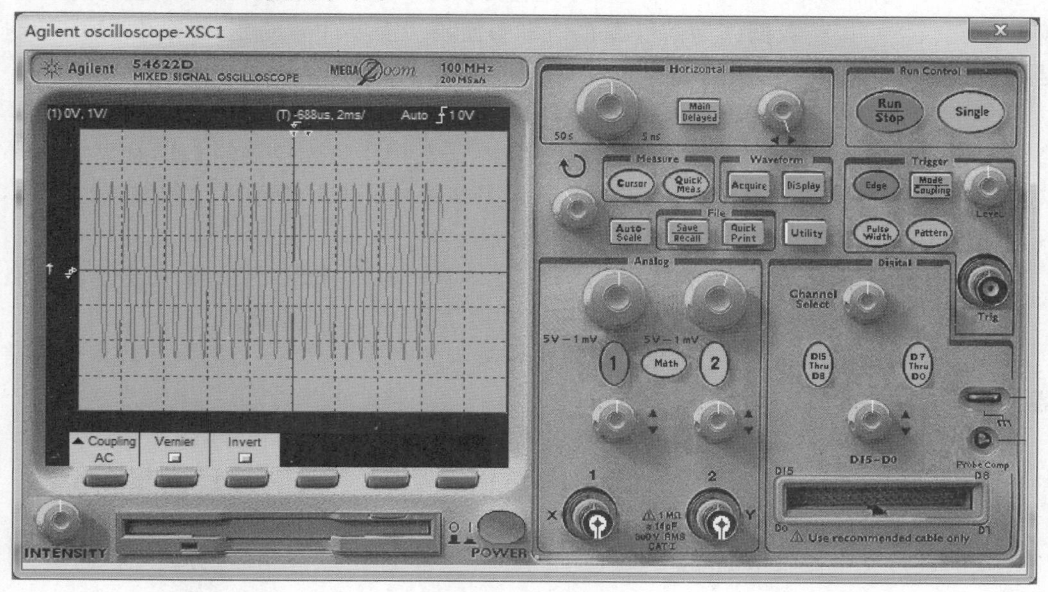

图1.3.22 安捷伦数字示波器

17)泰克数字示波器(Tektronix oscilloscope)

泰克数字示波器是以泰克公司的 TDS 2024 型数字示波器为原型设计的,它是一个四模拟通道、200 MHz 数据宽带、带波形数据存储功能的液晶显示数字示波器。泰克数字示波器的操作面板如图 1.3.23 所示。它的详细功能和使用方法,参考 TDS 2024 型数字示波器的使用手册。

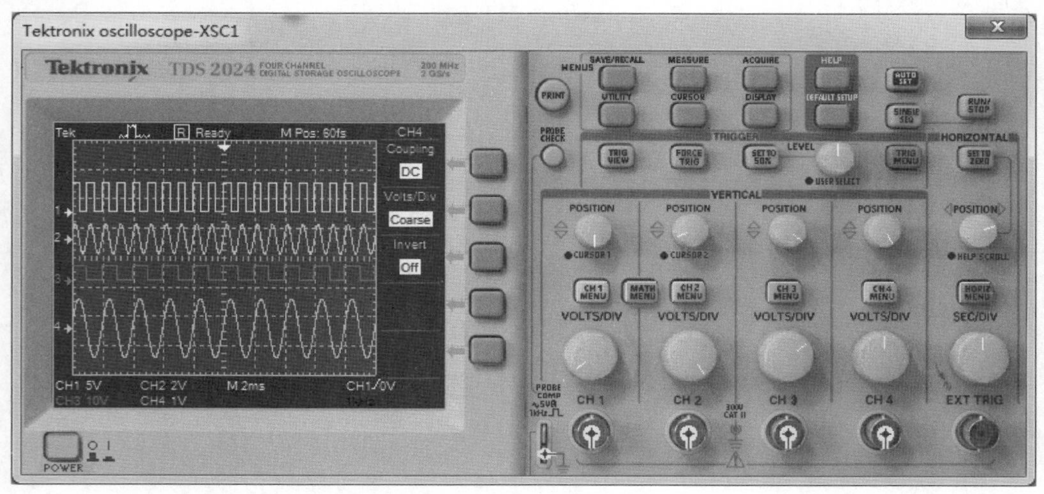

图 1.3.23　泰克示波器

18)LabVIEW 虚拟仪器

Multisim 14 提供 LabVIEW 虚拟仪器。设计人员可以在 LabVIEW 的图形开发环境下创建自定义的仪器。这些由自己创建的仪器具备 LabVIEW 开发系统的全部高级功能,包括数据获取、仪器控制和运算分析等。

LabVIEW 仪器可以是输入仪器,也可以是输出仪器。输入仪器接收仿真数据用于显示和处理。输出仪器可以将数据作为信号源在仿真中使用。需要注意的是,一个 LabVIEW 虚拟仪器不能既是输入型又是输出型的仪器。

要能够创建和修改 LabVIEW 虚拟仪器,用户必须拥有 LabVIEW 8.0(或更高版本)开发系统,必须安装 LabVIEW 实时运行引擎。它的版本需和用于创建仪器的 LabVIEW 开发环境相对应。NI Circuit Design Suite 已经提供了 LabVIEW 8.0 和 LabVIEW 8.2 实时运行引擎。

Multisim 14 包含了以下几种 LabVIEW 的例子:

①BJT 分析仪(BJT Analyzer)用于测量 BJT 晶体管的电流-电压特性,与 IV 分析仪类似。

②阻抗计(Impedance Meter)用于测量电路中两个节点之间的阻抗值。

③麦克风(Microphone)用于记录计算机声音装置的音频信号,以及把声音数据作为信号源输出。

④扬声器(Speaker)通过计算机声音设备播放输入的信号。

⑤信号分析仪 (Signal Analyzer)显示时域信号、自动功率频谱或运行平均输入信号。

⑥信号发生器(Signal Generater)产生正弦波、三角波、方波和锯齿波。

⑦实时信号发生器(Streaming Signal Generator)产生正弦波、三角波、方波和锯齿波,并允许仿真运行期间改变信号。

19)探针

测量探针(Probe)既可以在直流通路中对电压、电流、功率进行静态测试,也可以在交直流通路中,对电路的某个点的电位或某条支路的电流以及频率特性进行动态测试,使用方式灵活方便。

主页面工具栏上的图标 ,从左到右分别为电压探针(voltage probe)、电流探针(current probe)、功率探针(power probe)、差分电压探针(differential voltage probe)、电压电流探针(voltage and current probe)、数字探针(digital probe)。

最右侧是探针设置(Probe settings)图标,可以设置指针参数(parameter)、外观(appearance)、图中显示名称(Grapher)。其使用方法有动态测试和放置测试两种。动态测试是在仿真过程中,将测量探针指向电路任意节点时,会自动显示该点的电信号信息;放置测试是在仿真前或仿真过程中,将多个测量探针放置在测试位置上,仿真时会自动显示该节点的电信号特性。在 Multisim 中一般采用放置测试的方法。在探针上单击右键,选择“Reverse Probe direction”即可改变电流的测试方向;在探针上单击右键,选择“Show comment/probe”即可隐藏数据表格;双击探针,在“General”选项卡中选择“Hide RefDes”即可隐藏标识。如图 1.3.24 所示为电压电流探针示意图。其各参数含义如表 1.3.1 所示。

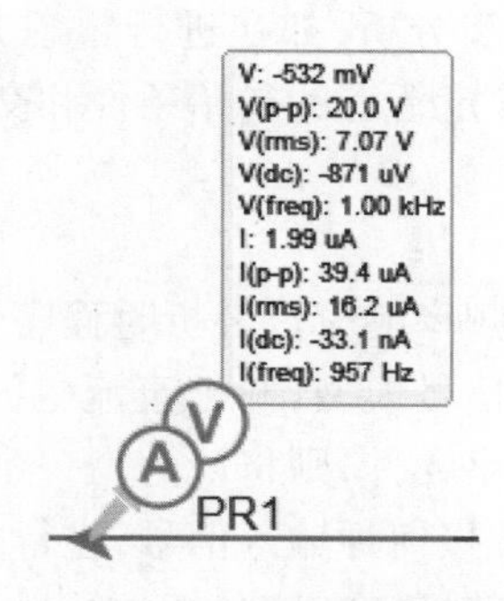

图 1.3.24 电压电流探针示意图

表 1.3.1 测量探针各测试值含义

名称	含义	名称	含义
V	实时电压	I	实时电流
V(p-p)	电压峰峰值	I(p-p)	电流峰峰值
V(rms)	电压均方根值	I(rms)	电流均方根值
V(dc)	直流电压值	I(dc)	直流电流值
V(freq)	电压频率	I(freq)	电流频率

这些虚拟仪器大致可分为三类,即模拟类仪器、数字类仪器和频率类仪器。模拟类仪器有数字万用表、函数信号发生器、瓦特表、示波器、IV 特性分析仪等;数字类仪器有字信号发生器、逻辑分析仪、逻辑转换仪等;频率类仪器有频率计、频谱分析仪、网络分析仪等。进行电路仿真分析时,对不同类型的电路可选用相应的测试仪器,如数字量的测量可选用逻辑分析仪。

但有的虚拟仪器可混用,如示波器可测量模拟电压信号,也可测量数字信号(脉冲波形)。总之,测试仪器的使用可根据用户的习惯选择。

1.4 Multisim 14 的仿真分析

虚拟仪器只能完成电压、电流、波形和频率等参数的测量,在反映电路的全面特性方面存在一定的局限性,为此,Multisim 14 提供了 19 种仿真分析方法。用户在对电路仿真分析时,可选用合适的仿真分析方法分析电路。

执行菜单"Simulate"→" Analyses and simulation"命令即可打开仿真分析界面。

仿真分析之前,可用"Interactive Simulation"页面对仿真条件进行设置。如设置仿真的初始条件、结束时间、时间步长以及器件模型和分析参数等,通常采用默认设置,有特殊需要用户可自行设置。

下面简要介绍仿真分析方法的特点和应用场合。

1)直流工作点分析(DC Oparating Point)

直流工作点分析是在电路电感短路、电容开路的情况下,计算电路的静态工作点。直流分析的结果通常可用于电路的进一步分析,如在进行暂态分析和交流小信号分析之前,程序会自动先进行直流工作点分析,以确定暂态的初始条件和交流小信号情况下非线性器件的线性化模型参数。

2)交流分析(AC Sweep)

交流分析是分析电路的小信号频率响应。分析时程序先对电路进行直流工作点分析,以便建立电路中非线性元件的交流小信号模型,并把直流电源置 0,交流信号源、电容及电感等用其交流模型。如果电路中含有数字元件,则将认为是一个接地的大电阻。交流分析是以正弦波为输入信号,不管电路的输入端接何种输入信号,进行分析时都将自动以正弦波替换,而其信号频率也将在设定的范围内被替换。交流分析的结果,以幅频特性和相频特性两个图形显示。如果将波特图仪连至电路的输入端和输出端,也可获得同样的交流频率特性。

3)瞬态分析(Transient)

瞬态分析是一种时域(Time Domain)分析,可以在激励信号(或没有任何激励信号)的情况下计算电路的时域响应。分析时,电路的初始状态可由用户自行制订,也可由程序自动进行直流分析,用直流解作为电路初始状态。瞬态分析的结果通常是分析节点的电压波形,故可用示波器观测到相同的结果。

4)直流扫描分析(DC Sweep)

直流扫描分析用来分析电路中某一节点的直流工作点随电路中一个或两个直流电源变化的情况,可以快速确定电路的可用直流工作点。

5)单一频率交流分析(Single Frequency AC)

单一频率交流分析用来测试电路对某个特定频率的交流频率响应分析结果,以输出信号的实部/虚部或幅度/相位的形式给出。

6)参数扫描分析(Parameter Sweep)

参数扫描分析是根据给定的元件及其要变化的参数和扫描范围、类型(线性或对数)与分辨率,计算电路的 DC、AC 或瞬态响应,从而看出各个参数对某些性能的影响程度。

7)噪声分析(Noise)

噪声分析对指定的电路分析节点输入噪声源以及扫描频率范围,计算所有电阻与半导体器件所贡献的噪声的均方根值。

8)蒙特卡罗分析(Monte Carlo)

在给定的容差范围内,蒙特卡罗分析可计算元件参数随机变化时对电路的 DC、AC 或瞬态响应的影响,可以对元件参数容差的随机分布函数进行选择,使分析结果更符合实际情况。通过该分析可以预计由于制造过程中元件的误差而导致所设计的电路不合格的概率。

9)傅里叶分析 (Fourier)

在给定的频率范围内,对电路的瞬态进行傅里叶分析,可计算出该瞬态响应的 DC 分量、基波分量以及各次谐波分量的幅值及相位。

10)温度扫描分析(Temperature Sweep)

该分析对给定的温度变化范围、扫描类型(线性或对数)与分辨率,计算电路的 DC、AC 或瞬态响应,从而可以看出温度对某些性能的影响程度。

11)失真分析(Distortion)

该分析对给定的任意节点以及扫频范围、扫频类型(线性或对数)与分辨率,计算总的小信号稳态谐波失真与互调失真。

12)灵敏度分析(Sensitivity)

该分析包括 DC(直流)分析和 AC(交流)两种灵敏度分析,用于元件某个参数的分析,计算由该参数的变化而引起的 DC 或 AC 电压与电流的变化灵敏度。

13)最坏情况分析(Worst Case)

当电路中所有元件的参数在其容差范围内改变时,该分析计算由此引起的 DC、AC 或瞬态响应变化的最大方差。所谓“坏情况”,是指元件参数的容差设置为最大值、最小值或最大上升或下降值。

14)噪声系数分析(Noise Figure)

噪声系数分析主要研究元器件模型中的噪声参数对电路的影响。在二端口网络(如放大器和衰减器)的输入端不仅有信号,还会伴随噪声,同时电路中的无源器件(如电阻)会增加热噪声,有源器件则增加散粒噪声和闪烁噪声。无论何种噪声,经过电路放大后,将全部汇总到输出端,对输出信号产生影响。信噪比是衡量一个信号质量好坏的重要参数,而噪声系数(F)则是衡量二端口网络性能的重要参数,其定义为网络的输入信噪比/输出信噪比,即

$$F=\text{输入信噪比}/\text{输出信噪比}$$

若用分贝表示,噪声系数(NF)为

$$NF=10\log_{10}F(\text{dB})$$

15)零极点分析(Pole Zero)

该分析对给定的输入与输出极点以及分析类型(增益或阻抗的传递函数,输入或输出阻抗),计算交流小信号传递函数的零、极点,从而可以获得有关电路稳定性的信息。

16)传递函数分析(Transfer function)

该分析对给定的输入源与输入节点,计算电路的 DC 小信号传递函数以及输入、输出阻抗和 DC 增益。

17）线宽分析（Trace Width）

线宽分析就是用来确定在设计 PCB 板时为使导线有效地传输电流所允许的最小导线宽度。导线所散发的功率不仅与电流有关，还与导线的电阻有关，而导线的电阻又与导线的横截面积有关。在制作 PCB 板时，导线的厚度受板材的限制，因此，导线的电阻主要取决于 PCB 设计者对导线宽度的设置。

18）批处理分析（Batched）

批处理分析是将同一电路的不同分析或不同电路的同一分析放在一起依次执行，这样可以更加全面地观察电路的静态工作点、频率特性等。

19）用户自定义分析（Use-Defined）

用户自定义分析就是由用户通过 SPICE 命令来定义某些仿真分析功能，以达到扩充仿真分析的目的。SPICE 是 Multisim 的仿真核心，SPICE 以命令行的方式与用户接口，而 Multisim 以图形界面方式与用户接口。

思考题

1. 在 Multisim 14 中，调入工作区的元件，怎样改变其方向？
2. 怎样修改电路图中的网络名，怎样隐藏网络名称？
3. 仪器仪表中共有哪几种示波器？
4. 如果只知道某元件型号，不知道其归属哪个元件库，怎样调用该元件？

2 电路分析基础实验

2.1　电路元件的伏安特性

2.1.1　实验目的

知识目标：

①掌握直流电路常用的电路元器件及设备使用方法。

②掌握电阻元件、二极管、稳压管的伏安特性及其测定方法。

能力目标：

①能够应用 Multisim 14 软件调用元器件及连接电路图。

②能够应用 Multisim 14 软件验证电阻元件和直流电源的伏安特性。

素质目标：

①培养学生认识规律、掌握规律的能力。

②培养学生自主学习意识及主动学习能力。

2.1.2　实验原理

电路元件的特性一般用该元件的端电压 U 与通过元件的电流 I 之间的函数关系来表示。表示元件电压与电流之间关系的函数图形称为该元件的伏安特性曲线。

独立电源和电阻元件的伏安特性可以用电压表、电流表测定，称为伏安测量法（伏安表法）。伏安关系法原理简单、测量方便，同时适用于非线性元件伏安特性测量，但仪表的内阻会对测量结果产生一定影响，因而必须注意仪表的接法。

1）线性电阻元件

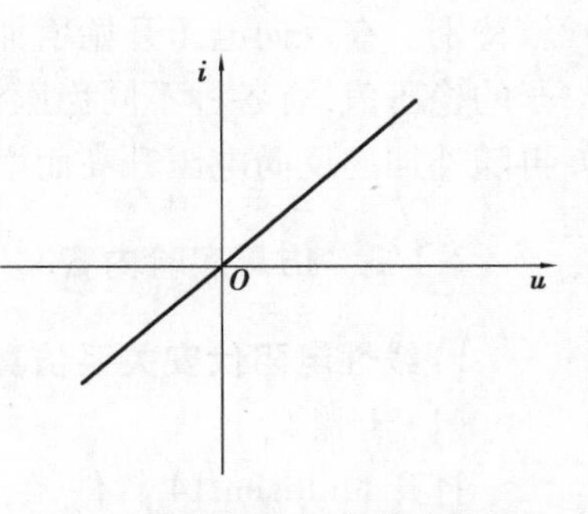

图 2.1.1　线性电阻的伏安特性

电阻元件的伏安特性可以用流过元件的电流 I 与元件两

端的电压 U 的函数关系来表征。在 $i \sim u$ 坐标平面上,线性电阻元件的特性为一条通过原点 O 的直线,如图 2.1.1 所示。

电阻的伏安特性用欧姆定律描述。在 U 和 I 关联参考方向条件下,有

$$U=IR$$

若 U,I 为非关联参考方向,则欧姆定律的形式为

$$U=-IR$$

2)非线性电阻元件

非线性电阻的 $u \sim i$ 函数关系不再是一条直线,一般可以分为以下三种类型:

①若元件的端电压是流过元件电流的单值函数,则称为电流型电阻元件,示例的特性曲线如图 2.1.2(a)所示;

②若流过元件的电流是元件端电压的单值函数,则称为电压型电阻元件,示例的特性曲线如图 2.1.2(b)所示;

③若元件的伏安特性曲线是单调增加或减少的,则该元件既是电流型又是电压型的电阻元件,示例的特性曲线如图 2.1.2(c)所示。

半导体二极管就是一种典型的非线性电阻元件,其伏安特性曲线类似于图 2.1.2(c),如图 2.1.3 所示。半导体二极管的(等效)电阻值随电压、电流大小甚至方向的改变而改变。图 2.1.3 中,V_{TH} 为死区电压,V_{BR} 为反向击穿电压。

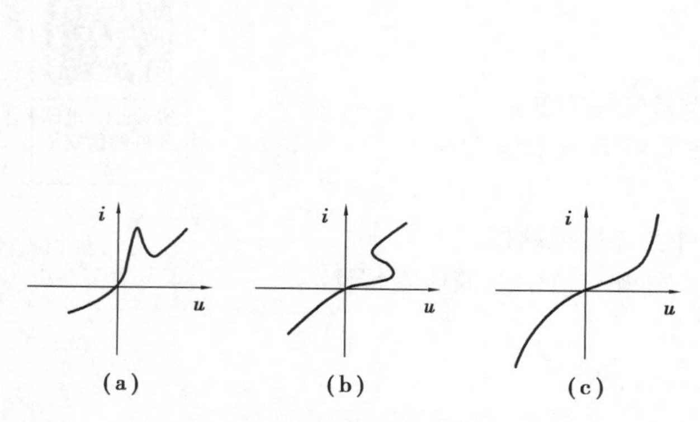

图 2.1.2 非线性电阻的伏安特性

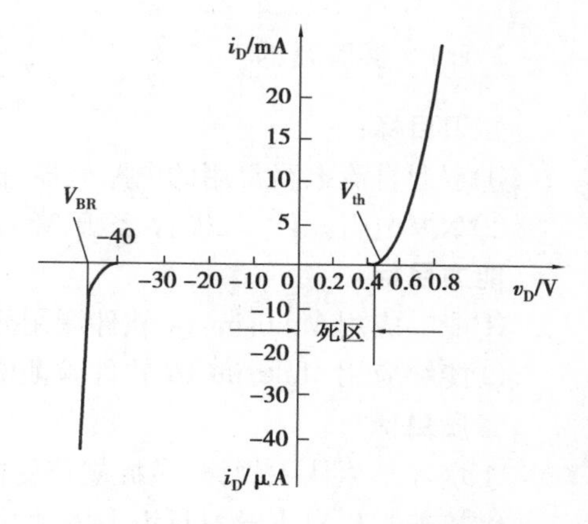

图 2.1.3 半导体二极管的伏安特性

稳压二极管是一种特殊的半导体二极管,其正向特性与普通二极管类似,但其反相特性较特别。在反向电压开始增加时,其反相电流几乎为零,但当电压增加到某一数值时(称为管子的稳压值,有各种不同稳压值的稳压管)电流将突然增加,以后它的端电压将维持恒定,不再随外加的反向电压升高而增大。

2.1.3 仿真实验内容

1)线性电阻伏安关系仿真

(1)步骤 1

打开 Multisim 14 软件,绘制如图 2.1.4 所示电路图。具体操作为:单击 分类图标,打开“Select a Component”窗口,选择需要的电阻、电源等元器件,放置到仿真工作区。

• 直流电压源：(Group) Sourses→(Family) POWER_SOURSES→(Component) DC_POWER。

• 电阻：(Group) Basic→(Family) RESISTOR。双击电阻，打开其属性对话框，其标识如"R2"在"Label"选项卡中修改，参数如"1 kΩ"在"Value"选项卡中修改。在元件上单击右键，选择"Rotate 90° clockwise"即可将元件旋转90°。

• 地 GND：(Group) Sourses →(Family) POWER_SOURSES→(Component) GROUND。

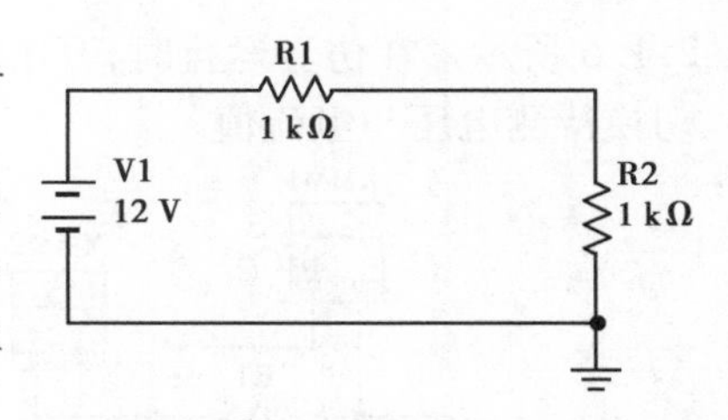

图 2.1.4 欧姆定律仿真电路图

(2) 步骤 2

要测量图 2.1.4 电路中电流与电压，在 Multisim 14 软件中可以选择用电压表、电流表、万用表或测量探针来测量。具体操作如下：

①测量探针法。

在整个电路仿真过程中，测量探针(Probe)既可以在直流通路中对电压、电流、功率进行静态测试，也可以在交直流通路中，对电路的某个点的电位或某条支路的电流以及频率特性进行动态测试，使用方式灵活方便。找到主页面工具栏上的图标 ，其使用方法有动态测试和放置测试两种。动态测试是在仿真过程中，将测量探针指向电路任意节点时，会自动显示该点的电信号信息；放置测试是在仿真前或仿真过程中，将多个测量探针放置在测试位置上，仿真时会自动显示该节点的电信号特性。在 Multisim 中一般采用放置测试的方法。在探针上点右键，选择"Reverse Probe direction"即可改变电流的测试方向；在探针上单击右键，选择"Show comment/probe"即可隐藏数据表格；双击探针，在"General"选项卡中选择"Hide RefDes"即可隐藏标识。单击仿真开关 按钮，仿真运行，测试结果如图 2.1.5 所示。

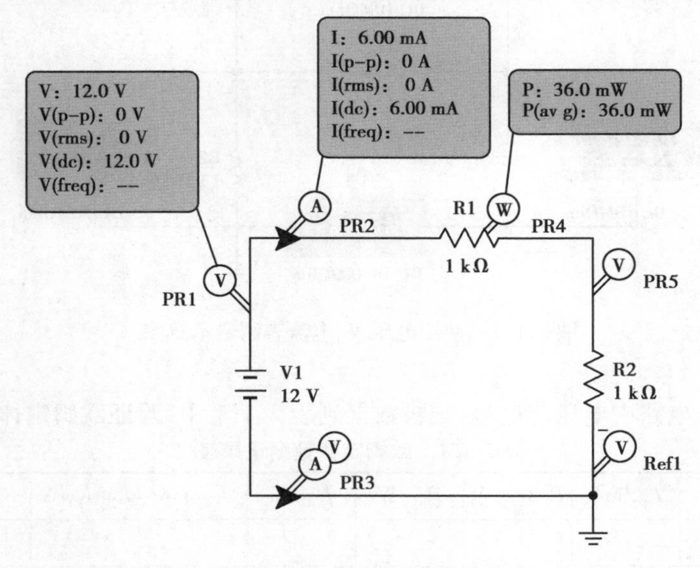

图 2.1.5 测量探针法测量示意图

②万用表测量法。

找到主页面竖排虚拟仪器图标 ，选择"Multimeter"，将万用表接入电路，其中 XMM1 测 R_1 的端电压，将其与 R_1 并联，XMM2 测电流需串入待测回路，如图

2.1.6 所示。在仿真运行时，万用表显示的直流数值即为待测直流值，可通过单击“A”和“V”切换待测电压与电流值。

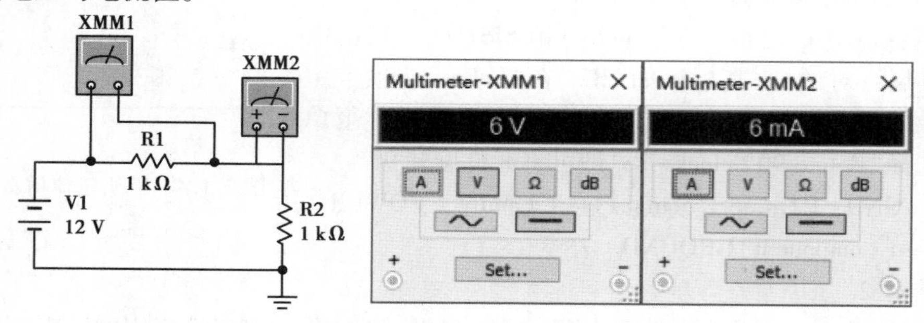

图 2.1.6　万用表测量法测量示意图

③电压表、电流表测量法。

电压表和电流表存放在指示元器件库（Indicators）中，数量没有限制。单击分类图标中（Place Indicators）图标，在“Indicators”→“VOLTMETER”或“Indicators”→“AMMETER”的四个选项中选择具有合适的引出线方向的模型，注意极性；或单击“旋转”按钮，可以改变引出线的方向。将电压表并联，并将电流表串联接入电路。仿真运行，此时电压表、电流表显示的数值即为待测直流值，如图 2.1.7 所示。双击电压表或电流表，可选择测量模式（mode）DC/AC，实现交、直流信号测量的转换，这里选择 DC 测量模式。

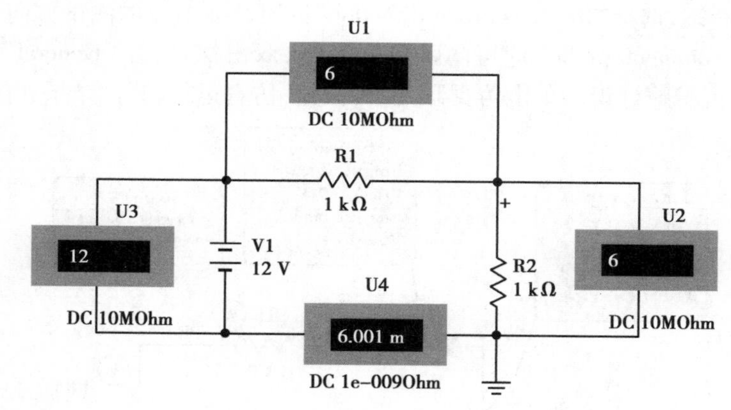

图 2.1.7　使用电压表、电流表测量示意图

（3）步骤 3

测量图 2.1.4 电路中电压与电流，记录数据到表 2.1.1 中，验证欧姆定律和功率守恒。

表 2.1.1　欧姆定律数据记录表

	U_{R1}/V	I_{R1}/mA	$R_1 \times I_{R1}$/V	P_{R1}/W	U_{R2}/V	I_{R2}/mA	$R_2 \times I_{R2}$/V	P_{R2}/W	P_{V1}/W
理论计算									
仿真测量									

（4）步骤 4

测定 1 kΩ 电阻的伏安特性，按照图 2.1.8 连接电路，改变直流稳压电源的电压 V_1，测定相应的电流值和电压值记录于表 2.1.2 中。

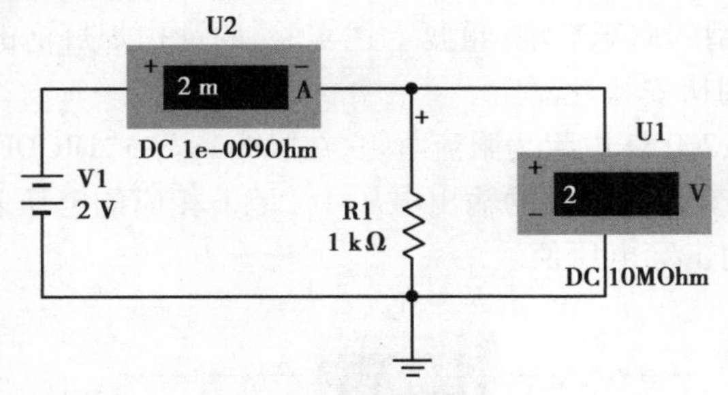

图 2.1.8 电阻元件伏安特性仿真图

表 2.1.2 电阻元件伏安特性仿真数据记录表

V_1/V	0	2	4	6	8	10	12
理论计算 I/mA	0						
仿真测量 I/mA	0						
仿真测量 U_1/V	0						

(5)步骤 5

用 Excel 或 MATLAB 画电阻的伏安特性曲线，再分别双击图 2.1.7、图 2.1.8 中电源与电阻，自行改变电源、电阻的阻值，验证欧姆定律和电阻元件伏安关系。

2)非线性电阻伏安关系仿真

(1)非线性白炽灯泡的伏安特性测定

①将图 2.1.8 中的电阻换成一只白炽灯泡，在"Indicators"→"Lamp"中选择 12V_10W 白炽灯，如图 2.1.9 所示，重复前一实验中步骤 4，改变稳压电源的输出电压 V_1，在表 2.1.3 中记下相应的电压表和电流表的读数。将 V_1 设置成 20 V，观察灯泡发生了什么现象，想想为什么会出现这种现象。

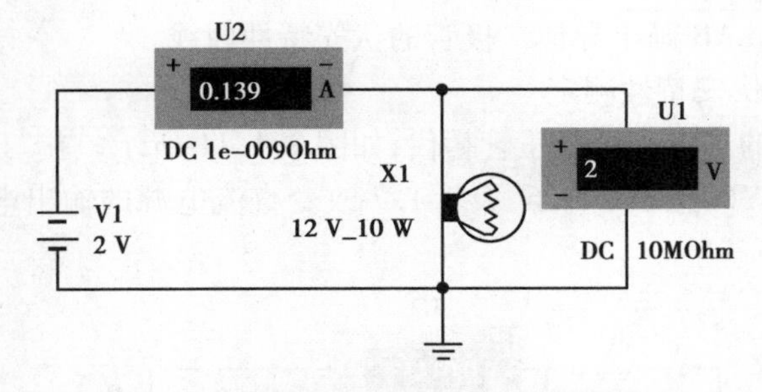

图 2.1.9 非线性白炽灯泡伏安特性仿真图

表 2.1.3 非线性白炽灯泡伏安特性仿真数据记录表

V_1/V	0	2	4	6	8	10	12
理论计算 I/mA	0						
仿真测量 I/mA	0						
仿真测量 U_1/V	0						

②用 Excel 或 MATLAB 画白炽灯的伏安特性曲线。

③自行选择其他类型的白炽灯泡,重复上述实验,验证白炽灯泡的非线性特性。

(2)半导体二极管的伏安特性测定

①按图 2.1.10 连线,200 Ω 电阻为限流电阻,在“Diodes”→“DIODE”中选择二极管 1N4007,按表 2.1.4、表 2.1.5 改变直流电源的输出电压 V_1,记下相应的电压表和电流表的读数,并分析二极管 1N4007 的反向击穿电压值。

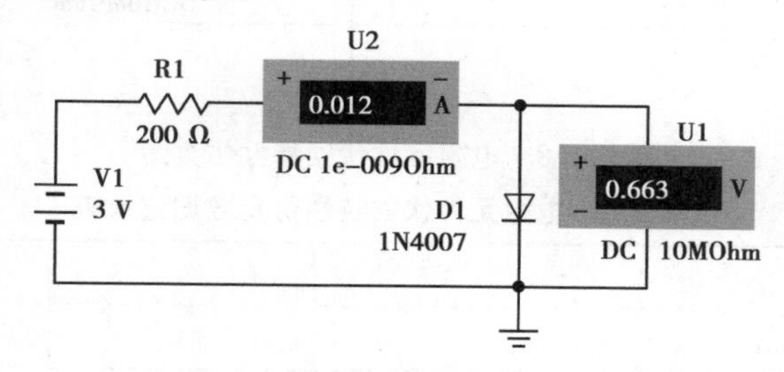

图 2.1.10 半导体二极管伏安特性仿真图

表 2.1.4 半导体二极管正向伏安特性仿真数据记录表

V_1/V	0	0.1	0.3	0.5	0.6	0.7	0.8	0.9	1	3	5	7	10	13
U_1/V	0													
I/mA	0													

表 2.1.5 半导体二极管反向伏安特性仿真数据记录表

V_1/V	0	−10	−25	−50	−100	−200	−500	−800	−1 000	−1 100	−1 200
U_1/V	0										
I/mA	0										

②用 Excel 或 MATLAB 画半导体二极管的伏安特性曲线。

(3)稳压二极管的伏安特性测定

①将图 2.1.10 中的二极管用稳压管替代,如图 2.1.11 所示。在“Diodes”→“ZENER”中选择稳压二极管 1N5987B,按表 2.1.6、表 2.1.7 改变直流电源的输出电压 V_1,记录相应的电压表和电流表的读数。

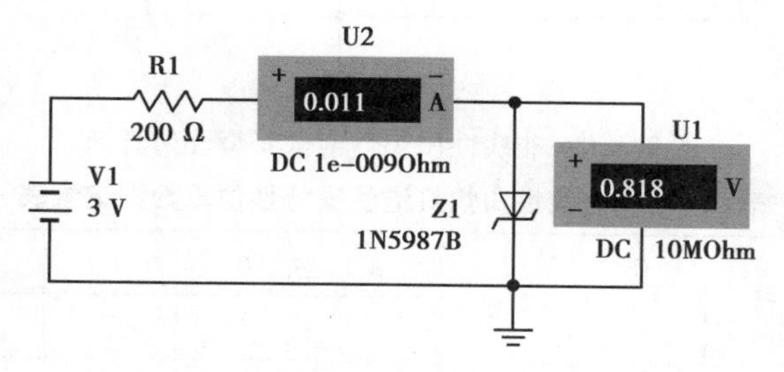

图 2.1.11 稳压二极管伏安特性仿真图

表 2.1.6 稳压二极管正向伏安特性仿真数据记录表

V_1/V	0	0.1	0.3	0.5	0.6	0.8	0.9	1	3	5	7	10	13
U_1/V	0												
I/mA	0												

表 2.1.7 稳压二极管反向伏安特性仿真数据记录表

V_1/V	0	−1	−2	−3	−3.5	−4	−5	−10	−30	−35	−50	−100
U_1/V	0											
I/mA	0											

②用 Excel 或 MATLAB 画稳压二极管的伏安特性曲线。

思考题

1. 仿真电路时，未接地的电路可否仿真？不是闭合电路，可否仿真？

2. 线性电阻与非线性电阻的概念是什么？电阻器与二极管的伏安特性有何区别？

3. 欧姆定律的适用范围是怎样的？

4. 设某器件伏安特性曲线的函数式为 $I=f(U)$，试问在逐点绘制曲线时，其坐标变量应如何放置？

5. 稳压二极管与普通二极管有何区别，其用途如何？

6. 在仿真稳压管伏安特性时，根据稳压二极管 1N5987B 参数，稳压值为 2.85 ~ 3.15 V（典型值为 3 V），稳定电流为 5 mA，最大稳定电流为 167 mA。根据仿真数据，说明哪些数据在稳压区。

7. 理想电压源与理想电流源能否等效互换？自行证明实际电压源与实际电流源互相等效的条件，并仿真验证。

名人简介：乔·西蒙·欧姆

练一练

电源元件仿真

1. 理想直流电压源仿真。

（1）仿真电路如图 2.1.12 所示，按照表 2.1.8 改变负载 R_L 的阻值，测量电压源输出电压与输出电流的变化并记录数据。

（2）将负载阻值设置为 0 时，观察电流表的读数，说明负载阻值能否为零。

（3）用 Excel 或 MATLAB 画理想直流电压源的伏安特性曲线。

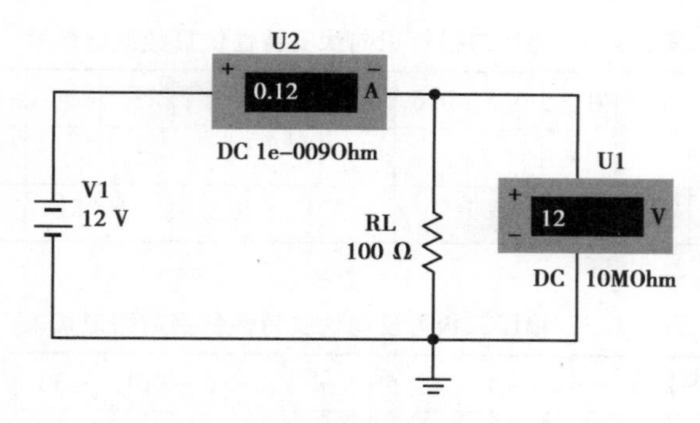

图 2.1.12　理想直流电压源伏安特性仿真图

表 2.1.8　理想直流电压源伏安特性仿真数据记录表

R_L/Ω	100	300	600	1 000	2 000	5 000	∞
U_1/V							
I/mA							

2. 实际直流电压源仿真。

(1)实际电源用直流稳压电源 V1 串联电阻 R_L 来模拟,仿真电路如图 2.1.13 所示。设电压源内阻 R_1=50 Ω,按照表 2.1.9 改变负载 R_L 的阻值,测量电压源电压与电流的变化并记录数据。

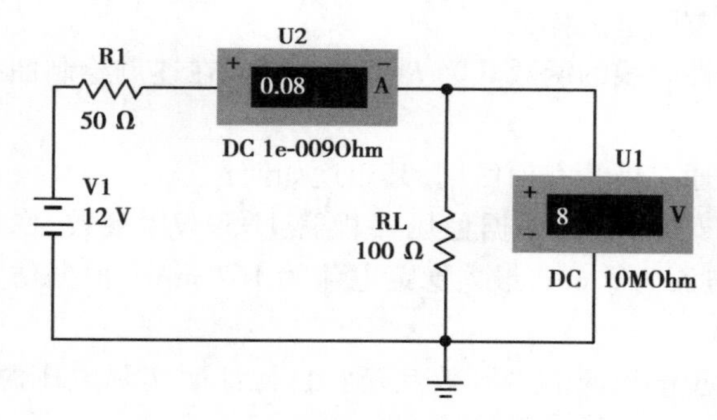

图 2.1.13　实际直流电压源伏安特性仿真图

表 2.1.9　实际直流电压源伏安特性仿真数据记录表

R_L/Ω	100	300	600	1 000	2 000	5 000	∞
U_1/V							
I/mA							

(2)将负载阻值设置为 0 时,观察电流表的读数,说明负载阻值能否为零。

(3)用 Excel 或 MATLAB 画理想直流电压源的伏安特性曲线。

3. 理想直流电流源仿真。

(1)执行(Group)Sources→(Family)SIGNAL_CURRENT_SOURCES→(Component)DC_CURRENT,调入直流电流源 I1。

仿真电路如图 2.1.14 所示,按照表 2.1.10 改变负载 R_L 的阻值,测量电流源电压与电流的变化并记录数据。

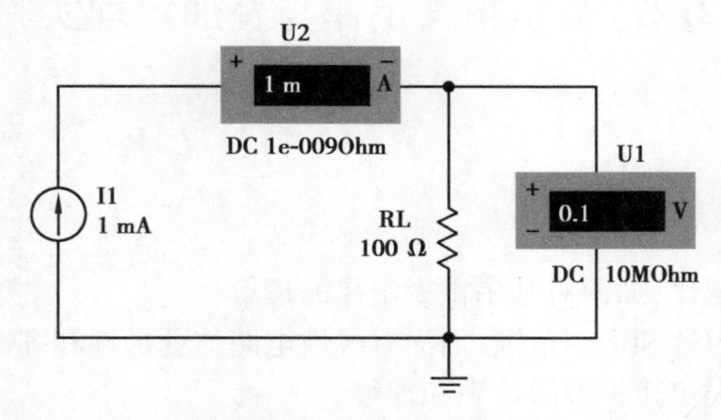

图 2.1.14 理想直流电流源伏安特性仿真图

表 2.1.10 理想直流电流源伏安特性仿真数据记录表

R_L/Ω	0	100	300	600	1 000	2 000	5 000
U_1/V							
I/mA							

(2)电流源能否开路,即负载阻值能否为无穷大?仿真验证并说明。

(3)用 Excel 或 MATLAB 画理想直流电流源的伏安特性曲线。

4. 实际直流电流源仿真。

(1)实际电源用直流电流源 I_1 并联电阻 R_1 来模拟,仿真电路如图 2.1.15 所示。设电流源内阻 $R_1=10\ k\Omega$,按照表 2.1.11 改变负载 R_L 的阻值,测量电流源电压与电流的变化并记录数据。

(2)电流源能否开路,即负载阻值能否为无穷大?仿真验证并说明。

(3)用 Excel 或 MATLAB 画实际直流电压源的伏安特性曲线。

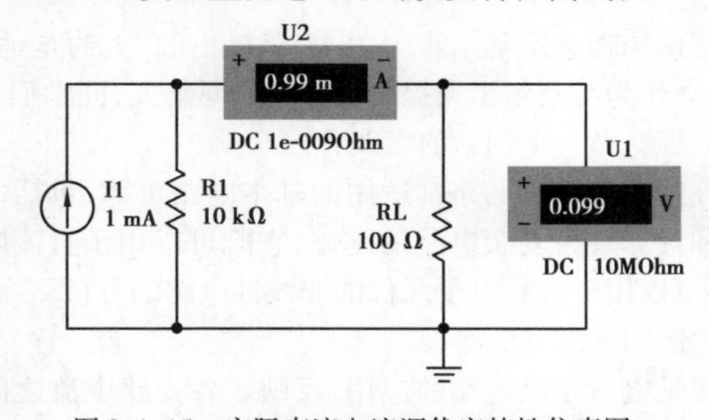

图 2.1.15 实际直流电流源伏安特性仿真图

表 2.1.11 实际直流电流源伏安特性仿真数据记录表

R_L/Ω	100	300	600	1 000	2 000	5 000	∞
U_1/V							
I/mA							

2.2 基尔霍夫定律与叠加定理实验

实验2.2 基尔霍夫定律与叠加定理

2.2.1 实验目的

知识目标：

①验证基尔霍夫定律，加深对基尔霍夫定律的理解。

②验证叠加定理内容和适用范围，加深对线性电路的叠加性和齐次性的认识和理解。

③加深对基尔霍夫定律扩展的认识和理解。

能力目标：

①能够应用 Multisim 14 软件调用元器件及连接电路图。

②能够应用 Multisim 14 软件验证基尔霍夫定律和叠加定理。

素质目标：

①培养学生认识规律、掌握规律的能力。

②鼓励学生要有信心和勇气，敢于提出新的见解，做一个创新的实践者。

③培养学生集体主义与团队协作精神。

2.2.2 实验原理

1）基尔霍夫定律

电路的基本定律包括两类，一类是由元件本身的性质所造成的约束关系，即元件约束。不同的元件要满足各自的伏安关系（VCR 构成了变量的元件约束），实验 2.1 已经完成。另一类是由于电路的拓扑结构所造成的约束关系，即结构约束。结构约束取决于电路元件间的连接方式，即电路元件之间的互连必然使各支路电流或者电压有联系或有约束，基尔霍夫定律就体现这种约束关系。

基尔霍夫定律是德国物理学家基尔霍夫 1847 年提出的，大约是他的德国同胞欧姆发现其著名定律的 21 年后。作为与基尔霍夫提出定理时的同龄人，同学们要向他学习，要有信心和勇气，敢于提出新的见解，做一个创新的实践者。

基尔霍夫定律是任何集总参数电路都适用的基本电路定律，包括电流定律和电压定律。基尔霍夫定律是分析和计算较为复杂电路的基础，它既可以用于直流电路的分析，也可以用于交流电路的分析，还可以用于含有电子元件的非线性电路的分析。

（1）基尔霍夫电流定律（KCL）

基尔霍夫电流定律是电荷守恒定律的应用，反映了各支路电流之间的约束关系，又称为节点电流定律，简称为 KCL 定律。

KCL 定律指出：在集总电路中，任何时刻，对任一节点，流入该节点的电流总和等于流出该节点的电流总和，即所有流出或流入节点的支路电流的代数和恒等于零。“代数和”是根据电流是流出还是流入节点判断的。若流出节点的电流取“+”号，则流入节点的电流取“-”号；电流是流出节点还是流入节点，均根据电流的参考方向判断。所以对任一节点有：

$$\sum i_{流入} = \sum i_{流出} \quad 或 \quad \sum i = 0$$

KCL 定律是电路的结构约束关系，只与电路的结构有关，而与电路元件性质无关。KCL 定律不仅适用于电路的节点，还可以推广运用到电路中任意假设封闭面。

(2)基尔霍夫电压定律(KVL)

基尔霍夫电压定律是能量守恒定律和转换定律的应用，反映了各支路电压之间的约束关系，又称为回路电压定律，简称为 KVL 定律。

KVL 定律指出：在集总电路中，任何时刻，沿任一回路，所有支路的电压降之和等于电压升之和，即所有支路的电压的代数和恒等于零。对任一回路，沿绕行方向有：

$$\sum u_{升} = \sum u_{降} \quad 或 \quad \sum u = 0$$

KVL 定律也是电路的结构约束关系，只与电路的结构有关，而与电路元件性质无关。KVL 定律不仅适用于实际存在的回路，还可以推广运用到电路中任意假想的回路。

2)叠加定理

叠加定理是线性电路可加性的反映，是线性电路的一个重要定理。可类比力量的叠加，“团结就是力量”“众人拾柴火焰高”“众志成城”等。

叠加定理可以表述为：在线性电阻电路中，多个激励源共同作用时产生的响应(电路中各处的电压和电流)等于各个激励源单独作用时(其他激励源置零)所产生响应的叠加(代数和)。举例电路如图 2.2.1 所示。

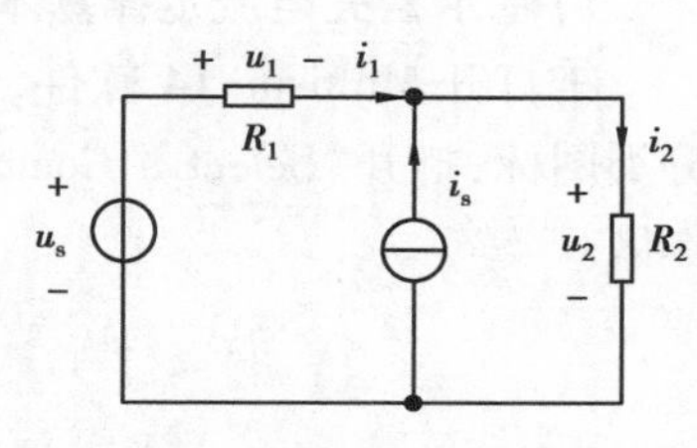

图 2.2.1　叠加定理举例电路

应用叠加定理如图 2.2.2 所示。

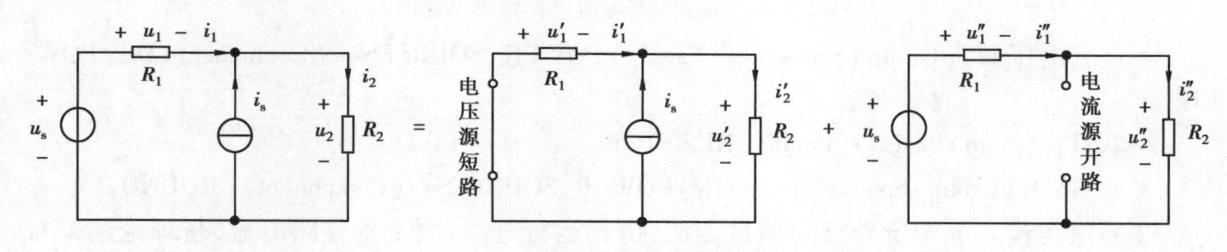

图 2.2.2　应用叠加定理示意图

求解电路有：

$$u_1 = u_1' + u_1'' = -\frac{R_1R_2}{R_1+R_2}i_s + \frac{R_1}{R_1+R_2}u_s \qquad i_1 = i_1' + i_1'' = -\frac{R_2}{R_1+R_2}i_s + \frac{1}{R_1+R_2}u_s$$

$$u_2 = u_2' + u_2'' = \frac{R_1R_2}{R_1+R_2}i_s + \frac{R_2}{R_1+R_2}u_s \qquad i_2 = i_2' + i_2'' = \frac{R_1}{R_1+R_2}i_s + \frac{1}{R_1+R_2}u_s$$

当以上公式只有一个源作用时，响应和激励成比例性质，即为线性电路的齐次性。

线性电路的齐次性是指当激励信号(某独立源的值)增加或减小 K 倍时，电路的响应(即在电路中各电阻元件上所建立的电流和电压值)也将增加或减小 K 倍。

3)实验原理图

电工实验台给出了验证基尔霍夫定律/叠加定理原理图，如图 2.2.3 所示。

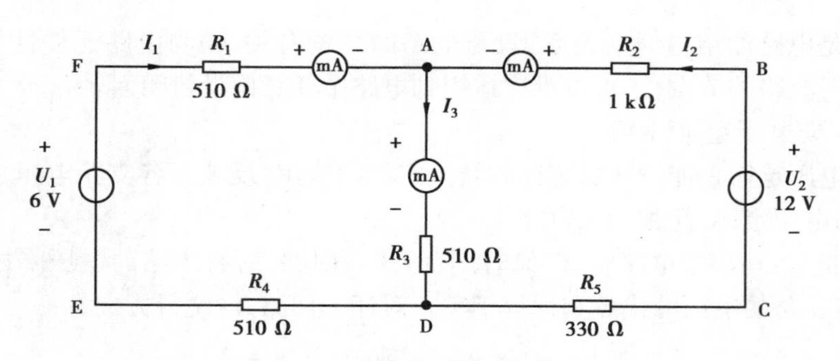

图 2.2.3　基尔霍夫定律/叠加定理原理图

2.2.3　仿真实验内容

1)基尔霍夫电流定律基本内容仿真

①打开 Multisim 14 软件,绘制如图 2.2.4 所示电路图。具体步骤为:单击 分类图标,打开“Select a Component”窗口,选择需要的电阻、电源等元器件,放置到仿真工作区。

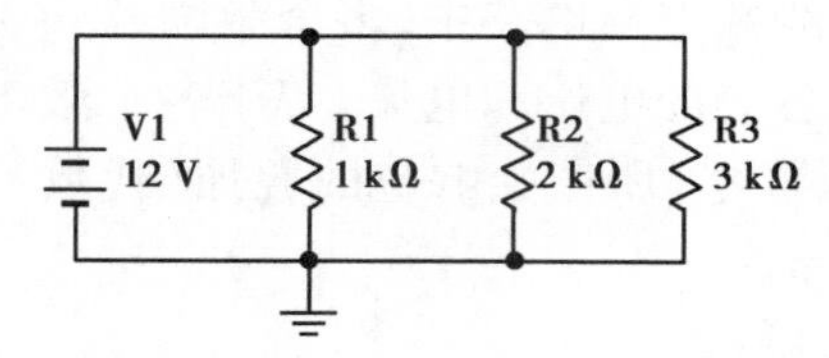

图 2.2.4　基尔霍夫电流定律仿真电路图

● 直流电压源:(Group)Sourses→(Family)POWER_SOURSES→(Component)DC_POWER。

● 电阻:(Group)Basic→(Family)RESISTOR。

● 地 GND:(Group)Sourses→(Family)POWER_SOURSES→(Component)GROUND。

②采用实验 2.1 中所介绍的测量方法,仿真运行电路,测量各支路电流,与理论结果对比,记录数据到表 2.2.1。

表 2.2.1　基尔霍夫电流定律仿真电路图数据记录表

	I_{V1}/mA	I_{R1}/mA	I_{R2}/mA	I_{R3}/mA	$I=I_{R1}+I_{R2}+I_{R3}$/mA
理论计算					
仿真测量					

③比较 I_{V1} 和 $I=I_{R1}+I_{R2}+I_{R3}$ 的大小,验证 KCL 定律。

④自行改变电源和电阻的阻值,验证 KCL 定律。

2)基尔霍夫电流定律推广内容仿真

①打开 Multisim 14 软件,绘制如图 2.2.5 所示电路图。

● V1 地 GND:(Group)Sourses→(Family)POWER_SOURSES→(Component)GROUND。

● V2 地 GREF1:(Group)Sourses→(Family)POWER_SOURSES→(Component)GROUND_REF1。双击 V2 地 GREF1,选择“Value”选项卡,再单击“Global connector”。

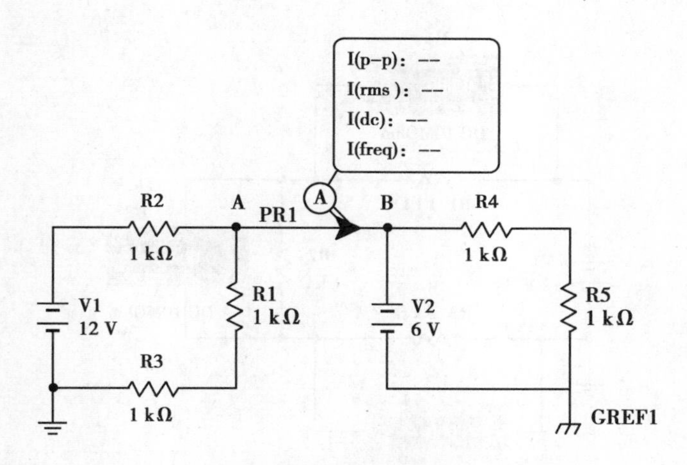

图 2.2.5 基尔霍夫电流定律推广仿真电路图

②选择菜单"Place"→"Junction"命令,选择"Place"→"Text"命令,文本输入"A""B",便于分辨和观察信号。

③在图上放置电流探针(Place current probe),仿真运行,测量节点 AB 间导线电流。在 AB 导线间接入任意阻值电阻,仿真运行,测量阻值上的电压与电流。得出结论:________。

④绘制如图 2.2.6 所示的电路图,仿真运行,得到电流表 U_1 的读数为________,电流表 U_2 的读数为________,电流表 U_3 的读数为________,得出结论:________________。

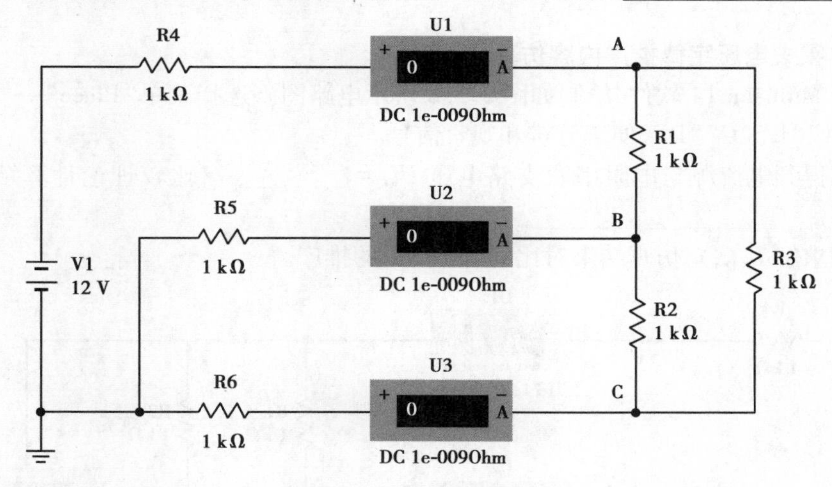

图 2.2.6 基尔霍夫电流定律推广仿真电路图

3)基尔霍夫电压定律基本内容仿真

①打开 Multisim 14 软件,绘制如图 2.2.7 所示电路图。

- 电压表:(Group) Indicators→(Family) VOLTIMETER。

②仿真运行,记录数据到表 2.2.2 中。

③比较 U_{V1} 与 U 的大小,验证 KVL 定律。

④自行改变电源和电阻的阻值,验证 KVL 定律。

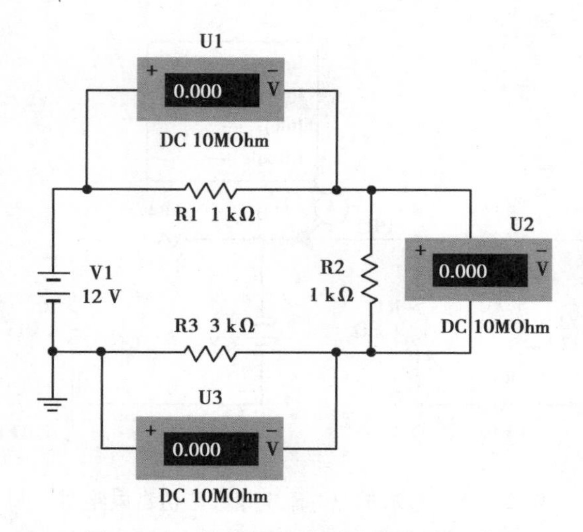

图 2.2.7 基尔霍夫电压定律仿真电路图

表 2.2.2 基尔霍夫电压定律仿真电路数据记录表

	U_{V1}/V	U_{R1}/V	U_{R2}/V	U_{R3}/V	$U=U_{R1}+U_{R2}+U_{R3}$/V
理论计算					
仿真测量					

4)基尔霍夫电压定律推广内容仿真

①打开 Multisim 14 软件,绘制如图 2.2.8 所示电路图。选择菜单“Place”→“Text”命令,文本输入“A”“B”“C”“D”,便于分辨和观察信号。

②仿真得到电流源与电阻串联支路电压 U_{AC} = ________ V,比较理论计算结果,得出结论:________________________。

③同理求解 U_{CD},与仿真结果对比,验证 KVL 的推广。

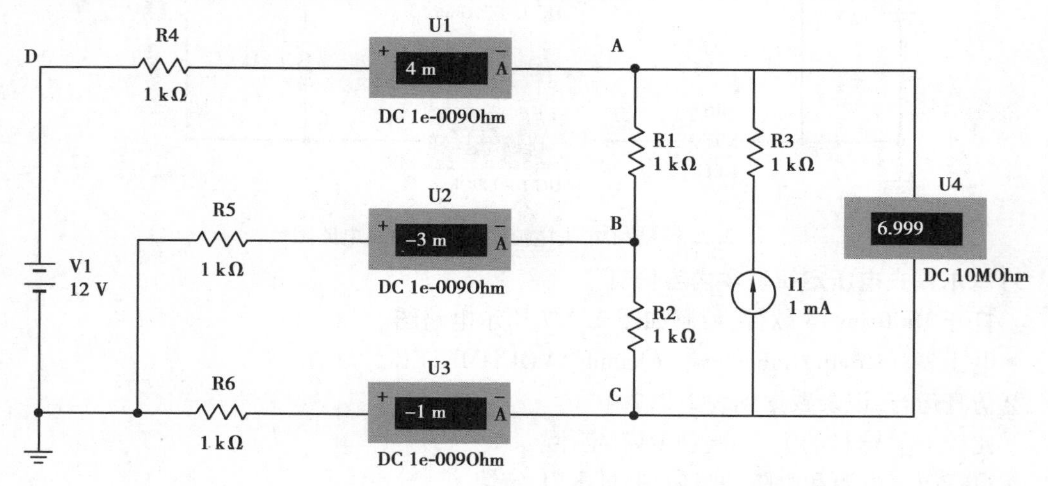

图 2.2.8 基尔霍夫电压定律推广仿真电路图

5)电工台基尔霍夫原理图仿真

①打开 Multisim 14 软件,按照基尔霍夫原理图 2.2.3 绘制如图 2.2.9 所示电路图,电压源 $V_1=6$ V,$V_2=12$ V。具体步骤为:单击 [图标] 分类图标,打开“Select a Component”窗口,选择需要的电阻、电源等元器件,放置到仿真工作区。

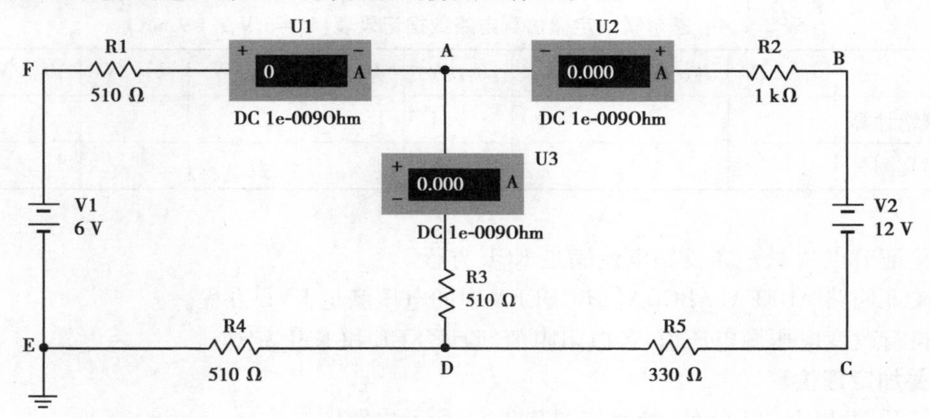

图 2.2.9 电工台基尔霍夫原理仿真电路图

②选择菜单“Place”→“Text”命令,文本输入“A”“B”“C”“D”“E”“F”,便于分辨和观察信号。

③仿真运行,记录各支路电压与电流到表 2.2.3 中。

表 2.2.3 基尔霍夫定律仿真电路数据记录表($V_1=6$ V,$V_1=12$ V)

	I_{FA}/mA	I_{BA}/mA	I_{AD}/mA	U_{FA}/V	U_{AB}/V	U_{AD}/V	U_{CD}/V	U_{DE}/V
理论计算								
仿真测量								

④验证节点 A 处三条支路电流满足 KCL 方程。

⑤验证回路 ADEFA、ABCDA、ABCDEFA 中的电压满足 KVL 方程。

⑥自行改变电压源电压值、各电阻阻值,验证 KCL 和 KVL 定律。

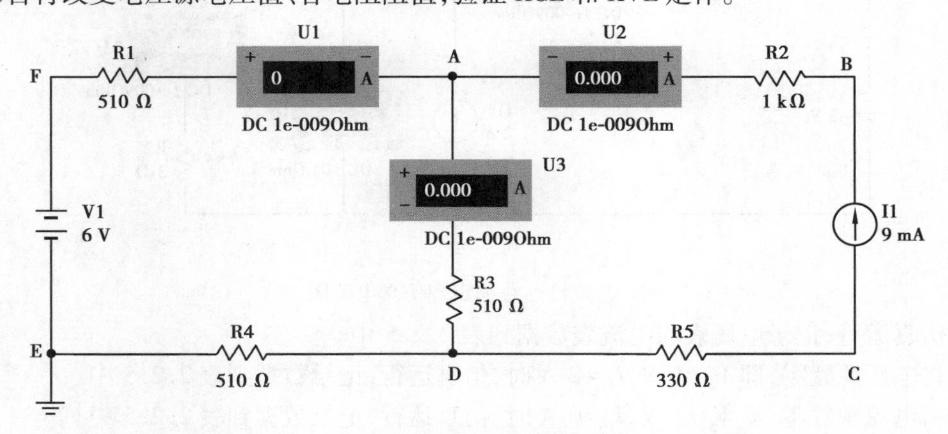

图 2.2.10 电工台基尔霍夫原理仿真电路图($I_1=9$ mA)

⑦将电压源 V_2 改为电流源 I_1，取 9 mA，如图 2.2.10 所示。仿真运行，记录各支路电压与电流到表 2.2.4 中。

• 直流电流源：(Group) Sourses→(Family) SIGNAL_CURRENT_SOURCES→(Component) DC_CURRENT。

表 2.2.4　基尔霍夫定律仿真电路数据记录表(V_1=6 V，I_1=9 mA)

	I_{FA}/mA	I_{BA}/mA	I_{AD}/mA	U_{FA}/V	U_{AB}/V	U_{AD}/V	U_{CD}/V	U_{DE}/V
理论计算								
仿真测量								

⑧验证节点 A 处三条支路电流满足 KCL 方程。

⑨验证回路 ADEFA、ABCDA、ABCDEFA 中的电压满足 KVL 方程。

⑩自行改变电压源电压值、各电阻阻值，验证 KCL 和 KVL 定律。

6) 叠加定理仿真

①打开 Multisim 14 软件，绘制如图 2.2.11 所示电路图。

• 电压源 V_{CC}：(Group) Sourses→(Family) POWER_SOURSES→(Component) DC_POWER。

• 电阻：(Group) Basic→(Family) RESISTOR。

• 直流电流源：(Group) Sourses→(Family) SIGNAL_CURRENT_SOURCES→(Component) DC_CURRENT。

• 地 GND：(Group) Sourses→(Family) POWER_SOURSES→(Component) GROUND。

• 电压表：(Group) Indicators→(Family) VOLTIMETER。

• 电流表：(Group) Indicators→(Family) AMMETER。

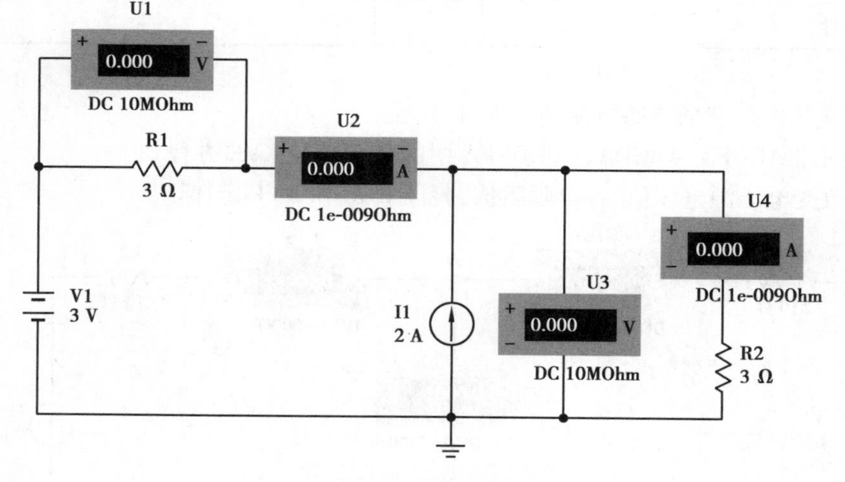

图 2.2.11　叠加定理仿真电路图

②仿真运行，记录电压表与电流表数据到表 2.2.5 中。

③将电压源置零，即 V_1=0 V，I_1=2 A 时，仿真运行，记录数据到表 2.2.5 中。

④将电流源置零，即 V_1=3 V，I_1=0 A 时，仿真运行，记录数据到表 2.2.5 中。

⑤将各电源独立作用对应电压表值相加,电流表值相加,与两电源共同作用时的数据对比,验证叠加定理。

⑥自行改变电源、电阻值,重新仿真电路,验证叠加定理。

表 2.2.5 叠加定理仿真实验数据记录表

		U_{R1}(U1 表读数)/V	I_{R1}(U2 表读数)/A	U_{R2}(U3 表读数)/V	I_{R2}(U4 表读数)/A
$V_1=3$ V $I_1=2$ A	理论计算				
	仿真测量				
两电源单独作用时,对应表读数相加值					
$V_1=0$ V $I_1=2$ A	理论计算				
	仿真测量				
$V_1=3$ V $I_1=0$ A	理论计算				
	仿真测量				

7)电工实验台叠加定理原理图仿真

①仿真电路如图 2.2.12 所示,在图上放置电压差分电压探针(Place→ probe →differential voltage),方便测量 U_{FA}、U_{AD}、U_{AB} 等电压值。

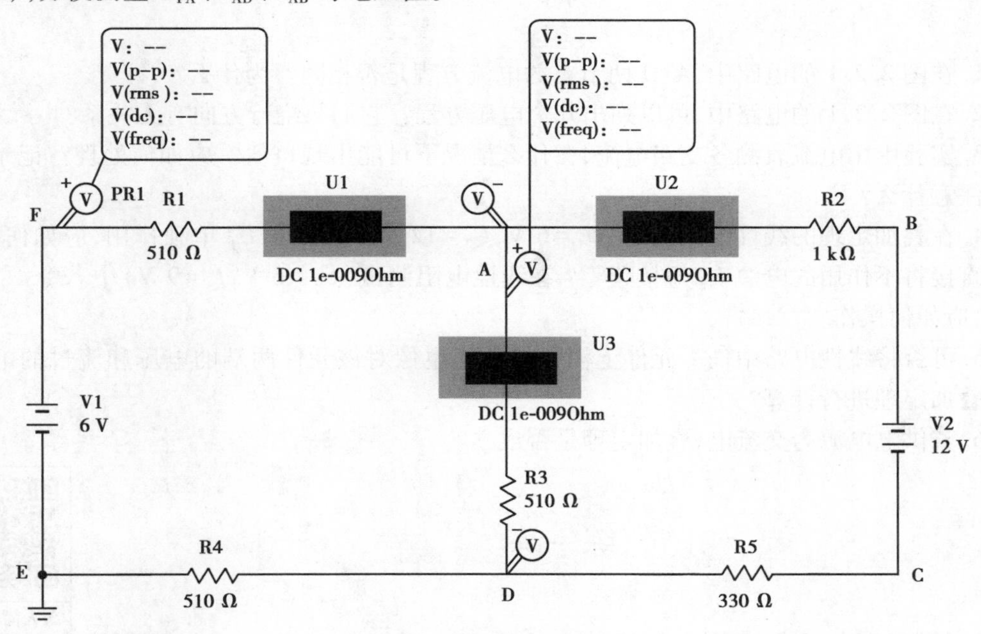

图 2.2.12 电工台叠加定理仿真电路图

②仿真运行,记录电流表数据与探针电压值到表 2.2.6 中。

③将电压源 V2 置零,即 $V_1=6$ V,$V_2=0$ V 时,仿真运行,记录数据到表 2.2.6 中。

④将电压源 V1 置零,即 $V_1=0$ V,$V_2=12$ V 时,仿真运行,记录数据到表 2.2.6 中。

⑤将表 2.2.6 中各电源独立作用对应电压表与电流表值相加,与两电源共同作用时的数

据对比，验证叠加定理。

⑥自行改变电源、电阻值，重新仿真电路，验证叠加定理。

表 2.2.6　电工台叠加定理仿真实验数据记录表

		I_{FA}/mA	I_{BA}/mA	I_{AD}/mA	U_{FA}/V	U_{AD}/V	U_{DE}/V	U_{AB}/V	U_{CD}/V	U_{DA}/V
$V_1=6$ V $V_2=12$ V	理论计算									
	仿真测量									
两电源单独作用时，对应表读数相加值										
V_1 单独作用 $V_2=0$	理论计算									
	仿真测量									
$V_1=0$ V_2 单独作用	理论计算									
	仿真测量									

思考题

1. 在图 2.2.1 的电路中，A、D 两节点的电流方程是否相同？为什么？

2. 在图 2.2.1 的电路中，可以列出几个电压方程？它们与绕行方向有无关系？

3. 实验中用电流表测各支路电流，在什么情况下可能出现负值？应如何处理？记录数据时应注意什么？

4. 在叠加定理的线性电阻测试（$U_1=6$ V，$U_2=12$ V）中，若令 U_1 单独作用，应如何操作？可否直接将不作用的电源 U_2 短接置零？在线性电阻测试（$U_1=6$ V，$I_S=9$ V）中若令 U_1 单独作用，应如何操作？

5. 可否将线性电路中任一元件上消耗的功率也像对该元件两端的电压和流过的电流一样用叠加定理进行计算？

6. 若供电电源为交流电，叠加定理是否成立？

名人简介：基尔霍夫

练一练

1.（基尔霍夫定律）求图 2.2.13 中 I_1、I_2 和 V_1。已知 $I_s=1.8$ mA，$V_s=9.0$ V，$R_1=2.2$ kΩ，$R_2=3.3$ kΩ，$R_3=1.0$ kΩ。

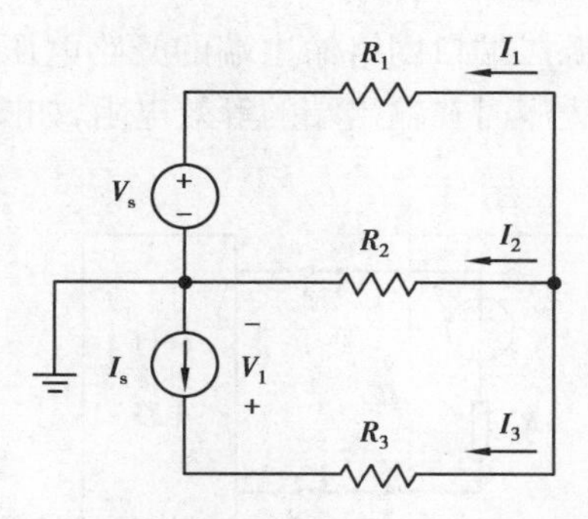

图 2.2.13 基尔霍夫定律练习

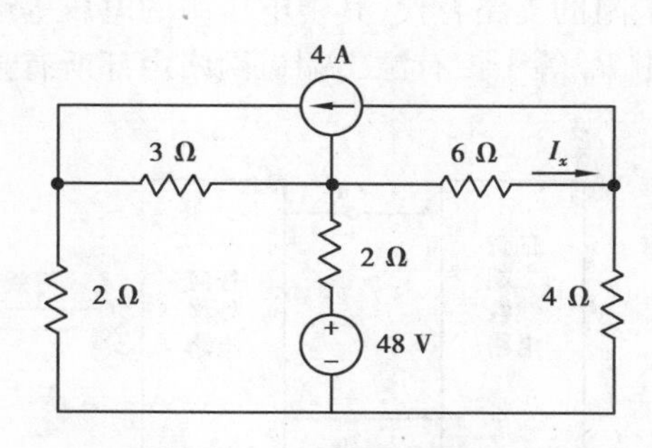

图 2.2.14 叠加定理练习

2.(叠加定理)应用电源叠加法确定图 2.2.14 电路中的:

(1)I'_x,电压源单独作用时产生的分量;

(2)I''_x,电流源单独作用时产生的分量;

(3)总电流 $I'=I'_x+I''_x$;

(4)P'(4 Ω 电阻上因 I'_x 产生的功率损耗);

(5)P''(4 Ω 电阻上因 I''_x 产生的功率损耗);

(6)$P=P'+P''$成立吗?为什么?

2.3 线性有源二端网络等效参数的测定及功率传输最大条件的研究

2.3.1 实验目的

实验2.3 线性有源二端网络等效参数的测定及功率传输最大条件的研究

知识目标:

①用实验方法验证戴维宁定理和诺顿定理的正确性。

②学习线性有源二端网络等效电路参数的测量方法。

③验证功率传输最大条件。

能力目标:

①能够应用 Multisim 14 软件调用元器件及连接电路图。

②能够应用 Multisim 14 软件验证戴维宁定理及功率传输最大条件。

素质目标:

①培养学生举一反三的思维习惯。

②培养学生独立思考的能力。

2.3.2 实验原理

1)戴维南定理和诺顿定理

任何一个线性含源网络,如果仅研究其中一条支路的电压和电流,则可将电路的其余部分看作一个有源二端网络(或称为含源一端口网络)。

戴维南定理是求解有源线性二端口网络等效电路的一种方法。

戴维南定理指出:任何有源线性二端口网络,对其外部特性而言,都可以用一个电压源串联一个电阻的支路替代,其中电压源的电压等于该有源二端口网络输出端的开路电压 u_{OC},串联的电阻 R_0 等于该有源二端口网络内部所有独立源为零时在输出端的等效电阻,如图 2.3.1 所示。

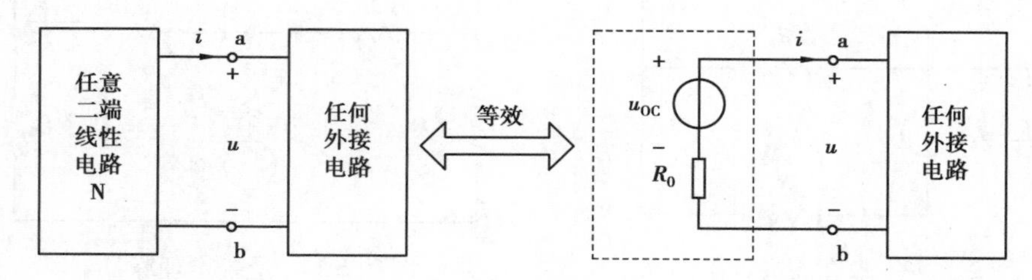

图 2.3.1　戴维南定理示意图

应用戴维南定理时,被变换的一端口网络必须是线性的,可以包含独立电源或受控源,但是与外部电路之间除直接连接外,不允许存在任何耦合,例如受控源的耦合或磁的耦合等。外部电路可以是线性、非线性、定常或时变元件,也可以是由它们组合成的任意网络。

诺顿定理指出:任何一个线性有源网络,总可以用一个电流源与一个电阻的并联组合来等效代替,此电流源的电流 I_S 等于这个有源二端网络的短路电流 I_{SC},其等效内阻 R_0 定义同戴维南定理,如图 2.3.2 所示。

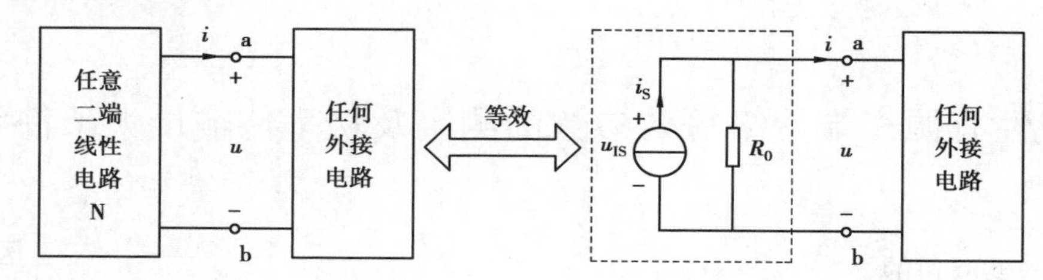

图 2.3.2　诺顿定理示意图

U_{OC} 和 R_0 或者 I_{SC} 和 R_0 称为有源二端网络的等效参数。

2)有源二端网络等效参数的测量方法

(1)开路电压 U_{OC} 和短路电流 I_{SC} 的测量

①直接测量法。

当有源二端网络的等效内阻 R_0 远小于电压表内阻 R_V 时,可将有源二端网络的待测支路开路,直接用电压表测量其开路电压 U_{OC},然后再将其输出端短路,用电流表测其短路电流 I_{SC}。

②零示法。

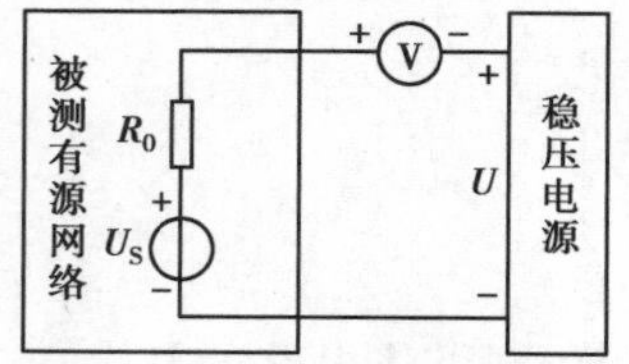

图 2.3.3　零示法测试电路

在测量高内阻有源二端网络的开路电压时,用电压表进行直接测量会造成较大的误差,为了消除电压表内阻的影响,往往采用零示法测量,如图 2.3.3 所示。

零示法测量原理是用理想电压源与被测有源二端网络进行比较,当稳压电源的输出电压与有源二端网络的开路电压相等时,电压表的读数为 0,然后将电路断开,测量此时理想电压电源的输出电压,即为被测有源端网络的开路电压 U_{OC}。

(2)等效电阻 R_0 的测量

分析有源二端网络的等效参数,关键是求等效电阻 R_0。

①直接测量法。

先将有源二端网络中所有独立电源置零,即理想电压源视为短路,理想电流源视为开路,把电路变换为无源二端网络,然后用万用表的电阻挡接在开路端口测量,其读数就是 R_0 值。

②短路电流法。

在有源二端网络输出端开路时,用电压表直接测其输出端的开路电压 U_{OC},然后再将其输出端短路,用电流表测其短路电流 I_{SC},则等效内阻为

$$R_0=\frac{U_{OC}}{I_{SC}}$$

如果二端网络的内阻很小,若将其输出端口短路则易损坏其内部元件,因此不宜用此法。

③伏安法。

若网络端口不允许短路(如二端网络的等效电阻很小),可以接一个可变的电阻负载 R_L,用电压表、电流表测出有源二端网络的外特性如图 2.3.4 所示。根据伏安特性曲线求出斜率 $\tan\varphi$,则等效内阻 R_0 为

$$R_0=\tan\varphi=\frac{\Delta U}{\Delta I}$$

可以先测量开路电压 U_{OC},在端口 AB 处接上已知负载电阻 R_N;然后测量在 R_N 下的电压 U_N 和电流 I_N,则等效内阻为

$$R_0=\frac{U_{OC}-U_N}{I_N} \text{或} R_0=\frac{U_{OC}-U_N}{U_N}R_N$$

④半电压法。

若二端网络的内阻很小,则不宜测其短路电流。测量方式如图 2.3.5 所示,当负载电压为被测网络开路电压一半时,负载电阻(由变阻箱的读数确定)即为被测有源二端网络的等效内阻值。即

$$R_O=R_L\quad\left(\text{条件}:U_L=\frac{1}{2}U_{OC}\right)$$

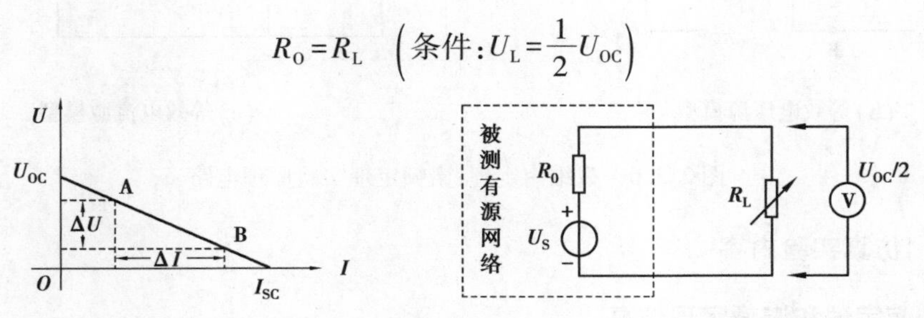

图 2.3.4　伏安特性曲线　　　图 2.3.5　半压法测试电路

3)负载获得最大功率的条件

一个含有内阻 R_0 的电源给 R_L 供电,其功率为

$$P=I^2\cdot R_L=\left(\frac{U_{OC}}{R_L+R_0}\right)^2\cdot R_L$$

为求得 R_L 从电源中获得最大功率的最佳值,我们可以将功率 P 对 R_L 求导,并令其导数等于零,即

$$\frac{\mathrm{d}P}{\mathrm{d}R_{\mathrm{L}}}=\frac{(R_0+R_{\mathrm{L}})^2-2(R_0+R_{\mathrm{L}})R_{\mathrm{L}}}{(R_0+R_{\mathrm{L}})^4}\cdot U_{\mathrm{OC}}^2=\frac{R_0^2-R_{\mathrm{L}}^2}{(R_0+R_{\mathrm{L}})^4}\cdot U_{\mathrm{OC}}^2=0$$

于是得当 $R_{\mathrm{L}}=R_0$ 时,负载得到最大功率:

$$P_{\max}=\frac{U_{\mathrm{OC}}^2}{(R_0+R_{\mathrm{L}})^2}\cdot R_{\mathrm{L}}=\frac{U_{\mathrm{OC}}^2}{4R_0}$$

由此可知,负载电阻 R_{L} 从电源中获得最大功率条件是负载电阻 R_{L} 等于电源内阻 R_0。这时,称此电路处于“匹配”工作状态。

4)实验电路图

电工实验台给出了验证戴维南/诺顿定理原理图,如图 2.3.6 所示。

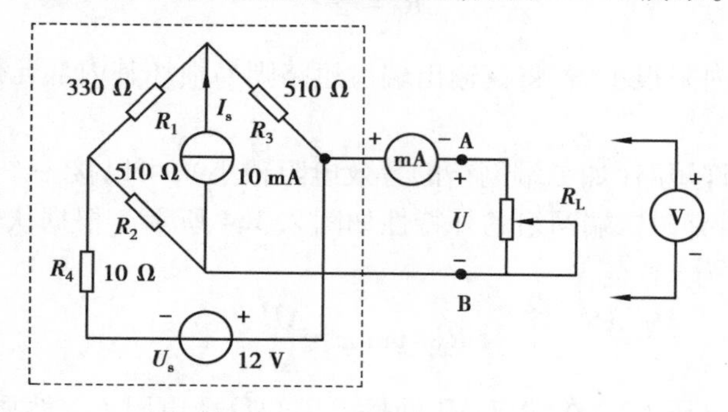

(a)含源网络

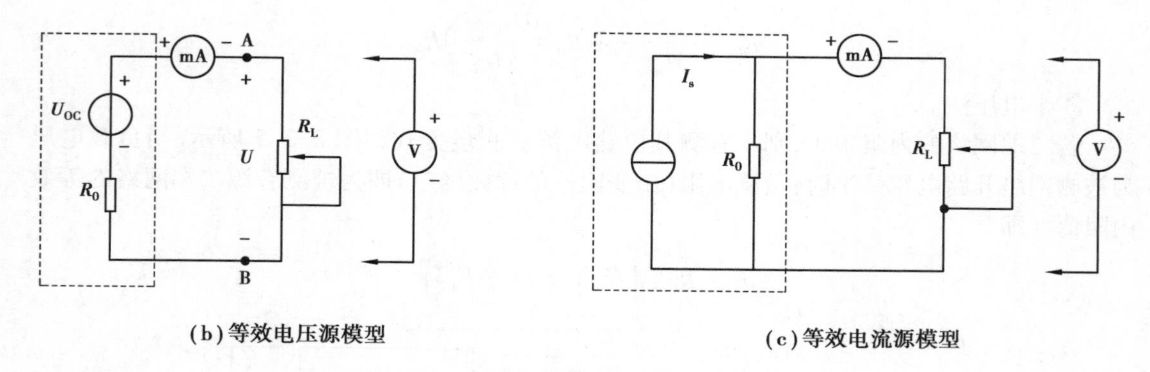

(b)等效电压源模型　　(c)等效电流源模型

图 2.3.6　戴维南定理/诺顿定理实验原理电路

2.3.3　仿真实验内容

1)戴维南定理和诺顿定理仿真

(1)含源二端网络仿真

①打开 Multisim 14 软件,按照电路图 2.3.6(a)绘制如图 2.3.7 所示电路图。具体步骤为:单击 [图标] 分类图标,打开“Select a Component”窗口,选择需要的电阻、电源等元器件,放置到仿真工作区。

- 直流电压源:(Group)Sourses→(Family)POWER_SOURSES→(Component)DC_POWER。
- 电阻:(Group)Basic→(Family)RESISTOR。

● 直流电流源:(Group)Sourses→(Family)SIGNAL_CURRENT_SOURCES→(Component)DC_CURRENT。

● 地 GND:(Group)Sourses→(Family)POWER_SOURSES→(Component)GROUND。

● 电压表:(Group)Indicators→(Family)VOLTMETER。

● 电流表:(Group)Indicators→(Family)AMMETER。

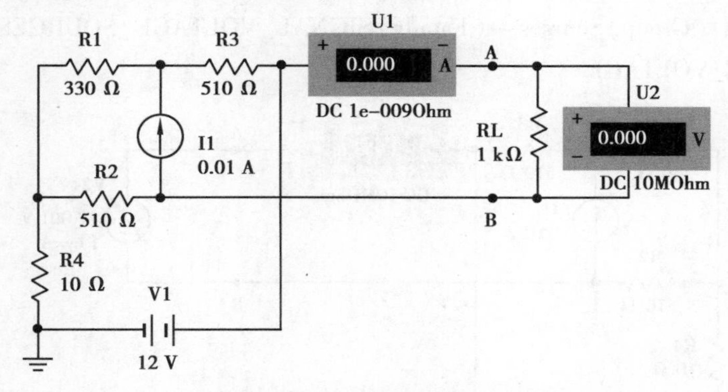

图 2.3.7　含源二端网络仿真电路图

②选择菜单"Place"→"Junction"命令,在输入电阻 R_L 两端放置节点;选择"Place"→"Text"命令,文本输入"A""B",便于分辨和观察信号。

③仿真运行,观察电压表与电流表读数。

表 2.3.1　含源二端网络仿真测量数据记录表

R_L/kΩ		0	2	4	6	8	10	∞
含源网络（图 2.3.8）	仿真测量 U/V							
	仿真测量 I/mA							
	功率测量 P/mW							
等效电压源（图 2.3.12）	仿真测量 U/V							
	仿真测量 I/mA							
	功率测量 P/mW							
等效电流源（图 2.3.13）	仿真测量 U/V							
	仿真测量 I/mA							
	功率测量 P/mW							

④双击负载 R_L,按表 2.3.1 改变负载 R_L 的数值,仿真运行,记录电压表和电流表数据到表 2.3.1 中。

(2)含源二端网络等效参数仿真

①先估算有源二端网络图 2.3.6(a)的参数,记入表 2.3.2 中。

②采用直接测量法,将图 2.3.7 中的 R_L 断开,测量开路电压 U_{OC} 与短路电流 I_{SC},算出等效电阻 R_0,记入表 2.3.2。

③采用零示法,如图 2.3.8 所示仿真测量开路电压 U_{OC}。在负载支路串入电压表 U_1 和可

变电压源 V_2，双击可变电压源图标，在“Value”选项卡可以改变电压源的量程、快捷键和增量百分比，如图2.3.9所示，将其量程设为20 V，增量百分比设为0.01%。可变电压源的调节可以通过旁边“Key=A”中的快捷键A调节，按键盘A键百分比将增加，按Shift+A组合键百分比将减小；增大和减小的梯度由对话框中的“Increment”文本框中的值决定，系统默认值为“5%”，本例设置增大和减小的梯度均为阻值的“0.01%”。

• 可变电压源：(Group) Sourses→(Family) SIGNAL_VOLTAGE_SOURCES→(Component) DC_INTERACTIVE_VOLTAGE。

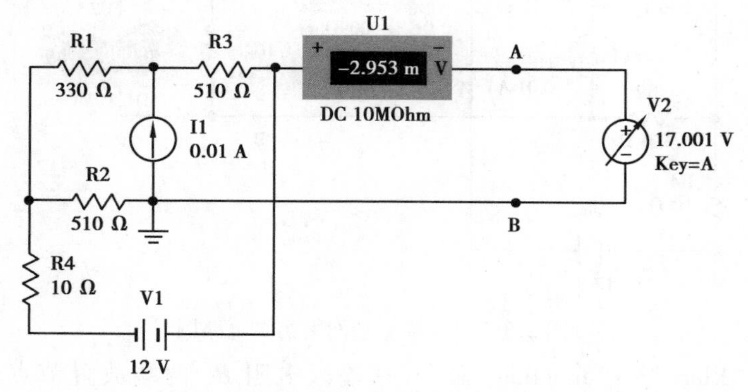

图2.3.8　零示法测量开路电压 U_{OC} 仿真电路

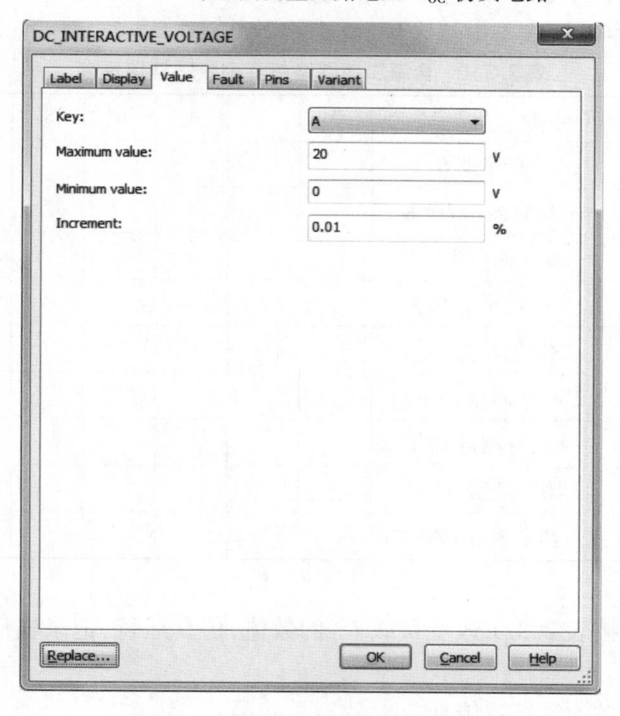

图2.3.9　可变电压源参数调整图

④仿真运行电路，调整可变电压源的值，使电压表 U_1 的读数尽可能接近0。此时可变电压源的读数就是开路电压 U_{OC} 的取值，记录数据到表2.3.2中。

表 2.3.2 等效参数的仿真数据记录表

<table>
<tr><th></th><th colspan="2">U_{OC}/V</th><th colspan="2">I_{SC}/mA</th><th colspan="2">R_0/Ω</th></tr>
<tr><td>计算值</td><td colspan="2"></td><td colspan="2"></td><td colspan="2"></td></tr>
<tr><td rowspan="3">仿真
测量值</td><td>直接测量法</td><td></td><td rowspan="3">直接测量法</td><td rowspan="3"></td><td>直接测量法</td><td></td></tr>
<tr><td rowspan="2">零示法</td><td rowspan="2"></td><td>伏安法</td><td></td></tr>
<tr><td>短路电流法</td><td></td></tr>
</table>

⑤采用直接测量法测量电阻 R_0,仿真电路如图 2.3.10 所示。双击含源二端网络中的电压源与电流源图标,将值均置为零,得到无源二端网络。

⑥找到主页竖排虚拟仪器图标,单击选择万用表,接入无源二端网络 AB 端子间。双击万用表图标,选择测量电阻。

⑦仿真运行电路,记录万用表读数到表 2.3.2 中。

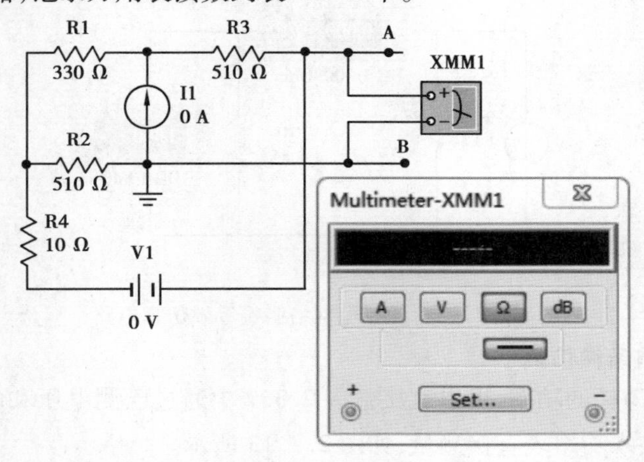

图 2.3.10 直接测量法测量电阻 R_0 仿真电路

⑧采用伏安法测量电阻,根据表 2.3.1 记录数据,任选一组电压与电流数据,代入公式 $R_0=\dfrac{U_{OC}-U_N}{I_N}$计算,将得出的数据记入表 2.3.2 中。

(3)戴维南等效电路仿真

①绘制如图 2.3.11 所示电路图,双击电压源图标 U_{OC} 和电阻图标 R_0,按表 2.3.2 设定值(取平均值)。

②仿真运行,观察电压表与电流表读数。

③双击负载 R_L,按表 2.3.1 改变负载 R_L 的数值,仿真运行,记录电压表和电流表数据到表 2.3.1 中。

④将等效电路仿真结果与含源二端网络仿真结果对比,验证戴维南定理。

(4)诺顿等效电路仿真

①绘制如图 2.3.12 所示电路图,双击电流源图标 I_{sc} 和电阻图标 R_0,按表 2.3.2 设定数值(取平均值)。

②仿真运行,观察电压表与电流表读数。

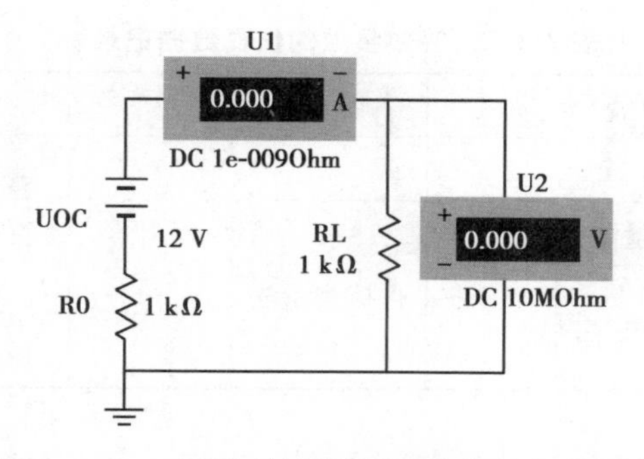

图 2.3.11　含源二端网络戴维南等效仿真电路

③双击负载 R_L，按表 2.3.1 改变负载 R_L 的数值，仿真运行，记录电压表和电流表数据到表 2.3.1 中。

④将等效电路仿真结果与含源二端网络仿真结果对比，验证诺顿定理。

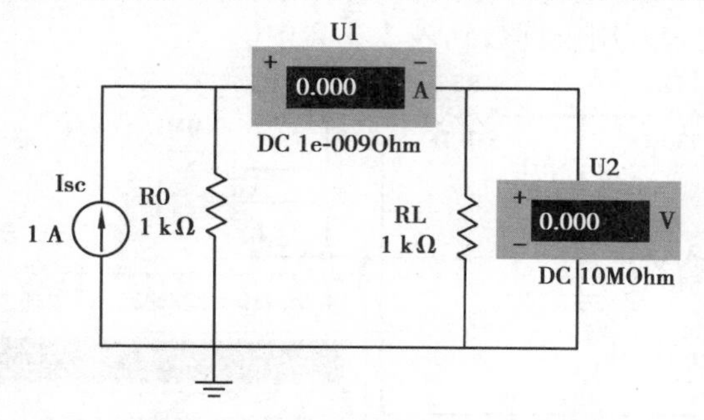

图 2.3.12　含源二端网络诺顿等效仿真电路

2）最大功率传输条件仿真

①分析负载 R_L 消耗的功率，可以直接在表 2.3.1 中通过已测电压和电流值计算得到，也可以通过在输出端接入功率表直接测量，如图 2.3.13 所示。

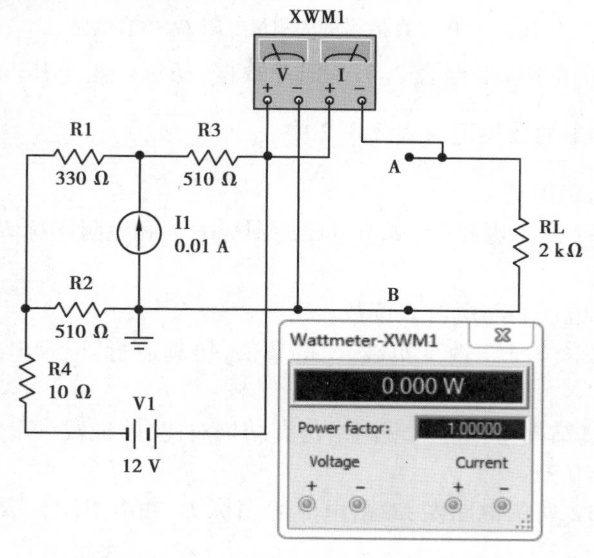

图 2.3.13　含源二端网络负载功率测量电路

②找到主页竖排虚拟仪器图标，单击选择功率表“Wattmeter”，将功率表的电压表与输出负载并联，功率表电流表串入负载支路，即可直接读出输出功率值，记入表2.3.1中。

③同理，戴维南等效电路或诺顿等效电路负载端的功率，可以直接在表2.3.1计算得到，也可以连接功率表测量，如图2.3.14所示，测量负载功率，记入表2.3.1中。

④仿真当负载值 $R_L=R_0$ 时，负载消耗的功率。

⑤对比步骤4中计算的功率值与表2.3.1中不同负载时的功率值，得出结论。

⑥根据表2.3.1中的数据绘制功率随 R_L 变化的曲线 $P=f(R_L)$。

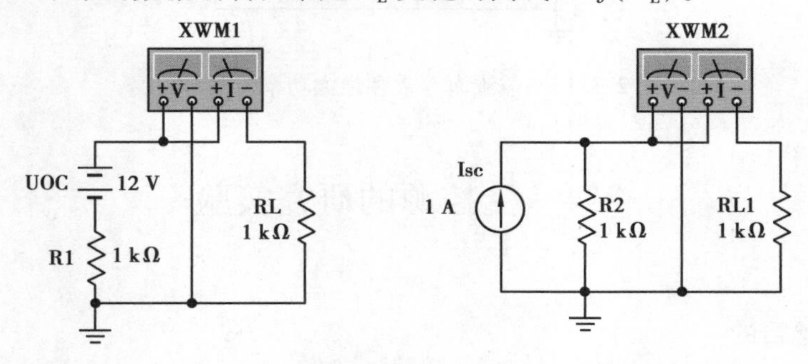

图2.3.14 含源二端网络等效电路功率测量电路

思考题

1. 理论分析图2.3.6(a)中含源网络的戴维南等效电路，写出分析过程。

2. 在图2.3.6(a)中，用直接测试法测试含源网络的输出电阻时，要求将所有电源置零，请问电压源和电流源分别如何处理？

3. 理解三种等效电阻测量方法，思考如何得到与测量的等效输入阻值相等的负载电阻。

4. 预习测量戴维南定理等效参数的常用测试方法，了解这些方法的特点和应用场合。

5. 在求戴维南等效电路时，做短路实验。测 I_{SC} 的条件是什么？在本实验中可否直接做负载短路实验？

6. 分析测量含源二端网络开路电压及等效内阻的几种方法，并比较其优缺点。

练一练

名人简介：戴维宁

电路如图2.3.15所示。

1. 求图示电路在(a,b)端从负载电阻 R_L 看入的戴维南等效电路（通过开路电压和短路电流来求）。

2. 求该电路能够给负载电阻提供的最大功率 P_{Lmax} 电路。电路参数为：$V_s=10$ V，$R_1=680$ Ω，$R_2=3.3$ kΩ，$R_3=4.7$ kΩ，$R_4=1.0$ kΩ。

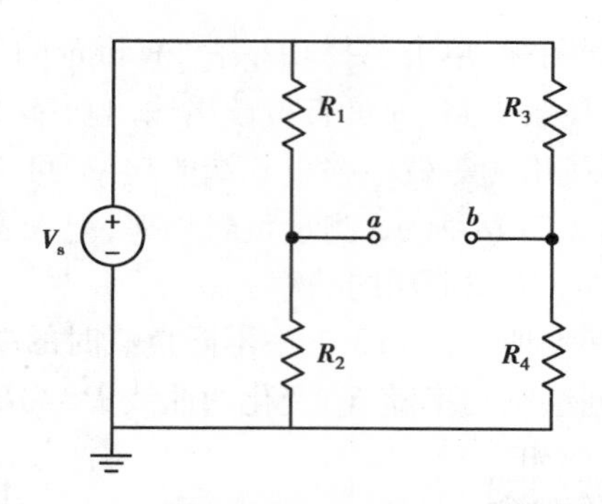

图 2.3.15　戴维南等效和最大功率传输练习

2.4　受控源的研究实验

2.4.1　实验目的

知识目标:

①进一步熟悉直流电源、直流仪表及受控源的使用方法。

②研究受控源的输出伏安特性和转移特性,加深对受控源的感性认识。

能力目标:

①能够应用 Multisim 14 软件调用元器件及连接电路图。

②能够应用 Multisim 14 软件仿真受控源特性的方法。

素质目标:

①启发学生用数学思维模式描述工程问题。

②培养学生的科学素养。

2.4.2　实验原理

1)受控源与独立源

电源有独立电源(如电池、发电机等)与非独立电源(或称为受控源)之分。

受控源与独立源的不同点是:独立源的电压 U_s(电势 E_s)或电激流 I_s 是某一固定的数值或是时间的某一函数,它不随电路其余部分的状态变化而变化。而受控源的电势或电激流则是随电路中另一支路的电压或电流变化而变化的一种电源。

受控源又与无源元件不同,无源元件两端的电压和它自身的电流有一定的函数关系,而受控源的输出电压或电流则和另一支路(或元件)的电流或电压有某种函数关系。

独立源与无源元件是二端器件,受控源则是四端器件,或称为双口元件。它有一对输入端(U_1、I_1)和一对输出端(U_2、I_2)。输入端可以控制输出端电压或电流的大小。施加于输入端的控制量可以是电压或电流,因而有两种受控电压源(电压控制电压源 VCVS 和电流控制电压源 CCVS)和两种受控电流源(电压控制电流源 VCCS 和电流控制电流源 CCCS)。它们的示意图如图 2.4.1 所示,图中各参数用的是直流量,实际上,对交流量也是适用的。

当受控源的输出电压(或电流)与控制支路的电压(或电流)成正比变化时,则称该受控源是线性的。理想受控源的控制支路中只有一个独立变量(电压或电流),另一个独立变量等于零,即从输入口看,理想受控源是短路(即输入电阻 $R_1=0$,故 $U_1=0$)或者是开路(即输入电导 $G_1=0$,故输入电流 $I_1=0$);从输出口看,理想受控源是一个理想电压源或者是一个理想电流源。

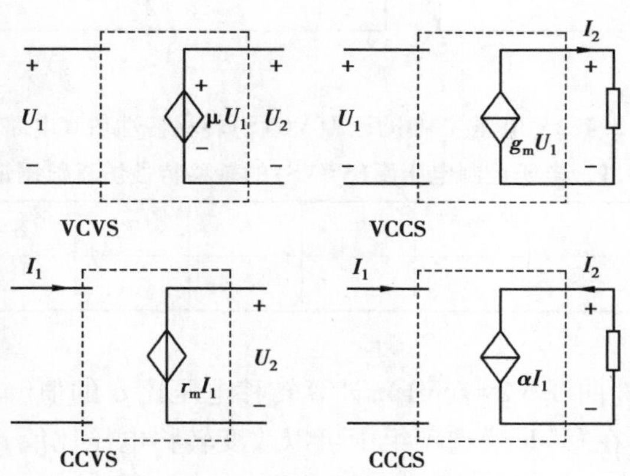

图 2.4.1 四种类型受控源示意图

2)转移函数

受控源的控制端与受控端的关系式称为转移函数。

四种受控源的转移函数参量的定义如下:

①压控电压源(VCVS):$U_2=f(U_1)$,$\mu=U_2/U_1$ 称为转移电压比(或电压增益)。

②压控电流源(VCCS):$I_2=f(U_1)$,$g_m=I_2/U_1$ 称为转移电导。

③流控电压源(CCVS):$U_2=f(I_1)$,$r_m=U_2/I_1$ 称为转移电阻。

④流控电流源(CCCS):$I_2=f(I_1)$,$\alpha=I_2/I_1$ 称为转移电流比(或电流增益)。

2.4.3 仿真实验内容

1)电压控制电压源(VCVS)的特性仿真

①打开 Multisim 14 软件,绘制如图 2.4.2 所示电路图。具体步骤为:单击 分类图标,打开“Select a Component”窗口,选择需要的电阻、可变电压源等元器件,放置到仿真工作区。

- 电阻:(Group) Basic→(Family) RESISTOR。
- 可变电压源:(Group) Sourses→(Family) SIGNAL_VOLTAGE_SOURCES→(Component) DC_INTERACTIVE_VOLTAGE。
- 电压控制电压源:(Group) Sourses→(Family) CONTROLLED_VOLTAGE_SOURCE→(Component) VOLTAGE_CONTROLLED_VOLTAGE_SOURCE。
- 地 GND:(Group) Sourses→(Family) POWER_SOURSES→(Component) GROUND。
- 电压表 VOLTMETER:(Group) Indicators→(Family) VOLTMETER→(Component) VOLTMETER_V。

②仿真运行,观察电压表读数,理解电压控制电压源 V1 标识符 1V/V 的含义。

③固定电阻 R1 取值为 1 kΩ,按表 2.4.1 改变可变电压源 V1 取值,仿真并记录数据。

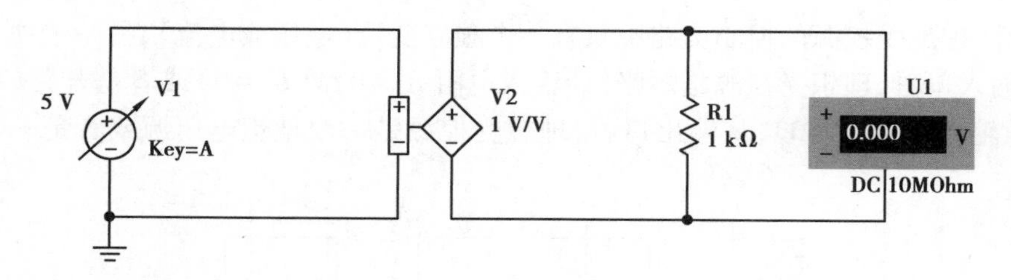

图 2.4.2　电压控制电压源(VCVS)转移特性仿真电路图

表 2.4.1　电压控制电压源(VCVS)的转移特性仿真数据记录表

V_1/V	0	1	2	3	5	7	8	9	μ
V_2/V									

④绘制电压转移特性曲线 V2 = f(V1),计算转移电压比 μ 的值。双击受控源 V2 图标,得到图 2.4.3 所示对话框,在“Value”选项组中可以改变转移电压比值 μ,自行改变并仿真验证。

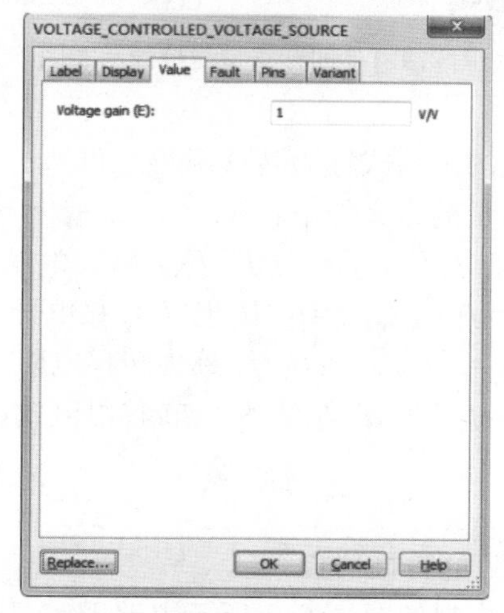

图 2.4.3　VCVS 参数调整图

⑤在输出端接入电流表,保持输入电压源 V_1 取值 2.5 V,如图 2.4.4 所示。

- 电流表 AMMETER:(Group) Indicators→(Family) AMMETER→(Component) AMMETER_H。

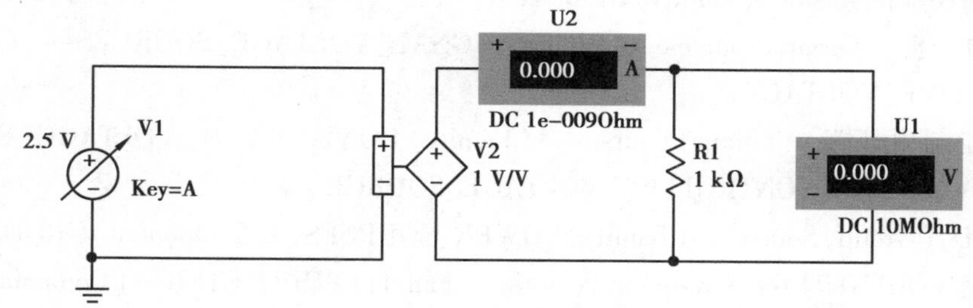

图 2.4.4　电压控制电压源(VCVS)负载特性仿真电路图

⑥按表 2.4.2 改变电阻 R_1 取值,仿真并记录电压表与电流表读数。

表 2.4.2　电压控制电压源(VCVS)的负载特性仿真数据记录表

R_1/Ω	50	70	100	200	300	400	500	700	900	∞
V_2/V										
I_{R1}/mA										

⑦绘制特性曲线 $V_2=f(I_{R1})$。

2)电压控制电流源(VCCS)的特性仿真

①打开 Multisim 14 软件,绘制如图 2.4.5 所示电路图。

• 电压控制电流源:(Group) Sourses→(Family) CONTROLLED_CURRENT_SOURCE→(Component) VOLTAGE_CONTROLLED_CURRENT_SOURCE。

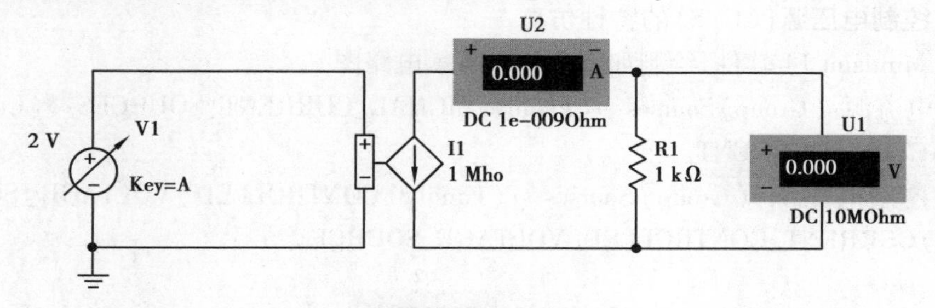

图 2.4.5　电压控制电流源(VCCS)特性仿真电路图

②仿真运行,观察电流表读数,理解电压控制电流源 I1 标识符 1Mhom 的含义。

③固定电阻 R1 取值为 1 kΩ,按表 2.4.3 改变可变电压源 V1 取值,仿真并记录数据。

表 2.4.3　电压控制电流源(VCCS)的转移特性仿真数据记录表

V1/V	0.1	0.5	1.0	2.0	3.0	3.5	3.7	4.0	g_m
I_{R1}/mA									

④绘制电导转移特性曲线 $I_{R1}=f(V1)$,计算转移电导 g_m 的值。双击受控源 I1 图标,得到图 2.4.6 所示对话框,在"Value"选项组可以改变转移电导值 g_m,自行改变并仿真验证。

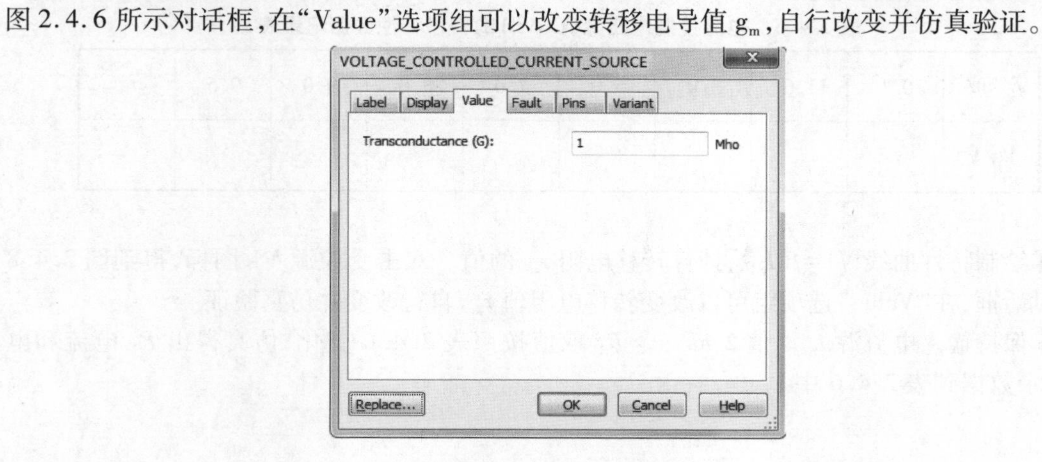

图 2.4.6　VCCS 参数调整图

⑤保持输入电压源 V1 取值 2V，令 R1 取值按照表 2.4.4 从大到小变化，仿真得出 R1 电流和电压，记录数据到表 2.4.4 中。

表 2.4.4　电压控制电流源(VCCS)的负载特性数据记录表

R1/kΩ	50	20	10	8	7	6	5	4	2	1
I_{R1}/mA										
U_{R1}/V										

⑥绘制曲线 $I_{R1}=f(U_{R1})$。

3)电流控制电压源(CCVS)的特性仿真

①打开 Multisim 14 软件，绘制如图 2.4.7 所示电路图。

• 可变电流源：(Group) Sourses→(Family) SIGNAL_CURRENT_SOURCES→(Component) DC_INTERACTIVE_CURRENT。

• 电流控制电压源：(Group) Sourses→(Family) CONTROLLED_VOLTAGE_SOURCE→(Component) CURRENT_CONTROLLED_VOLTAGE_SOURCE。

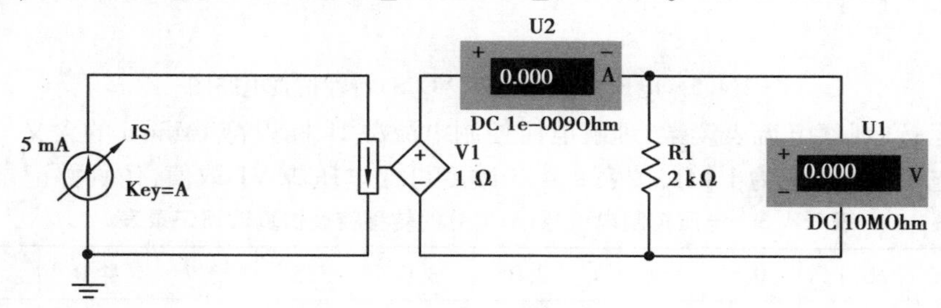

图 2.4.7　电流控制电压源(CCVS)特性仿真电路图

②仿真运行，观察电压表读数，理解电流控制电压源 V1 标识符 1 Ω 的含义。

③固定电阻 R1 取值为 2 kΩ，按表 2.4.5 改变可变电流源 I_S 取值，仿真并记录数据。

表 2.4.5　电流控制电压源(CCVS)的转移特性数据记录表

I_S/mA	0.1	1.0	3.0	5.0	7.0	8.0	9.0	9.5	r_m
V_1/V									

④绘制特性曲线 $V1=f(I_S)$，计算转移电阻 r_m 的值。双击受控源 V1 图标，得到图 2.4.8 所示对话框，在“Value”选项组可以改变转移电阻值 r_m，自行改变并仿真验证。

⑤保持输入电流源 I_S 取值 2 mA，令 R_1 取值按照表 2.4.6 变化，仿真得出 R_1 电流和电压，记录数据到表 2.4.6 中。

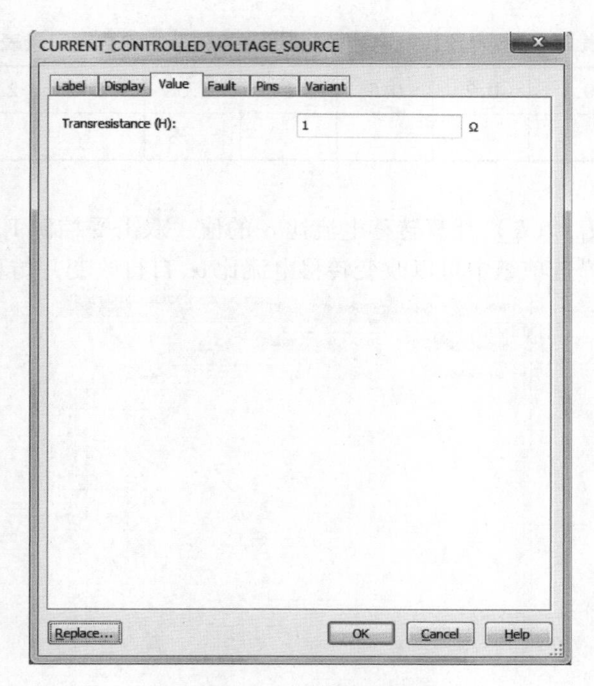

图 2.4.8　CCVS 参数调整图

表 2.4.6　电流控制电压源(CCVS)的负载特性数据记录表

R_1/kΩ	0.5	1	2	4	6	8	10
U_{R1}/V							
I_{R1}/mA							

⑥绘制负载特性曲线 $U_{R1}=f(I_{R1})$。

4)电流控制电流源(CCCS)的特性仿真

①打开 Multisim 14 软件,绘制如图 2.4.9 所示电路图。

• 电流控制电流源:(Group) Sourses→(Family) CONTROLLED_CURRENT_SOURCE→(Component) CURRENT_CONTROLLED_CURRENT_SOURCE。

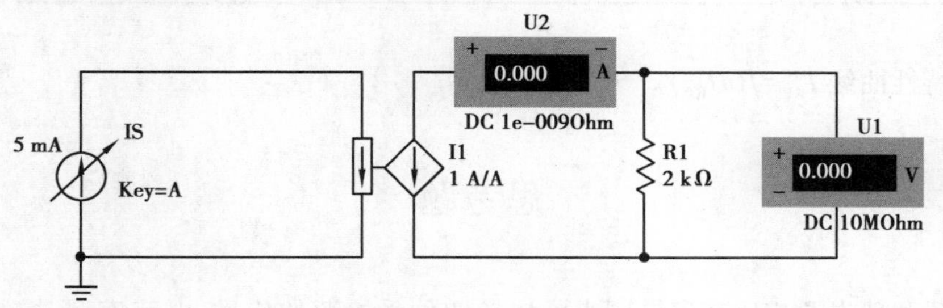

图 2.4.9　电流控制电流源(CCCS)特性仿真电路图

②仿真运行,观察电流表读数,理解电流控制电流源 I_1 标识符 1A/A 的含义。

③固定电阻 R_1 取值为 2 kΩ,按表 2.4.7 改变可变电流源 I_S 取值,仿真并记录数据。

表 2.4.7　电流控制电流源(CCCS)的转移特性数据记录表

I_S/mA	0.1	0.2	0.5	1	1.5	2	2.2	α
I_1/mA								

④绘制特性曲线 $I_1=f(I_S)$，计算转移电流比 α 的值。双击受控源 I_1 图标，得到图 2.4.10 所示对话框，在“Value”选项组中可以改变转移电流比 α，自行改变并仿真验证。

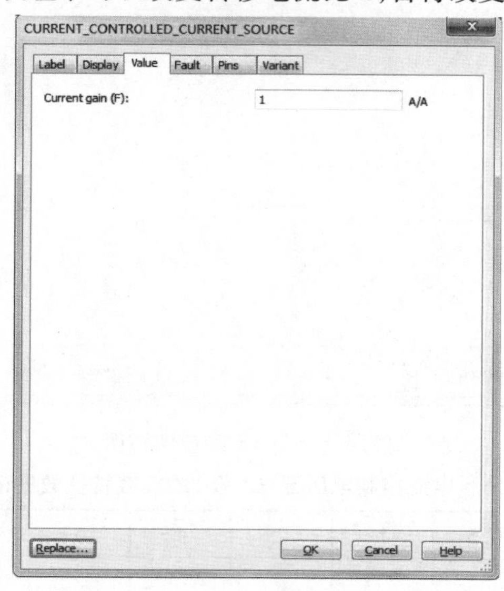

图 2.4.10　CCCS 参数调整图

⑤保持输入电流源 I_S 取值 1 mA，令 R_1 取值按照表 2.4.8 变化，仿真得出 R_1 电流和电压，记录数据到表 2.4.8 中。

表 2.4.8　电流控制电流源(CCCS)的负载特性数据记录表

R_1/kΩ	0.5	1	2	4	6	8	10
U_{R1}/V							
I_{R1}/mA							

⑥绘制特性曲线 $I_{R1}=f(U_{R1})$。

思考题

1. 受控源和独立源相比有何异同点？比较四种受控源的代号、电路模型、控制量与被控量的关系。

2. 四种受控源中的 r_m、g_m、α 和 μ 的意义是什么？如何测得？

3. 若受控源控制量的极性反向，试问其输出极性是否发生变化？

4. 受控源的控制特性是否适合于交流信号？

5. 如何由基本的 CCVS 和 VCCS 获得 CCCS 和 VCVS，它们的输入输出如何连接？

练一练

1. 受控电压源电路练习：求解图 2.4.11 中 V_x。

2. 受控电流源电路练习：求解图 2.4.12 中 V_x。

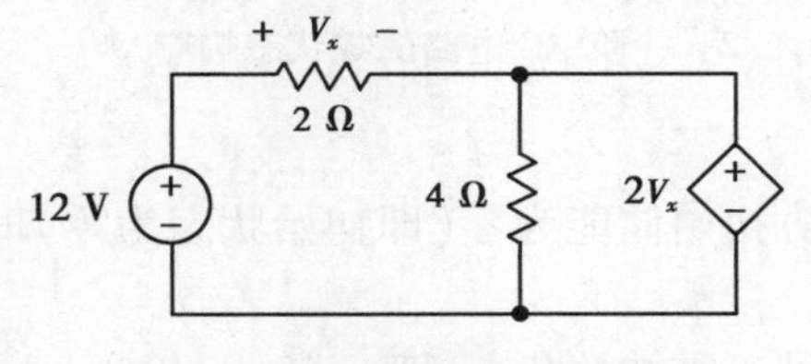

图 2.4.11　受控电压源练习

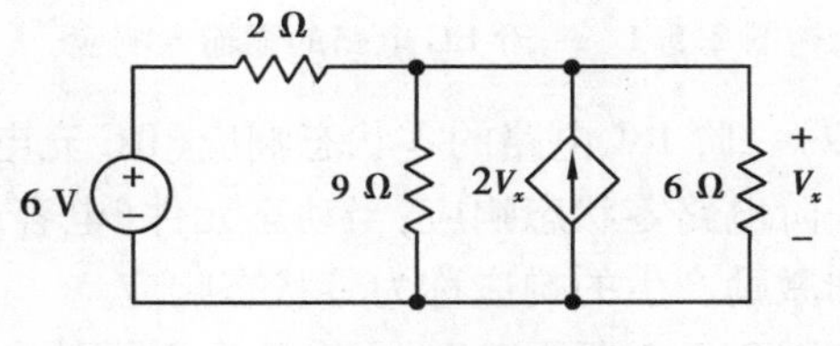

图 2.4.12　受控电流源练习

2.5　RC 一阶电路的响应测试

2.5.1　实验目的

知识目标：

①测定 RC 一阶电路的零输入响应、零状态响应及完全响应。

②学习电路时间常数的测量方法。

③掌握有关微分电路和积分电路的概念。

能力目标：

①进一步学会用示波器观测波形。

②能够应用 Multisim 14 软件仿真验证一阶电路零输入响应、零状态响应和全响应。

素质目标：

①启发学生用数学思维模式描述工程问题。

②培养学生的科学素养。

2.5.2　实验原理

1）一阶 RC 电路的零输入响应、零状态响应和全响应

用一阶常系数线性微分方程描述其过渡过程的电路，或者说只含一个独立储能元件（电容或电感）的电路称为一阶电路。

（1）一阶电路的零输入响应（RC 放电）

一阶电路零输入响应：动态电路中无外加激励电源，仅由动态元件初始储能所产生的响应称为零输入响应。

如图 2.5.1 所示 RC 电路，开关 S 闭合前，电容 C 已充电，其电压 $u_C=U_0$，$t=0$ 开关闭合，根据一阶微分方程的求解，可得

$$u_C(t)=u_R(t)=U_0\mathrm{e}^{-\frac{1}{RC}t}(t\geqslant 0)$$

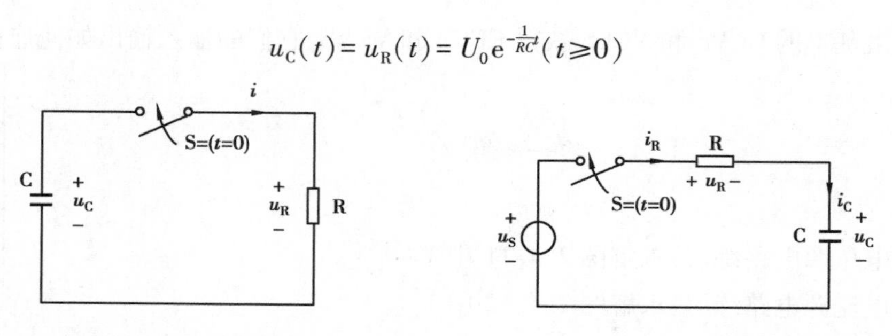

图 2.5.1　一阶 RC 电路的零输入响应　　　图 2.5.2　一阶 RC 电路的零状态响应

(2)一阶 RC 电路的零状态响应(RC 充电)

一阶电路零状态响应:当动态元件(电容或电感)初始储能为零(即初始状态为零)时,仅由外加激励产生的响应称为零状态响应。

如图 2.5.2 所示 RC 电路,开关 S 闭合前,电路处于零初始状态,即 $u_C(0-)=0$,在 $t=0$ 时刻开关闭合,电路接入直流电源 u_S,根据一阶微分方程的求解,可得

$$u_C(t)=U_S(1-\mathrm{e}^{-\frac{1}{RC}t})(t\geqslant 0)$$

(3)一阶 RC 电路的全响应

当一个非零初始状态的一阶电路受到激励时,电路的响应称为一阶电路的全响应。

如图 2.5.2 所示 RC 电路,开关 S 闭合前,电容已经具有初始储能,即 $u_C(0-)=U_0$,在 $t=0$ 时刻开关闭合,电路接入直流电源 u_S,根据一阶微分方程的求解,可得

$$u_C=U_0\mathrm{e}^{-\frac{1}{RC}t}+U_S(1-\mathrm{e}^{-\frac{1}{RC}t})(t\geqslant 0)$$

可以看出,全响应=零输入响应+零状态响应。

2)时间常数 τ 的测定方法

动态网络的过渡过程是十分短暂的单次变化过程。要用普通示波器观察过渡过程和测量有关的参数,就必须使这种单次变化的过程重复出现。为此,我们利用信号发生器输出的方波来模拟阶跃激励信号,即利用方波输出的上升沿作为零状态响应的正阶跃激励信号;利用方波的下降沿作为零输入响应的负阶跃激励信号,如图 2.5.3(b)所示。只要选择方波的重复周期远大于电路的时间常数 τ,那么电路在这样的方波序列脉冲信号的激励下,它的响应就和直流电接通与断开的过渡过程是基本相同的。

用示波器测量零输入响应的波形如图 2.5.3(a)所示。根据一阶 RC 电路的微分方程求解得 $u_c(t)=U_m\mathrm{e}^{-t/RC}=U_m\mathrm{e}^{-t/\tau}$,可知当 $t=\tau$ 时,$U_c(\tau)=0.368U_m$,即当电容电压下降至 $0.368U_m$ 时,此时所对应的时间就等于 τ。同理可用一阶零状态响应波形增加到 $0.632U_m$ 所对应的时间测得,如图 2.5.3(c)所示。

3)微分电路和积分电路

微分电路和积分电路是 RC 一阶电路中较典型的电路,它对电路元件参数和输入信号的周期有着特定的要求。一个简单的 RC 串联电路,在方波序列脉冲的重复激励下,当满足 $\tau=RC\ll\frac{T}{2}$ 时(T 为方波脉冲的重复周期),且由 R 两端的电压作为响应输出,则该电路就是一个微分电路,因为此时电路的输出信号电压与输入信号电压的微分成正比。如图 2.5.4(a)所示。利用微分电路可以将方波转变成尖脉冲。

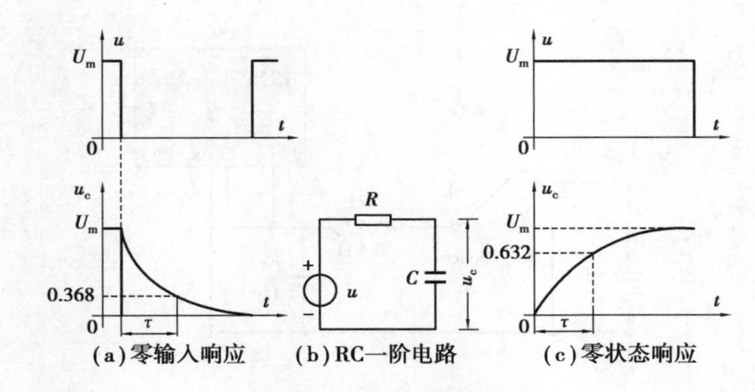

图 2.5.3　时间常数τ的测定

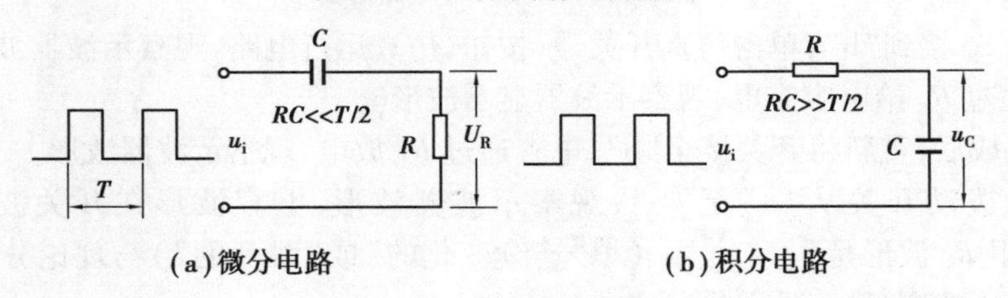

图 2.5.4　微分电路和积分电路

若将图 2.5.4(a)中的 R 与 C 位置调换一下,如图 2.5.4(b)所示,将 C 两端的电压作为响应输出,且当电路的参数满足 $\tau = RC >> \frac{T}{2}$,则该 RC 电路称为积分电路。因为此时电路的输出信号电压与输入信号电压的积分成正比。利用积分电路可以将方波转变成三角波。

从输入输出波形来看,上述两个电路均起着波形变换的作用,请在实验过程中仔细观察与记录。

2.5.3　仿真实验内容

1)一阶 RC 电路的仿真

①打开 Multisim 14 软件,绘制如图 2.5.5 所示电路图。具体步骤为:单击 分类图标,打开“Select a Component”窗口,选择需要的电阻、电源等元器件,放置到仿真工作区。

- 直流电压源:(Group)Sourses→(Family)POWER_SOURSES→(Component)DC_POWER。
- 电阻:(Group)Basic→(Family)RESISTOR。
- 电容:(Group)Basic→(Family)CAPACITOR。
- 单刀双掷开关:(Group)Basic→(Family)SWITCH→(Component)SPDT。
- 地 GND:(Group)Sourses→(Family)POWER_SOURSES→(Component)GROUND。

②找到主页面竖排虚拟仪器图标 ,选择需要的虚拟仪器,如信号发生器(Function Generator)、双通道示波器(Oscilloscope)等。调整各元器件位置绘制电路。

③单击“Place”→“Text”输入“a”“b”,便于描述双掷开关的动作。

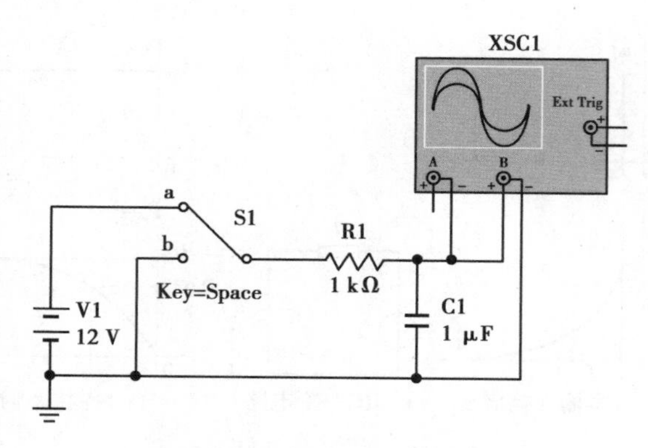

图 2.5.5　一阶 RC 电路仿真

④将开关 S_1 接到“b”,单击仿真开关 ▶ 按钮,仿真运行电路,观察示波器波形。将 S_1 接至“a”,电源通过 R_1 给电容充电,观察示波器显示波形。

⑤充电完成后,重新将开关接至“b”,电容通过 R_1 放电,观察示波器波形。

⑥不断地拨动开关从“a”至“b”,观察示波器波形,电容波形在开关波动过程中是________,电阻 R_1 波形是________。(填“连续变化的”或“跳变的”)与理论分析对比,分清楚哪个是零输入响应,哪个是零状态响应。

⑦自行改变电阻 R_1 与电容 C_1 的参数,重新仿真电路。理解时间常数的作用,当电阻 R_1 和电容 C_1 值乘积很小时,暂态过程持续时间________,当电阻 R_1 和电容 C_1 值乘积很大时,暂态过程持续时间________。(填“长”或“短”)

⑧用信号发生器产生的方波替代开关 S_1 的作用,如图 2.5.6 所示。双击信号发生器,出现如图 2.5.7 所示属性对话框,按照图中显示选择参数,将激励信号设置为 $U_{PP}=3$ V、$f=1$ kHz 的方波。

⑨单击仿真开关 ▶ 按钮,仿真运行电路,观察示波器波形,测算出时间常数 τ,记入表 2.5.1 中。与理论分析对比,深入理解零输入响应、零状态响应的概念。

表 2.5.1　RC 电路的方波激励响应仿真记录表

$U_{PP}=3$ V、$f=1$ kHz,$R_1=10$ kΩ,$C_1=6\ 800$ pF		
	零状态响应	零输入响应
u_c 仿真波形		
仿真测量 τ 值		
理论计算 τ 值		

⑩令 $R_1=10$ kΩ,$C_1=0.1$ μF,观察并描绘响应的波形。继续增大 C_1 值,定性地观察其对响应的影响。自行改变电阻 R_1 与电容 C_1 的参数,重新仿真电路,加深理解时间常数对电路暂态持续时间的影响。

⑪在图 2.5.5 中加入一个电压源,如图 2.5.8 所示,重新仿真电路,观察示波器波形,采用三要素法理论计算电容电压与电阻电压,与示波器波形对比,验证三要素法。

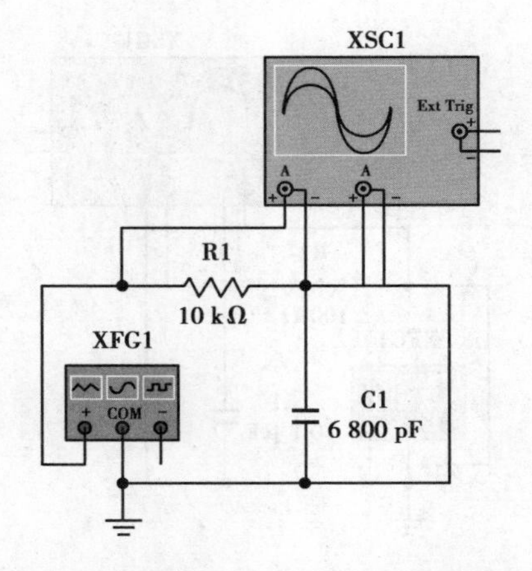

图 2.5.6 接入信号发生器的一阶 RC 电路仿真

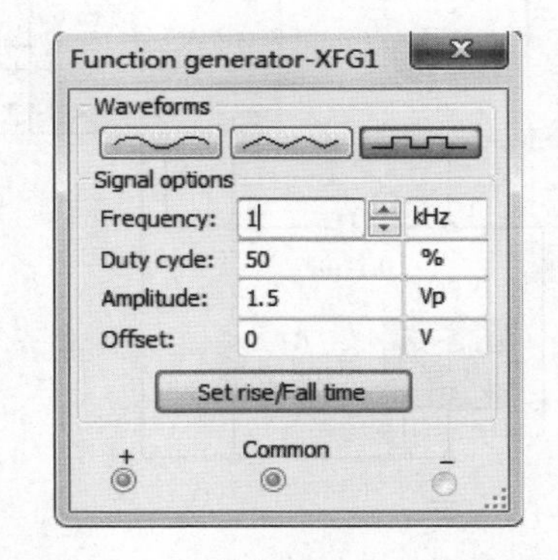

图 2.5.7 函数信号发生器参数设置

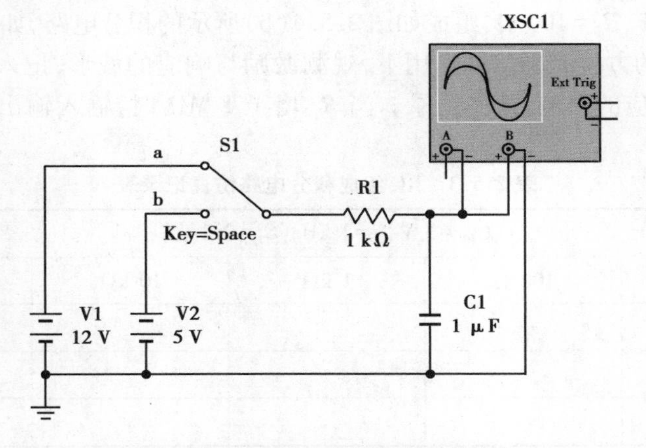

图 2.5.8 一阶 RC 电路全响应仿真

⑫令 $C_1=0.1\ \mu\mathrm{F}$,$R_1=100\ \Omega$,组成如图 2.5.4(a)所示的微分电路,如图 2.5.9 所示。在 $U_{\mathrm{PP}}=3\ \mathrm{V}$,$f=1\ \mathrm{kHz}$ 的方波激励信号作用下,观测激励与响应的波形,记入表 2.5.2 中。增减 R_1 值,定性地观察对响应的影响,并作记录。当 R_1 增至 1 MΩ 时,输入输出波形有何本质上的区别?

表 2.5.2 RC 组成微分电路仿真记录表

$U_{\mathrm{PP}}=3\ \mathrm{V}$、$f=1\ \mathrm{kHz}$,$C_1=0.1\ \mu\mathrm{F}$				
电阻 R_1 值	100 Ω	1 kΩ	10 kΩ	1 MΩ
u_{R} 波形				
测量 τ 值				
计算 τ 值				

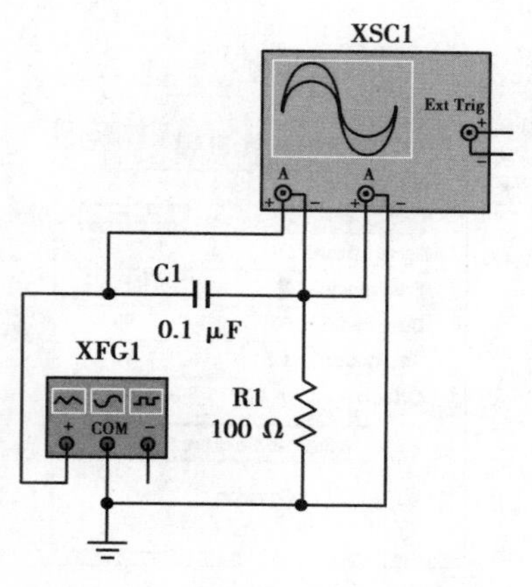

图 2.5.9　一阶 RC 微分电路仿真

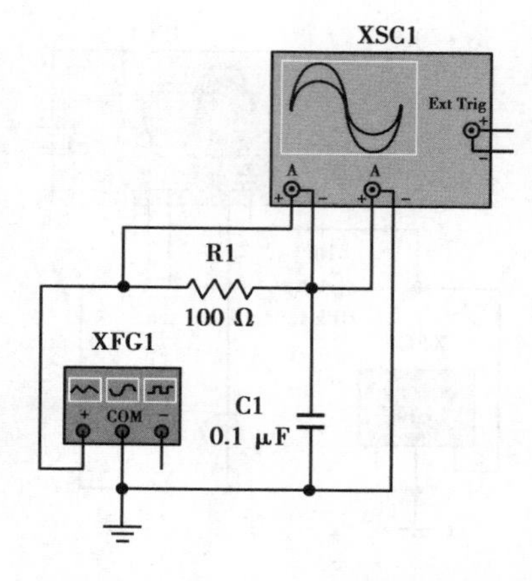

图 2.5.10　一阶 RC 积分电路仿真

⑬令 $C_1=0.1\ \mu F$，$R_1=100\ \Omega$，组成如图 2.5.4(b)所示的积分电路，如图 2.5.10 所示。在 $U_{PP}=3\ V$，$f=1\ kHz$ 的方波激励信号作用下，观测激励与响应的波形，记入表 2.5.3。增减 R_1 值，定性地观察对响应的影响，并作记录。当 R_1 增至 1 MΩ 时，输入输出波形有何本质上的区别?

表 2.5.3　RC 组成积分电路仿真记录表

$U_{PP}=3\ V$、$f=1\ kHz$，$C_1=0.1\ \mu F$				
电阻 R_1 值	100 Ω	1 kΩ	10 kΩ	1 MΩ
u_c 仿真波形				
仿真测量 τ 值				
理论计算 τ 值				

2)一阶 RL 电路的仿真

①打开 Multisim 14 软件，绘制如图 2.5.11 所示电路图。

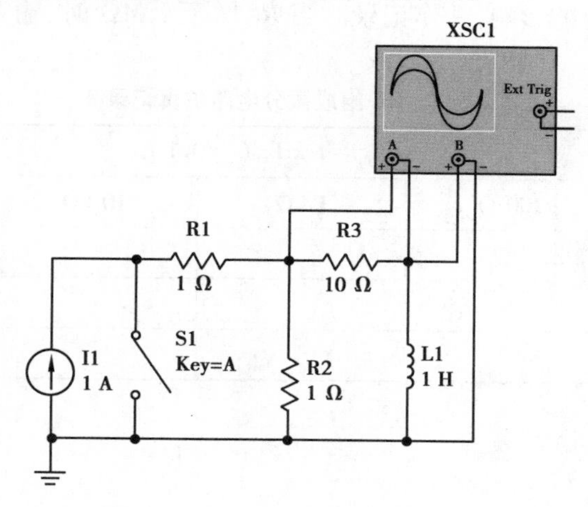

图 2.5.11　一阶 RL 电路仿真

• 电感：(Group) Basic→(Family) INDUCTOR。

• 单刀单掷开关：(Group) Basic→(Family) SWITCH→(Component) SPST。

• 直流电流源：(Group) Sourses→(Family) SIGNAL_CURRENT_SOURCES→(Component) DC_CURRENT。

②找到主页面竖排虚拟仪器图标，单击选择需要的虚拟仪器，如信号发生器(Function Generator)、双通道示波器(Oscilloscope)等。调整各元器件位置绘制电路。

③先闭合开关 S1，单击仿真开关按钮，仿真运行电路，观察示波器波形。

④打开开关 S1，电流源通过电阻对电感充电，观察示波器波形。

⑤充电完成后，重新将开关 S1 闭合，电感通过电阻放电，观察示波器波形。

⑥不断地拨动开关 S1，观察示波器波形。电感电压波形在开关波动过程中是________电阻 R3 波形是________，说明流过 R3 电阻的电流是________。(填"连续变化的"或"跳变的")与理论分析对比，分清楚哪个是零输入响应，哪个是零状态响应。

⑦自行改变电阻 R1、R2、R3 与电感 L1 的参数，重新仿真电路，加深理解时间常数对电路暂态持续时间的影响。

⑧在图 2.5.11 中加入一个电压源，如图 2.5.12 所示，重新仿真电路，观察示波器波形，采用三要素法理论计算电感电压与电阻电压，与示波器波形对比，验证三要素法。

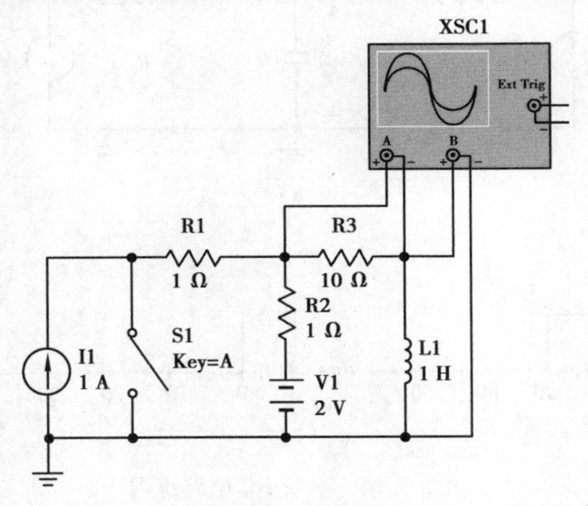

图 2.5.12　一阶 RL 电路全响应仿真

思考题

1. 一阶 RC 电路仿真时，改变电源电压，对电容的充放电时间有影响吗？

2. 通过一阶 RC、RL 电路仿真，总结归纳影响充放电时间的因素。

3. 何谓积分电路和微分电路，它们必须具备什么条件？它们在方波序列脉冲的激励下，输出信号波形的变化规律如何？这两种电路有何功用？

4. 正弦交流电作用下，电容元件两端电压与流过其上的电流相位差为多少？谁超前，谁滞后？

练一练

1. 一阶 RL 电路练习

电路如图 2.5.13 所示，已知 $R=4\ \Omega$，$L=0.1\ \mathrm{H}$，$U_S=24\ \mathrm{V}$，开关在 $t=0$ 打开，求 $t=0$ 时的电流 i_L，其中电压表的内阻 $R_V=10\ \mathrm{k\Omega}$，量程为 100 V，问开关打开时，电压表有无危险？

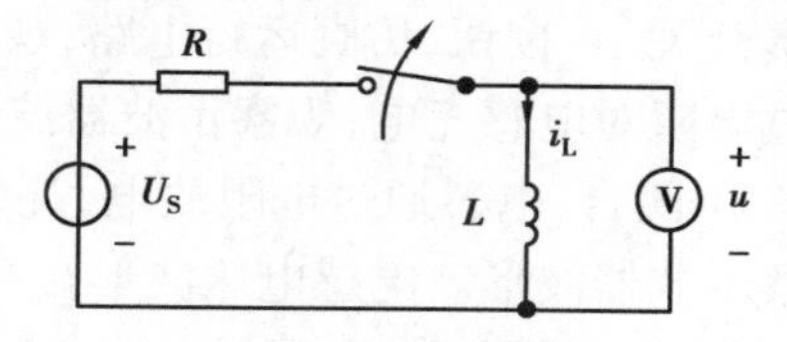

图 2.5.13　一阶 RL 电路练习

2. 一阶 RC 电路练习

图 2.5.14(a) 给出了含有一对开关的 RC 电路，而图 2.5.14(b) 给出了作为时间函数的开关闭合过程。电容的初值为 −9 V。

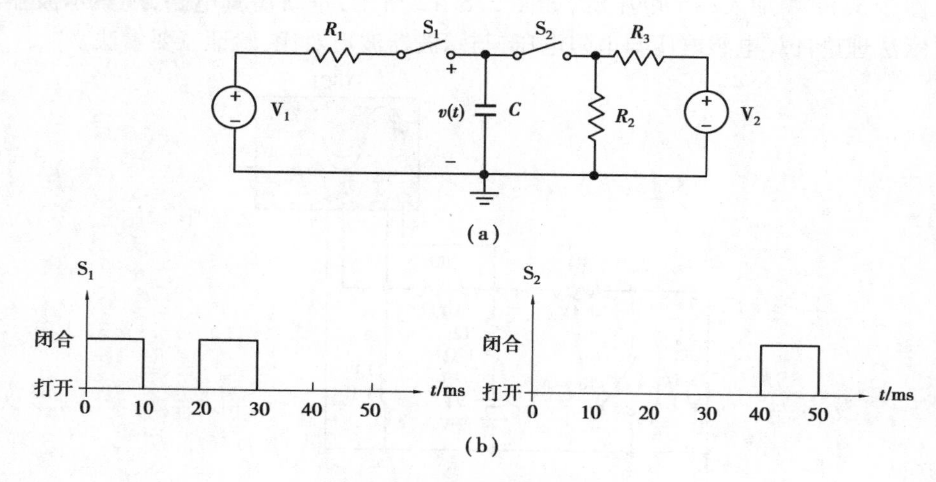

图 2.5.14　一阶 RC 电路练习

(1) 在 0 ~ 50 ms 时间范围内，确定描述 $v(t)$ 的方程。

(2) 画出 $v(t)$ 在 0 ~ 50 ms 时间范围内的曲线。

(3) 确定 $v(t)$ 在 5 ms、15 ms、25 ms、35 ms 和 45 ms 时的值。电路元件参数为：$R_1=10\ \mathrm{k\Omega}$，$R_2=3.3\ \mathrm{k\Omega}$，$R_3=2.2\ \mathrm{k\Omega}$，$C=1.0\ \mathrm{\mu F}$，$V_1=9\ \mathrm{V}$，$V_2=-15\ \mathrm{V}$。

2.6　二阶电路的响应测试

2.6.1　实验目的

知识目标：

①学习用实验的方法来研究二阶动态电路的响应。

②研究电路元件参数对二阶电路动态响应的影响。

③深刻理解欠阻尼、临界阻尼、过阻尼的意义。

能力目标：

①进一步学会用示波器观测波形。

②能够应用 Multisim 14 软件仿真研究二阶动态电路的方法。

素质目标：

①启发学生用数学思维模式描述工程问题。

②培养学生的科学素养。

2.6.2　实验原理

分析二阶电路，需要给定两个独立的初始条件。与一阶电路不同，二阶电路的响应可能出现振荡形式。一个二阶电路在方波正、负阶跃信号的激励下，可获得零状态与零输入响应，其响应的变化轨迹决定于电路的固有频率。调节电路的元件参数值，使电路的固有频率分别为负实数、共轭复数及虚数时，可获得单调衰减、衰减振荡和等幅振荡的响应。在实验中可获得过阻尼、欠阻尼和临界阻尼这三种响应图形。简单而典型的二阶电路是一个 RLC 串联电路和 GCL 并联电路，这二者之间存在着对偶关系。

1) RLC 串联二阶电路

典型的 RLC 串联二阶电路如图 2.6.1 所示，列 KVL 方程有：

$$u_R(t)+u_L(t)+u_C(t)=u_S(t) \tag{2.6.1}$$

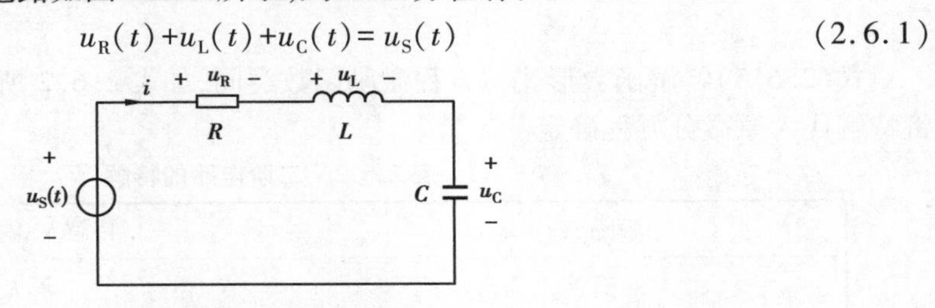

图 2.6.1　RLC 串联二阶电路

三个无源元件串联，电流是相同的，代入三个元件的伏安关系可得：

$$LC\frac{d^2u_C(t)}{dt^2}+RC\frac{du_C(t)}{dt}+u_C(t)=u_S(t)\quad (t\geqslant 0) \tag{2.6.2}$$

式(2.6.2)是以 u_C 为未知量的 RLC 串联电路全响应过程的微分方程，这是一个线性常系数二阶非齐次微分方程，其对应的全响应由对应的齐次微分方程的通解 $u_{Ch}(t)$ 与微分方程的特解 $u_{Cp}(t)$ 之和组成：

$$u_{C}(t)=u_{Ch}(t)+u_{Cp}(t) \tag{2.6.3}$$

求解式(2.6.2)二阶微分方程通解需要两个初始值:u_C 及其一阶导数。u_C 的初始值由已知条件直接给出;u_C 导数的初始值需借助其物理意义即电感电压的伏安关系式来确定:

$$\begin{cases} u_{C}(0_{-})=U_{0} \\ \left.\dfrac{\mathrm{d}u_{C}(t)}{\mathrm{d}t}\right|_{t=0_{-}}=\dfrac{i_{L}(0_{-})}{C}=\dfrac{I_{0}}{C} \end{cases} \tag{2.6.4}$$

令 $\alpha=\dfrac{R}{2L}$,称为衰减常数,$\omega_0=\dfrac{1}{\sqrt{LC}}$称为 RLC 串联电路的谐振角频率,可将式(2.6.2)变形为:

$$\frac{d^{2}u_{C}(t)}{dt^{2}}+2\alpha\frac{du_{C}(t)}{dt}+\omega_{0}^{2}u_{C}(t)=\omega_{0}^{2}u_{S}(t) \tag{2.6.5}$$

其特征方程为:

$$p^{2}+2\alpha p+\omega_{0}^{2}=0 \tag{2.6.6}$$

特征根为:

$$p_{1,2}=-\alpha\pm\sqrt{\alpha^{2}-\omega_{0}^{2}}=-\frac{R}{2L}\pm\sqrt{\left(\frac{R}{2L}\right)^{2}-\frac{1}{LC}} \tag{2.6.7}$$

特征根 p_1 和 p_2 仅与电路结构和元件参数有关,而与激励和初始储能无关,通常称为电路的固有频率,其值可能为实数或复数。表 2.6.1 列出了特征根 p_1 和 p_2 取不同值时相应的齐次解,其中积分常数 A_1 和 A_2(或 A 和 φ)将在方程完全解中由初始条件确定。

表 2.6.1 二阶电路的齐次解

特征根	齐次解 $y_h(t)$
$p_1\neq p_2$(不等实根,过阻尼)	$A_1e^{p_1t}+A_2e^{p_2t}$
$p_1=p_2=p$(相等实根,临界阻尼)	$(A_1+A_2t)e^{pt}$
$p_{1,2}=-\alpha\pm j\beta$(共轭复根,欠阻尼)	$e^{-\alpha t}(A_1\cos\beta t+A_2\sin\beta t)$ 或 $Ae^{-\alpha t}\cos(\beta t-\varphi)$
$p_{1,2}=\pm j\beta$(共轭虚根,无阻尼)	$A_1\cos\beta t+A_2\sin\beta t$ 或 $A\cos(\beta t-\varphi)$

式(2.6.5)特解函数形式与方程激励函数类同,如表 2.6.2 所示,表中 K_i 为待定常数,可将特解代入原微分方程确定。

表 2.6.2 二阶电路的特解

激励 $f(t)$	特解 $y_p(t)$ 的形式
直流	K
t^n	$K_nt^n+K_{n-1}t^{n-1}+\cdots+K_0$
$e^{\alpha t}$	$Ke^{\alpha t}$(当 α 不是特征根时) $(K_1t+K_0)e^{\alpha t}$(当 α 为单特征根时) $(K_2t^2+K_1t+K_0)e^{\alpha t}$(当 α 为二重特征根时)
$\cos\beta t$ 或 $\sin\beta t$	$K_1\cos\beta t+K_2\sin\beta t$

2) RLC 串联二阶电路的零输入响应

本次实验只讨论在直流信号的激励下，二阶电路的全响应。由表 2.6.2 可知，电路的特解为常量 K，因此只需要讨论电路的零输入响应。

RLC 串联二阶电路零输入响应的类型与元件参数有关。设电容上的初始电压为 $u_C(0_-)=U_0$，流过电感的初始电流 $i_L(0_-)=I_0$，如图 2.6.2 所示。根据二阶齐次方程特征根不同，二阶 RLC 串联电路零输入讨论如下：

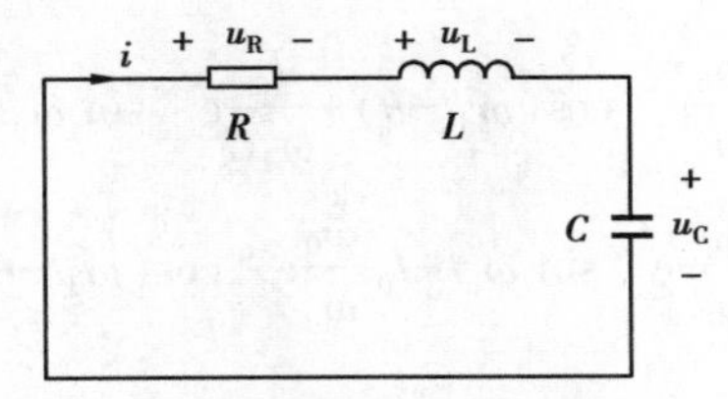

图 2.6.2 RLC 串联零输入响应电路($u_C(0_-)=U_0, i_L(0_-)=I_0$)

①当 $\alpha>\omega_0$，即 $R>2\sqrt{\dfrac{L}{C}}$ 时，齐次方程有两个不等实根 p_1 和 p_2，齐次解 $y_h(t)$ 由表 2.6.1 可得方程解为 $A_1e^{p_1t}+A_2e^{p_2t}$，由初始值可以得到方程：

$$\begin{cases} u_C(0_-)=U_0=A_1+A_2 \\ \left.\dfrac{du_C(t)}{dt}\right|_{t=0_-}=\dfrac{i_L(0_-)}{C}=\dfrac{I_0}{C}=A_1p_1+A_2p_2 \end{cases}$$

求解方程可确定系数 A_1 和 A_2，可得零输入响应如式(2.6.8)和式(2.6.9)所示，响应是非振荡性的，称为过阻尼情况。

$$u_C(t)=\frac{U_0}{p_1-p_2}(p_1e^{p_2t}-p_2e^{p_1t})+\frac{I_0}{(p_1-p_2)C}(e^{p_1t}-e^{p_2t}) \quad (t\geqslant 0) \tag{2.6.8}$$

$$i_L(t)=U_0\frac{p_1p_2C}{p_1-p_2}(e^{p_2t}-e^{p_1t})+\frac{I_0}{p_1-p_2}(p_1e^{p_1t}-p_2e^{p_2t}) \quad (t\geqslant 0) \tag{2.6.9}$$

②当 $\alpha=\omega_0$，即 $R=2\sqrt{\dfrac{L}{C}}$ 时，齐次方程有两个相等实根 $p_1=p_2=p=-\alpha$，齐次解 $y_h(t)$ 由表 2.6.1 可得方程解为 $(A_1+A_2t)e^{pt}$，由初始值可以得到方程：

$$\begin{cases} u_C(0_-)=U_0=A_1 \\ \left.\dfrac{du_C(t)}{dt}\right|_{t=0_-}=\dfrac{i_L(0_-)}{C}=\dfrac{I_0}{C}=A_1p+A_2=A_2-A_1\alpha \end{cases}$$

求解方程可确定系数 A_1，可得零输入响应如式(2.6.10)和式(2.6.11)所示，响应临近振荡，称为临界阻尼情况。零输入响应为：

$$u_C(t)=U_0(1+\alpha t)e^{-\alpha t}+\frac{I_0}{C}te^{-\alpha t} \quad (t\geqslant 0) \tag{2.6.10}$$

$$i_L(t)=-U_0\alpha^2Cte^{-\alpha t}+I_0(1-\alpha t)e^{-\alpha t} \quad (t\geqslant 0) \tag{2.6.11}$$

③当 $\alpha<\omega_0$，即 $R<2\sqrt{\dfrac{L}{C}}$ 时，齐次方程有两个共轭复根 $p_{1,2}=-\alpha\pm j\beta$，齐次解 $y_h(t)$ 由表 2.6.1 可得方程解为 $e^{-\alpha t}(A_1\cos\beta t+A_2\sin\beta t)$ 或 $Ae^{-\alpha t}\cos(\beta t-\varphi)$。由初始值可以得到方程：

$$\begin{cases} u_C(0_-)=U_0=A_1 \\ \left.\dfrac{du_C(t)}{dt}\right|_{t=0_-}=\dfrac{i_L(0_-)}{C}=\dfrac{I_0}{C}=A_2\beta-A_1\alpha \end{cases}$$

求解方程可确定系数 A_1 和 A_2，可得输入响应如式(2.6.12)和式(2.6.13)所示，响应是振荡性的，称为欠阻尼情况。其衰减振荡角频率为：$\omega_d=\sqrt{\omega_0^2-\alpha^2}=\sqrt{\dfrac{1}{LC}-\dfrac{R^2}{4L^2}}$。

$$u_C(t)=U_0\frac{\omega_0}{\omega_d}e^{-\alpha t}\cos(\omega_d t-\theta)+\frac{I_0}{\omega_d C}e^{-\alpha t}\sin\omega_d t\quad(t\geqslant 0)\tag{2.6.12}$$

$$i_L(t)=-U_0\frac{\omega_0^2 C}{\omega_d}e^{-\alpha t}\sin\omega_d t+I_0\frac{\omega_0}{\omega_d}e^{-\alpha t}\cos(\omega_d t-\theta)\quad(t\geqslant 0)\tag{2.6.13}$$

式中，$\theta=\arccos\dfrac{\alpha}{\omega_0}$。

④当 $R=0$ 时，齐次方程有两个共轭虚根 $p_{1,2}=\pm j\beta$，齐次解 $y_h(t)$ 由表2.6.1可得方程解为 $A_1\cos\beta t+A_2\sin\beta t$ 或 $A\cos(\beta t-\varphi)$，由初始值可以得到方程：

$$\begin{cases} u_C(0_-)=U_0=A_1 \\ \left.\dfrac{du_C(t)}{dt}\right|_{t=0_-}=\dfrac{i_L(0_-)}{C}=\dfrac{I_0}{C}=A_2\beta \end{cases}$$

求解方程可确定系数 A_1 和 A_2，可得零输入响应如式(2.6.14)和式(2.6.15)所示，响应是等幅振荡性的，称为无阻尼情况。等幅振荡角频率即为谐振角频率 ω_0，满足 $\omega_0=\beta$。

$$u_C(t)=U_0\cos\omega_0 t+\frac{I_0}{\omega_0 C}\sin\omega_0 t\quad(t\geqslant 0)\tag{2.6.14}$$

$$i_L(t)=-U_0\omega_0 C\sin\omega_0 t+I_0\cos\omega_0 t\quad(t\geqslant 0)\tag{2.6.15}$$

⑤当 $R<0$ 时，响应是发散振荡性的，称为负阻尼情况。

3)GCL并联二阶电路分析

GCL并联二阶电路如图2.6.3所示。

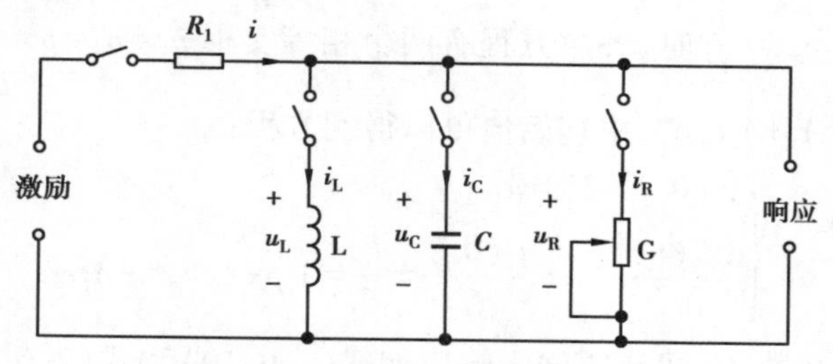

图2.6.3　GCL并联二阶电路

开关均闭合时，对图2.6.3所示电路列出KCL方程得：

$$i_R(t)+i_C(t)+i_L(t)=i(t)\tag{2.6.16}$$

三个无源元件并联，电压是相同的，代入三个元件的伏安关系可得：

$$LC\frac{d^2 i_L(t)}{dt^2}+GL\frac{di_L(t)}{dt}+i_L(t)=i(t)\quad(t\geqslant 0)\tag{2.6.17}$$

这是一个二阶常系数线性非齐次微分方程，其对应的全响应由对应的齐次微分方程的通解与微分方程的特解之和组成：

$$i_{\mathrm{L}}(t)=i_{\mathrm{Lh}}(t)+i_{\mathrm{Lp}}(t)$$

其特征方程为：

$$LCp^2+GLp+1=0 \tag{2.6.18}$$

特征根为：

$$p_{1,2}=-\frac{G}{2C}\pm\sqrt{\left(\frac{G}{2C}\right)^2-\frac{1}{LC}}\text{（固有频率）}$$

当元件参数 G、C、L 取不同值时，固有频率可分为以下四种情况：

①$G>2\sqrt{\frac{C}{L}}$ 时，p_1，p_2 为两个不相等的负实根，称为过阻尼情况；

②$G=2\sqrt{\frac{C}{L}}$ 时，p_1，p_2 为两个相等的实根，称为临界阻尼情况；

③$G<2\sqrt{\frac{C}{L}}$ 时，p_1，p_2 为一对共轭复根，称为欠阻尼情况；

④$G=0$ 时，p_1，p_2 为一对共轭虚根，称为无阻尼情况。

GCL 并联电路与 RLC 串联电路的分析方法很相似，它们满足电路的对偶性。

4）二阶电路的衰减系数

对于 RLC 串联欠阻尼情况，衰减振荡角频率 ω_{d} 和衰减系数 α 可以从响应波形中直接测量并计算出来。例如响应 $i(t)$ 的波形如图 2.6.4 所示，利用示波器直接观察电阻元件对地的电压，就可以得到电流的变化波形。对于 α，由于有：$i_{1\mathrm{m}}=A\mathrm{e}^{-\alpha t_1}$，$i_{2\mathrm{m}}=A\mathrm{e}^{-\alpha t_2}$，则

$$\frac{i_{1\mathrm{m}}}{i_{1\mathrm{m}}}=\mathrm{e}^{-\alpha(t_1-t_2)}=\mathrm{e}^{\alpha(t_2-t_1)}$$

显然（t_2-t_1）即为周期：

$$T_{\mathrm{d}}=\frac{2\pi}{\omega_{\mathrm{d}}} \tag{2.6.19}$$

所以

$$\alpha=\frac{1}{T_{\mathrm{d}}}\ln\frac{i_{1\mathrm{m}}}{i_{2\mathrm{m}}} \tag{2.6.20}$$

由此可见，用示波器测出周期 T_{d} 和幅值 $i_{1\mathrm{m}}$、$i_{2\mathrm{m}}$ 后，就可以算出 ω_d 与 α 的值。

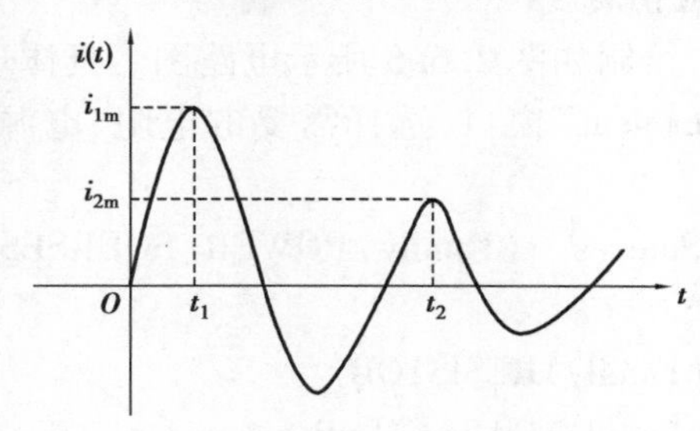

图 2.6.4　电流 $i(t)$ 衰减振荡曲线

对于 GCL 并联情况，用示波器观察欠阻尼状态时响应端电压 U_0 的波形，计算公式与串联公式类似，有：

$$\omega_d = \frac{2\pi}{T_d} \tag{2.6.21}$$

$$\alpha = \frac{1}{T_d} \ln \frac{U_{2m}}{U_{1m}} \tag{2.6.22}$$

其中 U_{1m} 是初始振荡峰值,U_{2m} 是衰减一个周期后的峰值。

5)二阶电路的状态轨迹

对于图 2.6.1 所示的电路,也可以用两个一阶方程的联立(即状态方程)来求解

$$\frac{du_C(t)}{dt} = \frac{i_L(t)}{C}$$

$$\frac{di_L(t)}{dt} = -\frac{u_C(t)}{L} - \frac{Ri_L(t)}{L} + \frac{U_S}{L}$$

初始值为

$$u_C(0_-) = U_0$$

$$i_L(0_-) = I_0$$

其中,$u_C(t)$ 和 $i_L(t)$ 为状态变量。

对于所有 $t \geqslant 0$ 的不同时刻,由状态变量在状态平面上所确定的点的集合,就叫作状态轨迹。

示波器置于水平工作方式。当 Y 轴输入 $u_C(t)$ 波形,X 轴输入 $i_L(t)$ 波形时,适当调节 Y 轴和 X 轴幅值,即可在荧光屏上显现出状态轨迹的图形,如图 2.6.5 所示。

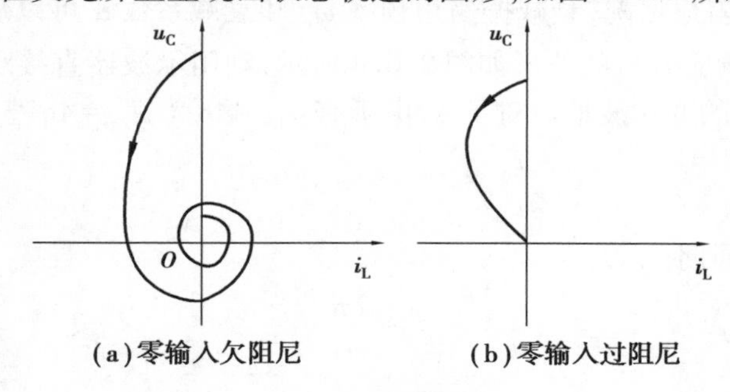

(a)零输入欠阻尼　　(b)零输入过阻尼

图 2.6.5　二阶电路的状态轨迹

2.6.3　仿真实验内容

1)RLC 串联二阶电路响应仿真

①打开 Multisim 14 软件,绘制如图 2.6.6 所示电路图。具体步骤为:单击分类图标,打开“Select a Component”窗口,选择需要的电阻、电源等元器件,放置到仿真工作区。

- 直流电压源:(Group) Sourses→(Family) POWER_SOURSES→(Component) DC_POWER。
- 电阻:(Group) Basic→(Family) RESISTOR。
- 电容:(Group) Basic→(Family) CAPACITOR。
- 电感:(Group) Basic→(Family) INDUCTOR。
- 单刀双掷开关:(Group) Basic→(Family) SWITCH→(Component) SPDT。
- 地 GND:(Group) Sourses→(Family) POWER_SOURSES→(Component) GROUND。

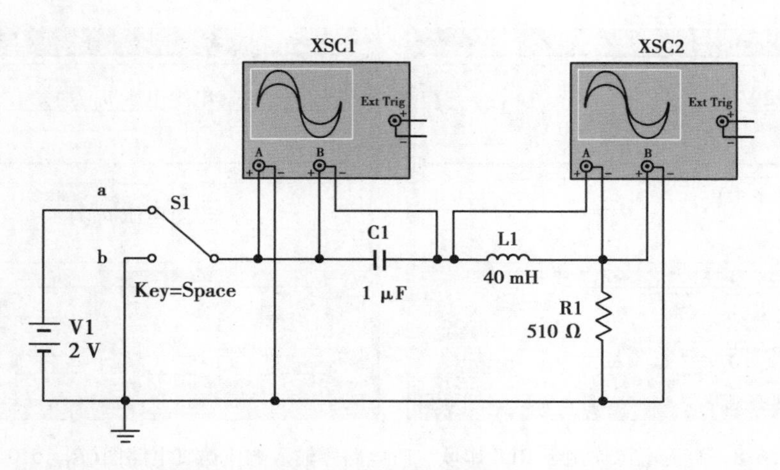

图 2.6.6 直流电源作用下 RLC 串联二阶电路仿真电路图(R_1 =510 Ω)

②找到主页面竖排虚拟仪器图标 ,单击选择需要的虚拟仪器,如信号发生器(Function Generator)、双通道示波器(Double Channel Oscilloscope)等。调整各元器件位置绘制电路。

③单击"Place"→"Text"输入"a""b",便于描述双掷开关的动作。

仿真时为了区分输入输出信号,可将示波器 A、B 输入连线设置成不同的颜色,双击连线即可设置颜色。一开始将开关 S_1 接到"b",仿真运行,观察示波器波形。将 S_1 接至"a",电源通过 R_1 给电容、电感充电,观察两个示波器零状态响应波形,如图 2.6.7 所示。在"Timebase"选项组的"Scale"栏里调整时间灵敏度(水平扫描时每一格代表的时间),在 Channel A、Channel B 选项组的 Scale 文本框里调整 A、B 通道输入信号的电压灵敏度(每格表示的电压值)。为了更好地观察每个波形,需要调整两个波形的"Y pos.",将两个波形分开观察。

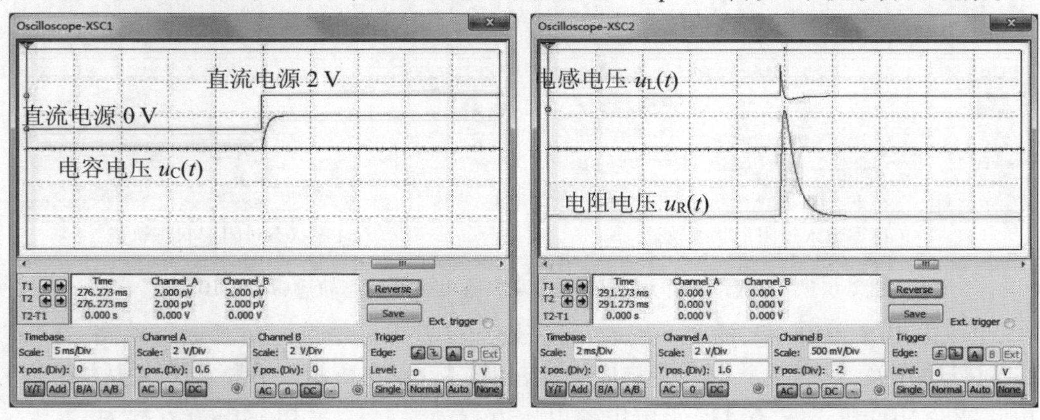

图 2.6.7 直流电源作用下 RLC 串联二阶电路零状态响应仿真电路图(R_1 =510 Ω)

④待电路稳定,再将开关接至"b",观察两个示波器零输入响应波形,如图 2.6.8 所示。

⑤求出该电路谐振角频率 $\omega_0=\dfrac{1}{\sqrt{LC}}=5\ 000$ rad/s,衰减系数 $\alpha=\dfrac{R}{2L}$ 与阻值有关,R_1 =510 Ω 时衰减系数为 6 375 rad/s,满足 $\alpha>\omega_0$,响应是非振荡性的,是过阻尼的情况。由式(2.6.8)和式(2.6.9)求解电容电压方程为________,电感电流方程为________。应用 MATLAB 绘制电容电压与电感电流方程,与仿真波形对比,理解零输入响应过阻尼情况。

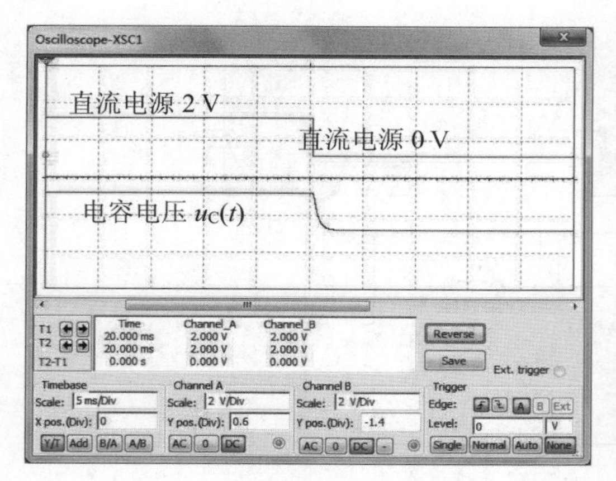

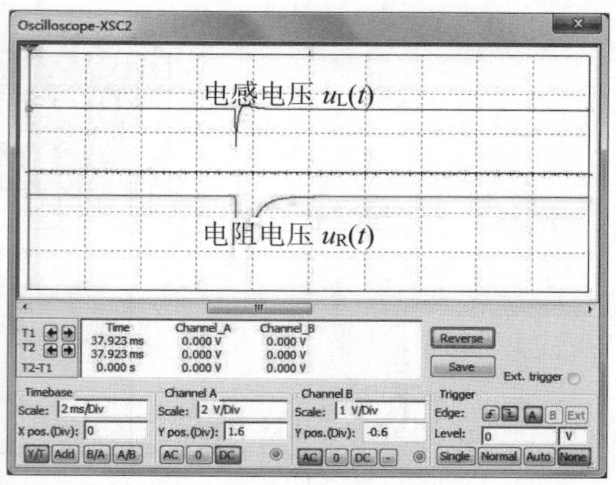

图 2.6.8　直流电源作用下 RLC 串联二阶电路零输入响应仿真电路图(R_1 = 510 Ω)

⑥观测二阶电路的状态轨迹,参考原理分析,主要观察 $u_C(t)$ 和 $i_L(t)$ 波形,因此调用示波器 XSC3 观察 $u_C(t)$ 和 $u_R(t)$ 波形。$u_R(t)$ 与 $i_L(t)$ 波形是线性关系,满足欧姆定律,因此用 $u_C(t)$ 和 $u_R(t)$ 波形的比值关系表示二阶电路状态轨迹 $u_C(t)$ 和 $i_L(t)$ 的关系,它们的轨迹是满足线性关系的。将 $u_C(t)$ 接入 XSC3 的 A 通道,$u_R(t)$ 接入 XSC3 的 B 通道,选择示波器显示模式"A/B",观察零输入与零状态响应的二阶电路状态轨迹,如图 2.6.9 所示,与图 2.6.5 的轨迹对比。

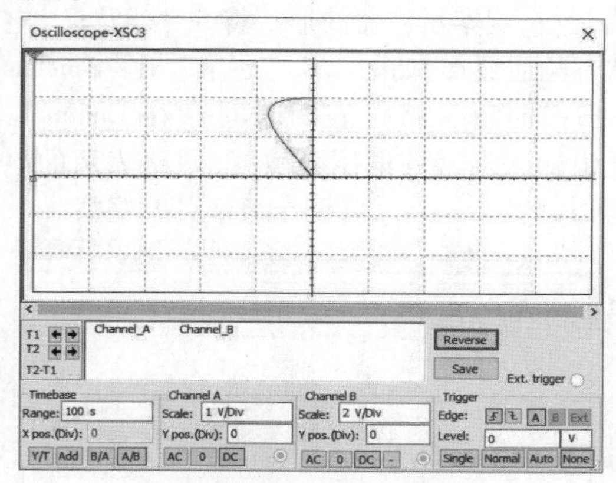

(a)零输入过阻尼状态轨迹

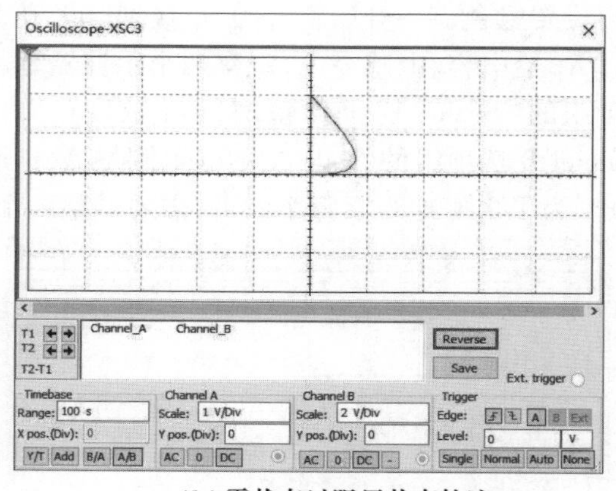

(b)零状态过阻尼状态轨迹

图 2.6.9　直流电源作用下 RLC 串联二阶电路的状态轨迹(R_1 = 510 Ω)

⑦更改电阻 R_1 = 400 Ω,满足 $\alpha=\omega_0$,响应处于临界阻尼情况。仿真运行电路,在"a"和"b"之间拨动开关,观察两个示波器响应波形,如图 2.6.10 所示。分析当开关从"a"到"b"时,由式(2.6.10)和式(2.6.11)求解电容电压方程为________,电感电流方程为________。应用 MATLAB 绘制电容电压与电感电流方程,与仿真波形对比,理解零输入响应临界阻尼情况。

⑧重复上述步骤观测临界阻尼的状态轨迹,与图 2.6.9 类似。

⑨更改电阻 R_1 = 100 Ω,满足 $\alpha<\omega_0$,响应处于欠阻尼情况。仿真运行电路,在"a"和"b"之间拨动开关,观察两个示波器响应波形,如图 2.6.11 所示。分析当开关从"a"到"b"时,由式(2.6.12)和式(2.6.13)求解电容电压方程为________,电感电流方程为________。应用

MATLAB 绘制电容电压与电感电流方程，与仿真波形对比，理解零输入响应欠阻尼情况。

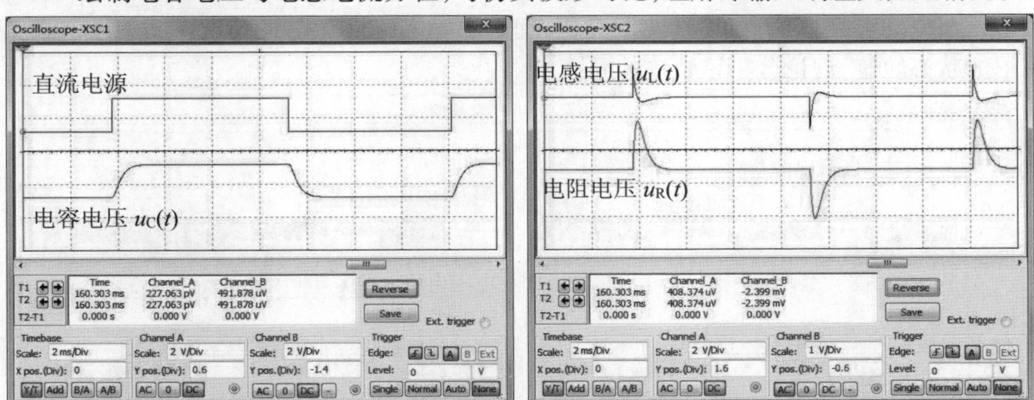

图 2.6.10　直流电源作用下 RLC 串联二阶电路响应仿真电路图($R_1=400\ \Omega$)

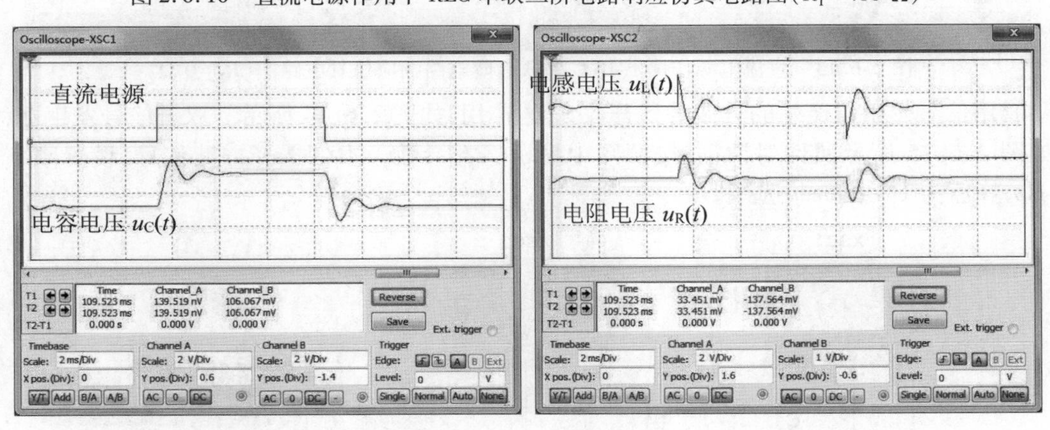

图 2.6.11　直流电源作用下 RLC 串联二阶电路响应仿真电路图($R_1=100\ \Omega$)

⑩重复步骤 7 观测欠阻尼的状态轨迹，如图 2.6.12 所示，与图 2.6.5 的轨迹进行对比。

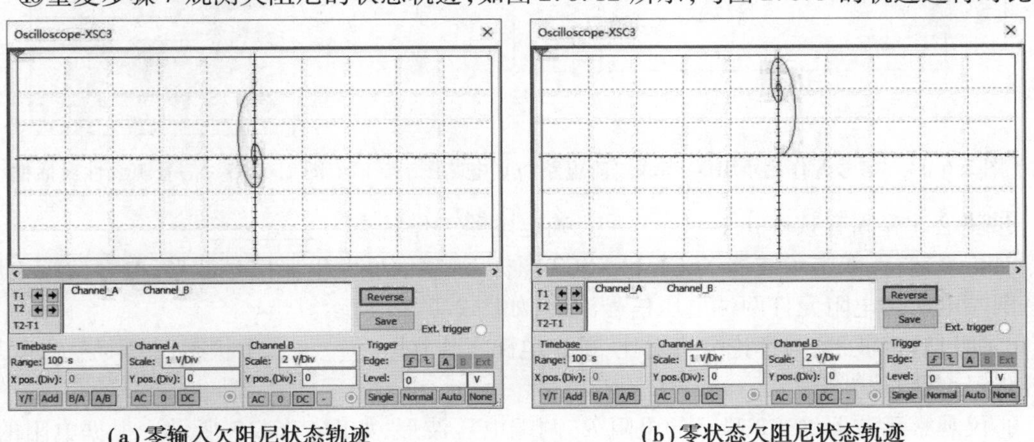

(a)零输入欠阻尼状态轨迹　　　　(b)零状态欠阻尼状态轨迹

图 2.6.12　直流电源作用下 RLC 串联二阶电路的状态轨迹($R_1=100\ \Omega$)

⑪更改电阻 $R_1=0\ \Omega$，响应处于无阻尼情况。仿真运行电路，在“a”和“b”之间拨动开关，观察两个示波器响应波形，如图 2.6.13 所示。分析当开关从“a”到“b”时，由式(2.6.14)和

式(2.6.15)求解电容电压方程为________,电感电流方程为________。应用 MATLAB 绘制电容电压与电感电流方程,与仿真波形对比,理解零输入响应无阻尼情况。重复步骤 7 观测无阻尼的状态轨迹,理论分析该轨迹的原理。

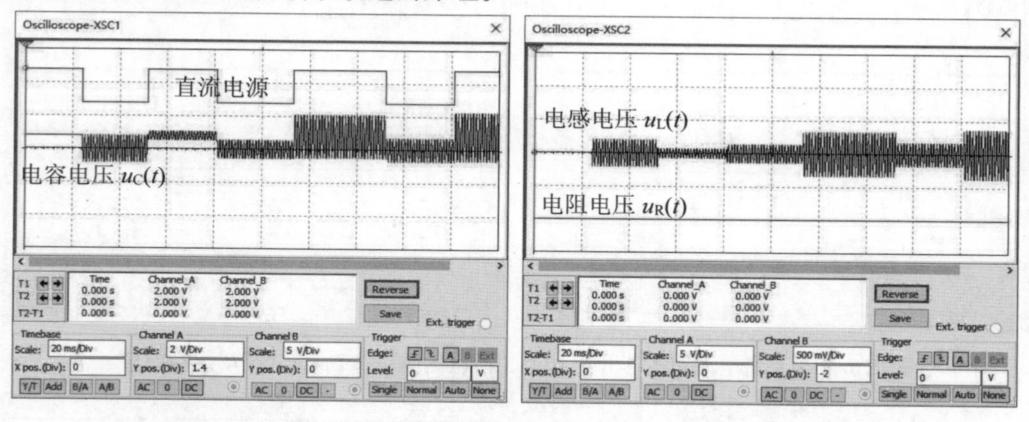

图 2.6.13　直流电源作用下 RLC 串联二阶电路响应仿真电路图($R_1=0\ \Omega$)

⑫用信号发生器产生的方波替代开关 S_1 的作用,如图 2.6.14 所示。双击信号发生器,出现如图 2.6.15 所示属性对话框,按照图中显示选择参数。本例选择方波信号,设置频率为 40 Hz,峰值为 1 V,Offset 选择 1 V。

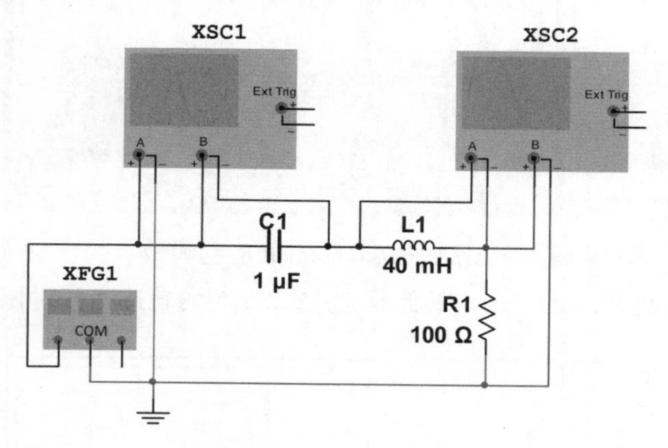

图 2.6.14　信号源作用下 RLC 串联二阶电路仿真电路图

图 2.6.15　信号源属性对话框

⑬理论计算固有频率 $p_{1,2}=$________,确定电路工作状态为________。

⑭仿真运行,双击示波器 XSC1 和 XSC2 图标,观察信号发生器信号波形、电容两端电压、电感两端电压和电阻元件两端电压信号波形,如图 2.6.16 所示。

⑮通过观察波形,与理论分析对比,确定电路工作在________工作状态(过阻尼、欠阻尼、临界阻尼、负阻尼)。

⑯仅观察示波器 XSC2 显示的电阻 R_1 两端电压波形,如图 2.6.17 所示。根据电阻的伏安关系,用波形除以电阻 R_1 的阻值就可以得到电流波形。移动游标 1 和 2,确定振荡波形的幅值与时间差,根据式(2.6.19)和式(2.6.20)计算衰减振荡角频率 ω_d 和衰减系数 α,记录数据到表 2.6.3 中。

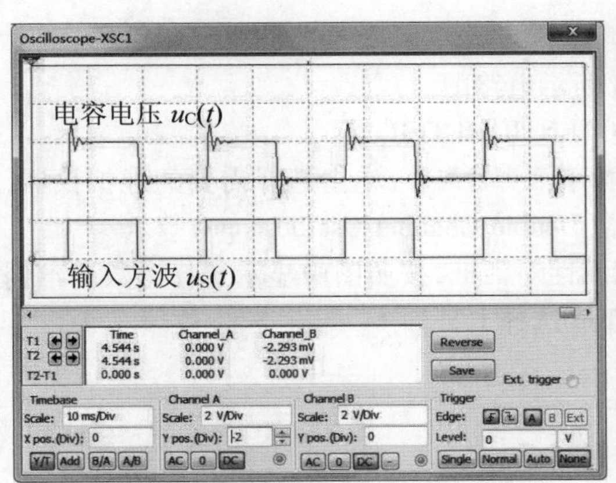

(a)示波器XSC1波形显示

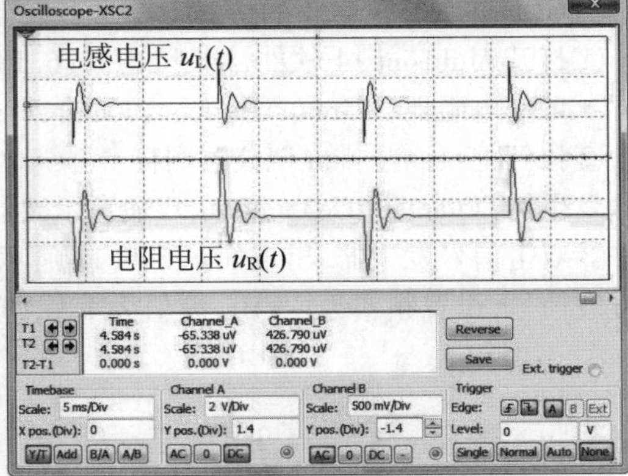

(b)示波器XSC2波形显示

图 2.6.16　方波作用下 $R_1=100\ \Omega$ 示波器波形显示

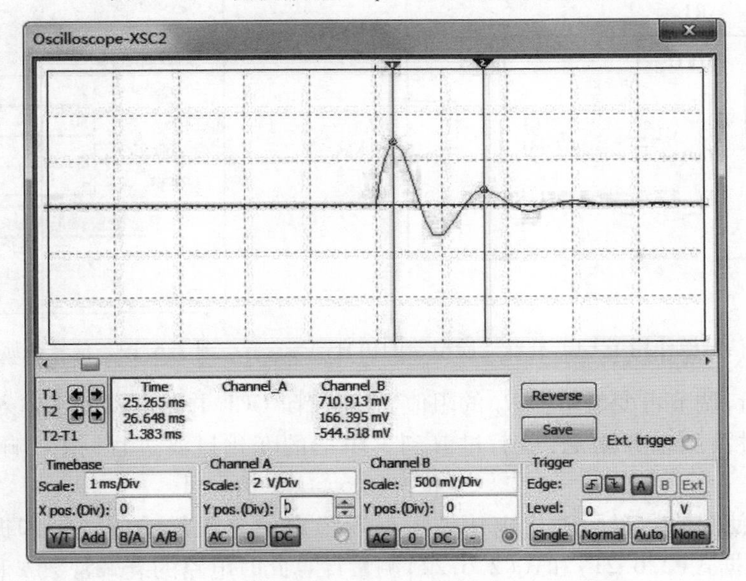

图 2.6.17　$R_1=100\ \Omega$ 电阻电压(串联电流)波形显示

表 2.6.3　RLC 串联二阶电路数据记录表($R_1=100\ \Omega$)

元件参数			理论计算					仿真计算	
R_1	L_1	C_1	p_1	p_2	w_0	α	w_d	α	w_d
100 Ω	40 mH	1 μF							
100 Ω	40 mH	0.1 μF							

⑰重复步骤 7,改变 R_1 观测方波作用下二阶电路的完全响应状态轨迹,并记录。

⑱更改电容值为 0.1 μF,重复上述实验步骤,分析容值改变对二阶电路工作状态的影响。

⑲自行更改 R_1 阻值,重复上述实验步骤,分析电阻值改变对二阶电路工作状态的影响。

⑳自行更改 L_1 电感值,重复上述实验步骤,分析电感值改变对二阶电路工作状态的影响。

2)GCL 并联二阶电路的仿真

①打开 Multisim 14 软件,绘制如图 2.6.18 所示电路图。

- 可变电阻器:(Group)Basic→(Family)POTENTIOMETER。

②找到主页面竖排虚拟仪器图标 ,单击选择需要的虚拟仪器,如信号发生器(Function Generator)、双通道示波器(Double Channel Oscilloscope)等。

③双击信号发生器,出现如图 2.6.19 所示属性对话框,按照图中显示选择参数。本例选择方波信号,设置频率为 1 kHz,峰值为 1 V,Offset 选择 1 V。

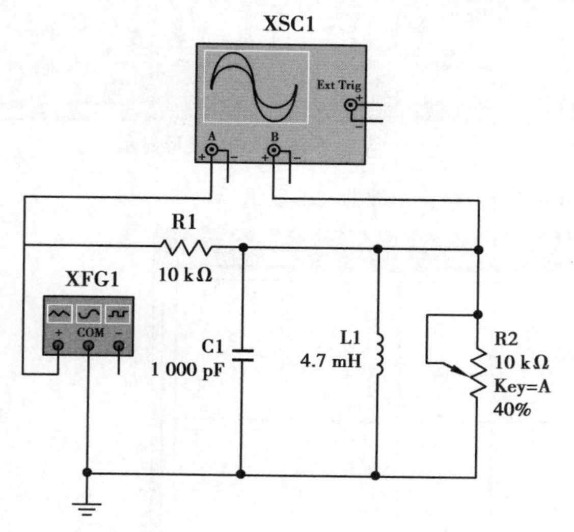

图 2.6.18　信号源作用下 GCL 并联二阶电路的仿真图

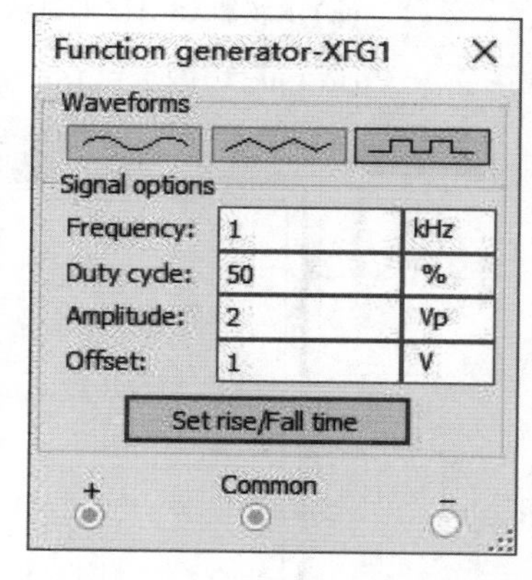

图 2.6.19　信号源属性对话框

④仿真运行,调节可变电阻器 R_2 的阻值,观察二阶 GCL 并联电路的零输入响应和零状态响应由过阻尼过渡到临界阻尼,最后过渡到欠阻尼的变化过渡过程,记录响应的典型变化波形。

⑤调节 R_2 使示波器显示输出电压波形呈现稳定的欠阻尼响应波形即振荡波形,如图 2.6.20 所示,根据式(2.6.21)和式(2.6.22)测量计算此时电路的衰减常数 a 和振荡频率 w_d。

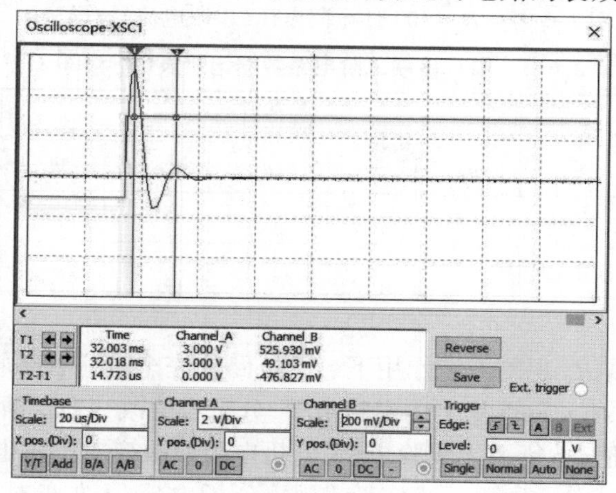

图 2.6.20　GCL 并联二阶电路的欠阻尼仿真图

⑥按表 2.6.4 改变电路参数,重复上述步骤,并记录波形,测量计算衰减常数 a 和振荡频率 w_d,并分析随着参数变化 a 和 w_d 的变化趋势。(注意:调节 R_2 时,要细心、缓慢,临界阻尼要找准,必要时请根据参数理论计算)。

表 2.6.4 GCL 并联二阶电路的欠阻尼衰减常数 a 和振荡频率 w_d 数据记录表

电路参数 实验次数	元件参数				仿真测量值		理论计算 (确定 R_2 阻值)	
	R_1	R_2	L_1	C_1	α	ω_d	α	ω_d
1	10 kΩ	调至某一次欠阻尼状态	4.7 mH	1 000 pF				
2	10 kΩ		4.7 mH	0.01 μF				
3	30 kΩ		4.7 mH	0.01 μF				
4	10 kΩ		10 mH	0.01 μF				

思考题

1. 当 RLC 串联电路处于过阻尼情况时,若再增加回路的电阻 R,对过渡过程有何影响?当 RLC 电路处于欠阻尼情况时,若再减小回路的电阻 R,对过渡过程有何影响?为什么?在什么情况下电路达到稳态的时间最短?

2. 当 RLC 串联电路处于欠阻尼的情况时,若再减小回路的电容 C,对过渡过程有何影响?

3. 在方波函数发生器信号输入下,对于欠阻尼情况,改变电阻 R,此时衰减系数和振荡角频率怎样变化?对方波的影响如何?

4. 不做实验,能否根据欠阻尼情况下 $u_C(t)$ 和 $i_L(t)$ 波形定性地画出其全响应的状态轨迹?

练一练

名人简介:迈克尔·法拉第

RLC 串联电路的自由响应练习

如图 2.6.21 所示电路中的 SPST 开关在闭合很长时间后在 $t=0$ 时打开。

(1)求 $t \geqslant 0$ 时的 $v_c(0)$。

(2)用绘图工具例如 MathScript 或 MATLAB 在时间范围 $0 \leqslant t \leqslant 1$ ms 内画出 $v_c(t)$。

(3)确定下列数值(或者利用 $v_c(t)$ 的方程,或者在上一步产生的图中用游标测量):初始电压 $v_C(0)$,v_c 的最小值,v_c 的最大值,阻尼振荡频率($f_d=\omega_d/2\pi$ Hz),衰减常数 α。电路元件参数为:$R_1=220\ \Omega$,$R_2=330\ \Omega$,$L=33$ mH,$V_s=3.0$ V。

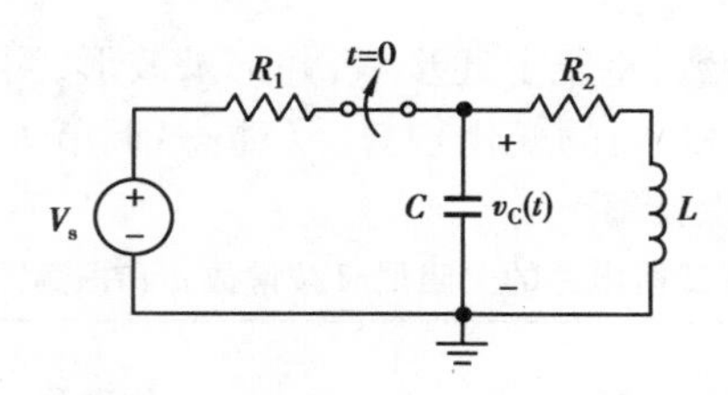

图 2.6.21　RLC 串联电路的自由响应练习

2.7　交流参数的测量

2.7.1　实验目的

知识目标：

①学习使用交流电压表、交流电流表和功率表测量元件的交流等效参数的方法。

②熟悉交流电路实验中的基本操作方法，加深对阻抗、阻抗角和相位角等概念的理解。

③验证交流电路中，相量形式的基尔霍夫定律。

能力目标：

①进一步学会用功率表测量交流功率。

②能够应用 Multisim 14 软件仿真研究交流参数测量的方法。

素质目标：

①启发学生用数学思维模式描述工程问题。

②培养学生的科学素养和钻研精神。

2.7.2　实验原理

1）用交流电压表、交流电流表和功率表测量元件的等效参数

交流电路中，元件的阻抗值可以用交流电压表、交流电流表和功率表测出两端电压 U、流过电流 I 和它所消耗的有功功率 P 之后，再通过计算得出，这种测定交流参数的方法称为“三表法”。三表法是用以测量 50 Hz 交流电参数的基本方法。三表法测量电路参数的原理图如图 2.7.1 所示。

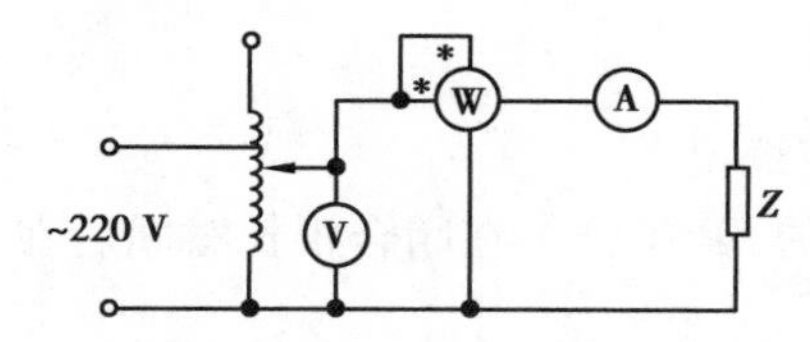

图 2.7.1　三表法测量电路参数的原理图

由图 2.7.1 可得待测阻抗为：$Z=\dfrac{\dot{U}}{\dot{I}}=\dfrac{U}{I}\angle\varphi=R+\mathrm{j}X$；

阻抗的模为：$|Z|=\dfrac{U}{I}$；　阻抗角为：$\varphi=\arctan\dfrac{X}{R}$；

有功功率为：$P=UI\cos\varphi=I^2R=U^2G$；　功率因数 $\cos\varphi$ 为：$\cos\varphi=\dfrac{P}{UI}$；

等效电路阻值 R 为：$R=\dfrac{P}{I^2}=|Z|\cos\varphi$；　等效电抗 X 为：$X=|Z|\sin\varphi$；

如果被测元件为一个电感线圈，则有：$X=X_L=|Z|\sin\varphi=2\pi fL$；

如果被测元件为一个电容器，则有：$X=X_C=|Z|\sin\varphi=\dfrac{1}{2\pi fC}$。

如果被测元件不是一个元件，而是一个无源一端口网络，虽然也可以采用三表法从 U、I、P 三个量中求得 $R=\dfrac{P}{I^2}=|Z|\cos\varphi$，$X=|Z|\sin\varphi$，但是无法判断 X 是容性的还是感性的。

2）阻抗性质的判别

为了判断被测元件是感性的还是容性的，需要采用其他实验手段，一般采用在被测元件两端并联电容或串联电容的方法来加以判断。方法与原理如下：

①在被测元件两端并联一只适当容量的小试验电容，若电流表读数增大，则被测元件属于容性；若电流表的读数减小，则被测元件属于感性。图 2.7.2（a）中，Z 为待测定的元件，C' 为试验电容器，图（b）是图（a）的等效电路，图中 G、B 为待测阻抗 Z 的电导和电纳，B' 为并联电容 C' 的电纳。在端电压有效值不变的条件下，按下面两种情况进行分析：

• 设 $B+B'=B''$，若 B' 增大，B'' 也增大，则电路中电流 I 将单调地上升，故可判断 B 为容性元件。

• 设 $B+B'=B''$，若 B' 增大，而 B'' 先减小后增大，电流 I 也是先减小后上升，如图 2.7.3 所示，则可判断 B 为感性元件。

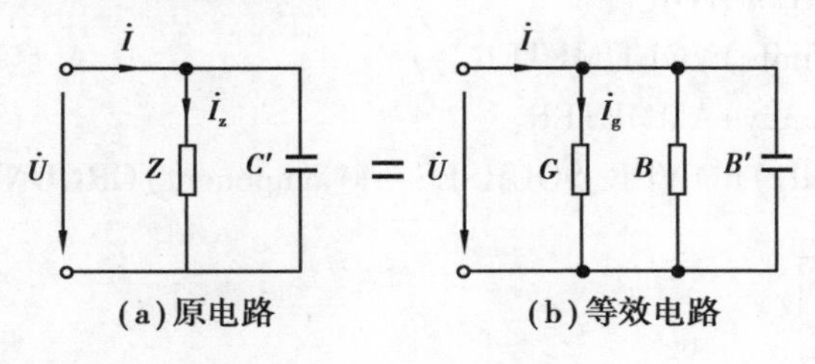

图 2.7.2　并联电容测量法

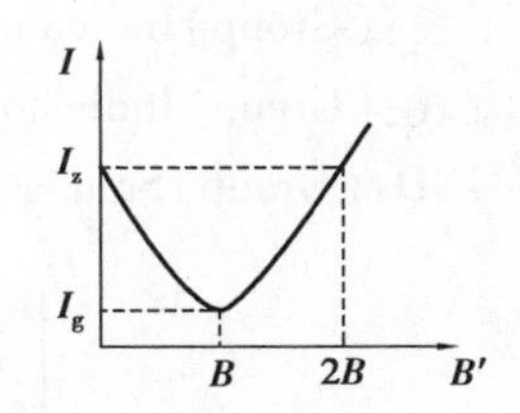

图 2.7.3　I-I'关系曲线

由以上分析可见，当 B 为容性元件时，对并联电容值 B' 无特殊要求，而当 B 为感性元件时，$B'<|2B|$ 才有判定为感性的意义。$B'>|2B|$ 时，电流单调上升，与 B 为容性时相同，并不能说明电路是感性的。因此 $B'<|2B|$ 是判断电路性质的可靠条件，由此得判定条件为

$$B'<\left|\frac{2B}{\omega}\right|$$

②将被测元件串联一个适当的实验电容，若被测阻抗的端电压下降，则判为容性，端电压上升则为感性，判定条件为

$$\frac{1}{\omega C'}<|2X|$$

式中，X 为被测阻抗的电抗值，C' 为串联实验电容值，此关系式可自行证明。

判断待测元件的性质，除借助上述实验电容 C' 测定法外，还可以利用该元件电流、电压间

的相位关系，若 I 超前于 U 则为容性，若 I 滞后于 U 则为感性。

3）RLC 串联电路与 GCL 并联电路

正弦交流电作用下的 RLC 串联电路，应用相量法，列 KVL 方程满足：

$$\dot{U}=\dot{U}_{\mathrm{R}}+\dot{U}_{\mathrm{L}}+\dot{U}_{\mathrm{C}}=\dot{I}\left[R+\mathrm{j}\left(\omega L-\frac{1}{\omega C}\right)\right]=Z\dot{I}$$

则 $Z=R+\mathrm{j}\left(\omega L-\dfrac{1}{\omega C}\right)=R+\mathrm{j}X=|Z|\angle\varphi$

其中，$|Z|=\sqrt{R^2+X^2}$，$\tan\varphi=\dfrac{X}{R}$。

正弦交流电作用下的 GCL 并联电路，应用相量法，列 KCL 方程满足：

$$\dot{I}=\dot{I}_{\mathrm{R}}+\dot{I}_{\mathrm{L}}+\dot{I}_{\mathrm{C}}=\dot{U}\left[G+\mathrm{j}\left(\omega C-\frac{1}{\omega L}\right)\right]=Y\dot{U}$$

则 $Y=G+\mathrm{j}\left(\omega C-\dfrac{1}{\omega L}\right)=G+\mathrm{j}B$。

2.7.3 仿真实验内容

1）单一元件参数测试

①打开 Multisim 14 软件，绘制如图 2.7.4 所示电路图。具体步骤为：单击分类图标，打开“Select a Component”窗口，选择需要的电阻、电源等元器件，放置到仿真工作区。

- 交流电源：(Group) Sourses→(Family) POWER_SOURSES→(Component) AC_POWER。
- 电阻：(Group) Basic→(Family) RESISTOR。
- 电压表：(Group) Indicators→(Family) VOLTIMETER。
- 电流表：(Group) Indicators→(Family) AMMETER。
- 地 GND：(Group) Sourses→(Family) POWER_SOURSES→(Component) GROUND。

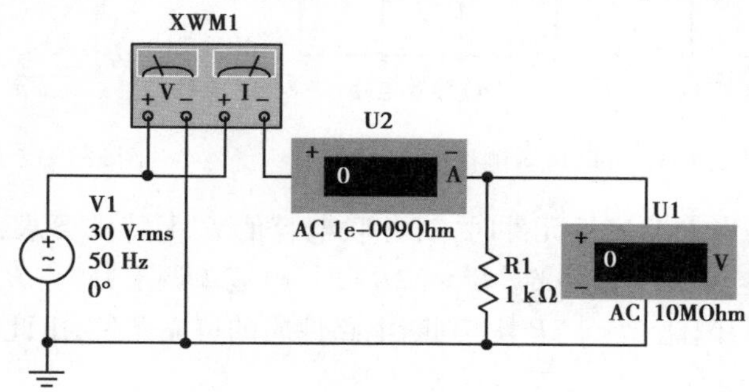

图 2.7.4　单一电阻元件参数测试电路图

②找到主页面竖排虚拟仪器图标，选择需要的虚拟仪器，如信号发生器（Function Generator）、功率表（Wattmeter）等。调整各元器件位置绘制电路。

③双击交流电源图标 V1，出现如图 2.7.5 所示属性对话框，在“Value”选项卡中修改元件参数，本例设置频率为 50 Hz，有效值（平均值）为 30 V。

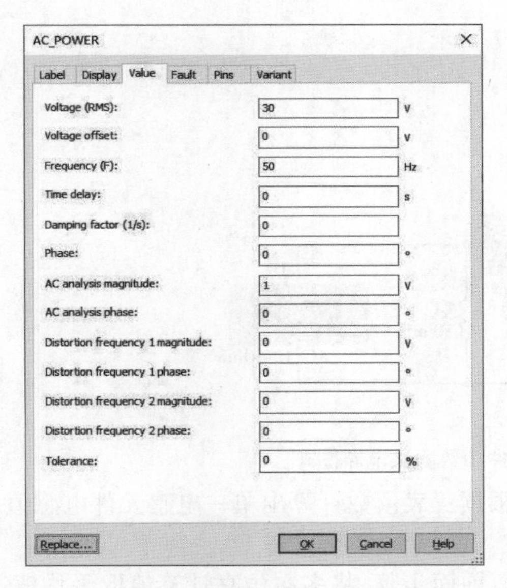

图 2.7.5 交流电源属性对话框图

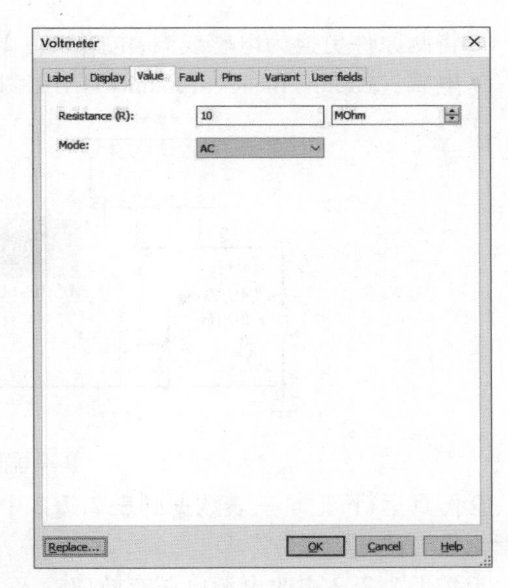

图 2.7.6 电压表属性对话框

④交流电源作用下,电路中的电压电流也是交流信号,因此电压表、电流表需设置为读取交流数据。双击电压表 U1 出现图 2.7.6 对话框,更改“Value”选项卡 Mode 为 AC,同理设置电流表读取模式为 AC。

⑤仿真运行,记录三表数据到表 2.7.1。根据三表读数计算出单一电阻元件阻值,与理论值对比。观察功率表读数,是否可以通过功率因数确定电路的性质?

⑥按表 2.7.1 更改电源电压有效值输入,重复以上步骤,将多次仿真计算值取平均值,与理论阻值对比,理解应用三表法测量单一电阻元件参数的测量方法。

⑦按表 2.7.1 将待测电阻更换为 12 V,25 W 的白炽灯,测量并计算单一白炽灯泡和 3 只白炽灯泡串联的电阻值,记录数据到表 2.7.1。

表 2.7.1 单一电阻元件参数测试数据记录表

被测元件	交流电源电压 V1	仿真测量值			仿真计算阻值 R/Ω	理论阻值 R/Ω
		电压表读数 U/V	电流表读数 I/V	功率表读数 P/mW		
电阻	30					
	40					
	50					
	平均值					
白炽灯 12 V,25 W	12 V					
3 只白炽灯串联						

⑧将测原件更换为电感线圈,电路如图 2.7.7 所示。

- 电感:(Group)Basic→(Family)INDUCTOR。

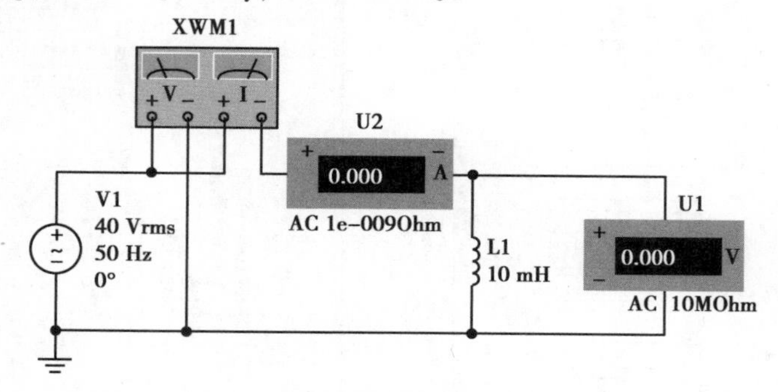

图 2.7.7　单一电感元件参数测试电路图

⑨仿真运行,记录三表数据到表 2.7.2 中。根据三表读数计算出单一电感元件电感值 L,与理论值对比。

⑩按表 2.7.2 更改电源电压有效值输入,重复前面步骤,将多次仿真计算值取平均值,与理论阻值对比,理解应用三表法测量单一电感元件参数的测量方法。

⑪若不知元件性质,参考实验原理部分,仿真验证电路为感性。

表 2.7.2　单一电感元件参数测试数据记录表

被测元件	交流电源电压 V1	仿真测量值			仿真计算值 L/mH	理论电感值 L/mH
		电压表读数 U/V	电流表读数 I/V	功率表读数 P/mW		
电感线圈	40					
	80					
	120					
		平均值				

⑫将待测原件更换为电容器,电路如图 2.7.8 所示。

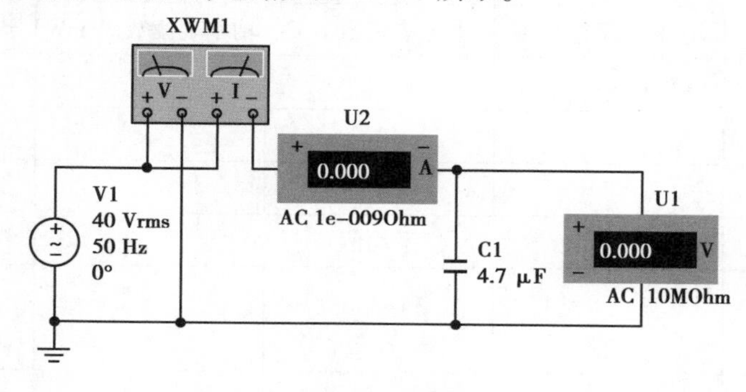

图 2.7.8　单一电容元件参数测试电路图

- 电容:(Group)Basic→(Family)CAPACITOR。

⑬仿真运行,记录三表数据到表 2.7.3 中。根据三表读数计算出单一电感元件电容值 C,与理论值对比。

⑭按表 2.7.3 更改电源电压有效值输入,重复步骤⑬,将多次仿真计算值取平均值,与理论阻值对比,理解应用三表法测量单一电容元件参数的测量方法。

⑮若不知元件性质,参考实验原理部分,仿真验证电路为容性。

表 2.7.3　单一电容元件参数测试数据记录表

被测元件	交流电源电压 V_1	仿真测量值			仿真计算值 C/μF	理论电容值 C/μF
		电压表读数 U/V	电流表读数 I/V	功率表读数 P/mW		
电容器	40					
	80					
	120					
		平均值				

2) RC 串联元件参数测试

①绘制如图 2.7.9 所示电路图,测量 RC 串联元件参数值,按表 2.7.4 更改电源电压有效值输入,仿真运行,记录数据到表 2.7.4 中。

②若不知元件性质,参考实验原理部分,仿真验证电路为容性。

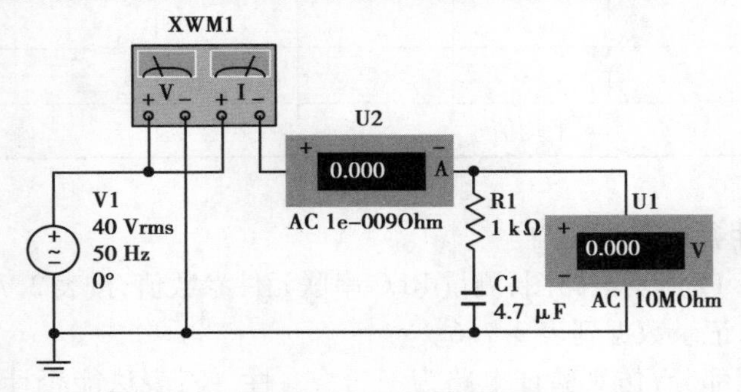

图 2.7.9　RC 串联元件参数测试电路图

表 2.7.4　RC 串联元件参数测试数据记录表

被测元件	交流电源电压 V1	仿真测量值			仿真计算阻值 R/Ω	仿真计算容值 C/μF	理论阻值 R/Ω	理论容值 C/μF
		电压表读数 U/V	电流表读数 I/V	功率表读数 P/mW				
RC 串联元件	40							
	80							
	120							
		平均值						

3) RL 串联元件参数测试

①绘制如图 2.7.10 所示电路图,测量 R_L 串联元件参数值,按表 2.7.5 更改电源电压有效值输入,仿真运行,记录数据到表 2.7.5 中。

②若不知元件性质,参考实验原理部分,仿真验证电路为感性。

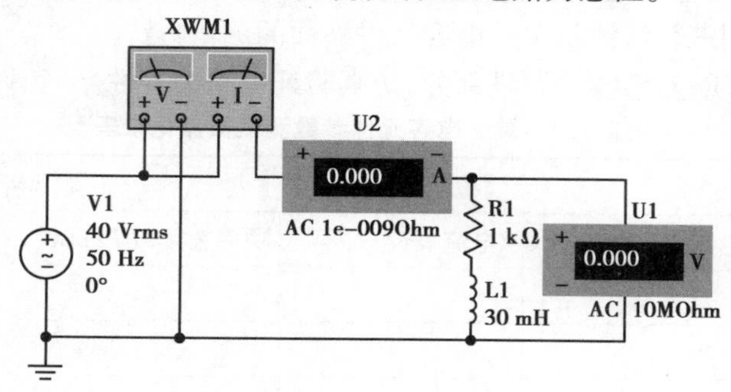

图 2.7.10　RL 串联元件参数测试电路图

表 2.7.5　RL 串联元件参数测试数据记录表

被测元件	交流电源电压 V1	仿真测量值			仿真计算阻值 R/Ω	仿真计算自感值 L/mH	理论阻值 R/Ω	理论自感值 L/mH
		电压表读数 U/V	电流表读数 I/V	功率表读数 P/mW				
RL 串联元件	40							
	80							
	120							
		平均值						

4) **RLC 串联元件参数测试**

①绘制如图 2.7.11 所示电路图,测量 RLC 串联元件参数值,按表 2.7.6 更改电源电压有效值输入,仿真运行,记录数据到表 2.7.6。

②参考实验原理部分,仿真验证电路为________性。三表法能否计算出电容与电感的值?自行设计电路仿真计算 L 和 C 的值,记录数据到表 2.7.6。

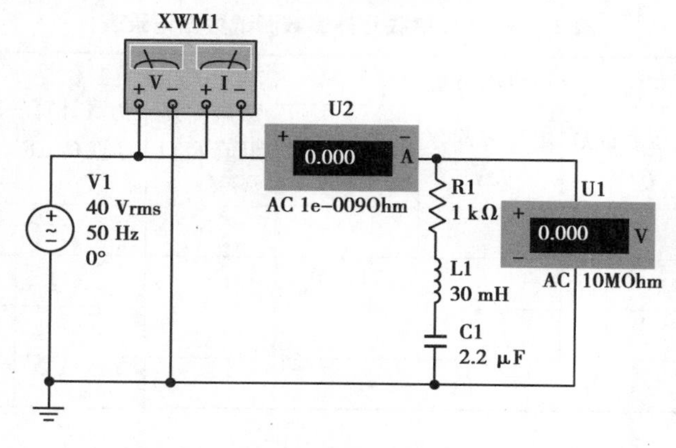

图 2.7.11　RLC 串联元件参数测试电路图

表 2.7.6 RLC 串联元件参数测试数据记录表

被测元件	交流电源电压 V1	仿真测量值			仿真计算阻值 R/Ω	仿真计算自感值 L/mH	仿真计算容值 $C/\mu\mathrm{F}$	理论阻值 R/Ω	理论自感值 L/mH	理论计算容值 $C/\mu\mathrm{F}$
		电压表读数 U/V	电流表读数 I/V	功率表读数 P/mW						
RLC 串联元件	40									
	80									
	120									
	平均值									

5) GCL 并联元件参数测试

①绘制如图 2.7.12 所示电路图，测量 GCL 串联元件参数值，按表 2.7.7 更改电源电压有效值输入，仿真运行，记录数据到表 2.7.7。

②参考实验原理部分，仿真验证电路为________性。三表法能否计算出电容与电感的值？自行设计电路仿真计算 L 和 C 的值，记录数据到表 2.7.7。

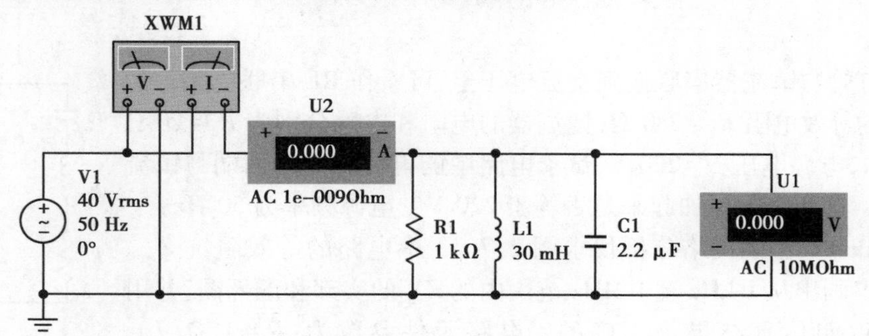

图 2.7.12 GCL 并联元件参数测试电路图

表 2.7.7 GCL 并联元件参数测试数据记录表

被测元件	交流电源电压 V1	仿真测量值			仿真计算阻值 R/Ω	仿真计算自感值 L/mH	仿真计算容值 $C/\mu\mathrm{F}$	理论阻值 R/Ω	理论自感值 L/mH	理论计算容值 $C/\mu\mathrm{F}$
		电压表读数 U/V	电流表读数 I/V	功率表读数 P/mW						
RLC 串联元件	40									
	80									
	120									
	平均值									

思考题

1. 用三表法测参数时,试用相量图来说明通过在被测元件两端并联小试验电容 C' 的方法可以判断被测元件的性质。如果改用一个电容为 C'' 与被测元件串联,还能判断出被测元件的性质吗？若不能,试说明理由;若能,试计算出此时电容 C'' 所应满足的条件。设被测元件的参数 R、$|X|$ 已经测得(X 未知正负)。

2. 在仿真测量单一电感和电容元件时,功率表的读数是否为零？实验室测量单一电感和电容元件时,它们的功率表读数一样吗？为什么？

3. 在 50 Hz 的交流电路中,测得一只铁芯线圈的 P、I 和 U,如何算得它的阻值及电感量？

4. 通过按比例画出的相量图,思考在 RLC 串联和 GCL 并联时如何验证基尔霍夫定律。

5. 对于某元件阻抗的虚部 X,如何根据 X 的取值确定电路的性质？对于某元件导纳的虚部 B,如何根据 B 的取值确定电路的性质？

名人简介：赫兹

练一练

1. 日光灯管与镇流器串联接到交流电压上,可看作 RL 串联电路。如已知某灯管的等效电阻 $R_1=280\ \Omega$,镇流器的电阻和电感分别为 $R_2=20\ \Omega$ 和 $L=1.65$ H,电源电压 $U=220$ V,试求电路中的电流和灯管两端与镇流器上的电压。这两个电压加起来是否等于 220 V？电源频率为 50 Hz。

2. 用 Multisim 中的网络分析仪求图 2.7.13 中电路的等效阻抗 Z_{eq}。用网络分析仪画出从 1 kHz 至 1 MHz 范围内的 Z_{eq} 的实部和虚部图,并用手工计算来说明仿真结果是正确的。电路元件参数为:$R=1\ \Omega$,$L=180\ \mu$H,$C=1\ \mu$F。

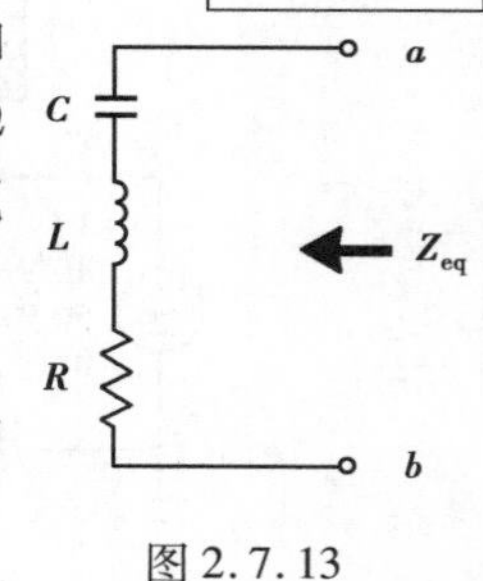

图 2.7.13

2.8 正弦稳态交流电路相量的研究

2.8.1 实验目的

实验2.8 正弦稳态交流电路相量的研究

知识目标:

①研究正弦稳态交流电路中电压、电流相量之间的关系。

②通过 U、I、P 的测量计算交流电路的参数。

③了解日光灯电路的组成、工作原理,掌握日光灯线路的接线。

④理解改善电路功率因数的意义并掌握此方法。

能力目标:

①进一步学会用功率表测量交流功率。

②能够应用 Multisim 14 软件仿真验证交流电路中相量形式的基尔霍夫定律、伏安关系、提高功率因数的方法。

素质目标：

①启发学生用数学思维模式描述工程问题。

②培养学生的科学素养和钻研精神。

2.8.2　实验原理

在单相正弦交流电路中，用交流电流表测得各支路的电流值，用交流电压表测得回路各元件两端的电压值，它们之间的关系满足相量形式的基尔霍夫定律，即

$$\sum \dot{I}=0 \text{ 和 } \sum \dot{U}=0$$

如图 2.8.1 所示的 RC 串联电路，在正弦稳态信号 U 的激励下，U_R 与 U_C 保持有 90°的相位差，即当阻值 R 改变时，U_R 的相量轨迹是一个半圆，U、U_C、U_R 三者形成一个直角形的电压三角形。R 值改变时，可改变 φ 角的大小，从而达到移相的目的。

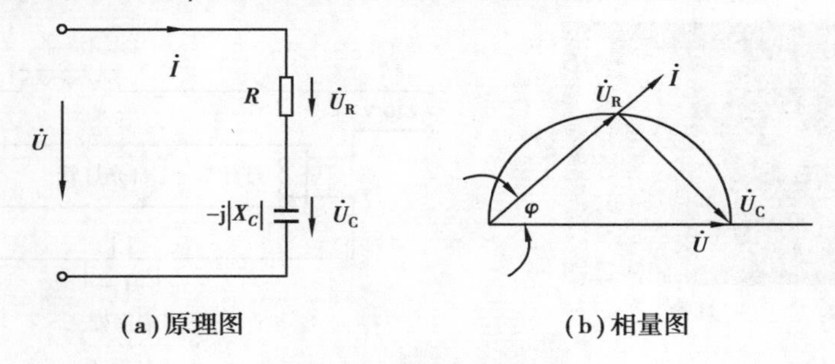

图 2.8.1　RC 串联电路和相量图

1)功率因数的提高

供电系统的功率因数取决于负载的性质，例如白炽灯、电烙铁、电熨斗、电炉等用电设备，都可以看作纯电阻负载，它们的功率因数为 1，但在工农业生产和日常生活中广泛应用的异步电动机、感应炉和日光灯等用电设备都属于感性负载，它们的功率因数小于 1。

感性负载的电流 I 滞后负载的电压 U 一个 φ 角度，负载吸收的功率为

$$P=UI\cos\varphi$$

如果负载的端电压恒定，功率因数越低，线路上的电流越大，输电线损耗越大，传输效率越低，发电机容量得不到充分利用。所以，提高输电线路系统的功率因数是很有意义的。

如何提高功率因数？工程上常利用电感、电容无功功率的互补特性，通过在感性的负载端并联电容来提高电路的功率因数。图 2.8.2(a)所示电感线圈与电容并联电路，接入电容后，未改变原电感线圈的工作状态，而利用电容发出的无功功率，部分补偿感性负载所吸收的无功功率，从而减轻了电源和传输系统无功功率的负担。假定功率因数从 $\cos\varphi$ 提高到 $\cos\varphi_1$，所需并联电容器的电容值可按下式计算：

$$C=\frac{P}{\omega U^2}(\tan\varphi-\tan\varphi_1)$$

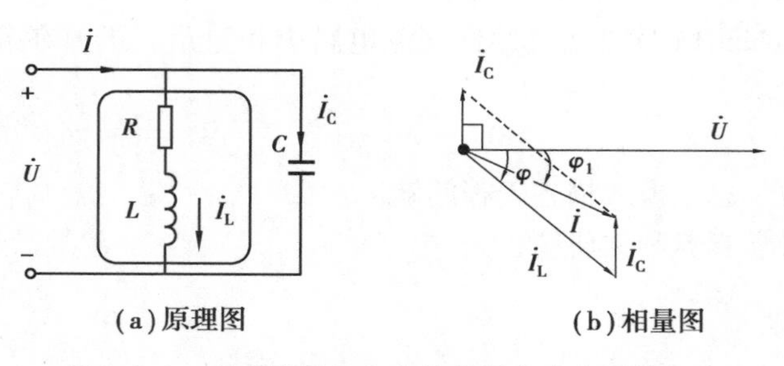

图 2.8.2　电感线圈与电容并联提高功率因数电路

2)日光灯的组成及工作原理

日光灯电路图如图 2.8.3 所示,由灯管、镇流器和启辉器组成。日光灯是一种气体放电管,当管端电极间加以高压后,电极发射的电子能使汞气电离产生辉光,辉光中的紫外线射到管壁的荧光粉上,使其受到激励而发光。日光灯在高压下才能发生辉光放电,在低压下(如 220 V)使用时,必须装有启动装置产生瞬时高压。

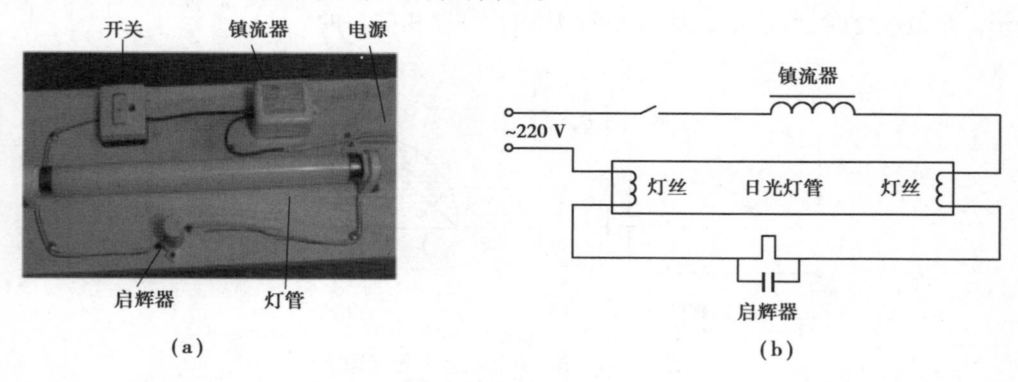

图 2.8.3　日光灯电路图

启动装置包括启辉器及镇流线圈。启辉器是一个含有氖气的小玻璃泡,泡内有两个相距很近的电极,电极之一是由两片热膨胀系数相差很大的金属黏合而成的金属片。当接通电源时,泡内气体发生辉光放电,双金属片受热膨胀而弯曲,与另一电极碰接,辉光随之熄灭,待冷却后,两个电极立即分开。电路的突然断开,使镇流线圈产生一个很高的感应电压,此电压与电源电压叠加后足以使日光灯发生辉光放电而发光。镇流线圈在日光灯启动后起到降低灯管的端电压并限制其电流的作用。由于这个线圈的存在,日光灯是一个感性负载。由于气体放电的非线性以及铁芯线圈的非线性,严格地说,日光灯负载为非线性负载。

日光灯点亮后,日光灯等效电路如图 2.8.4 所示。灯管点亮后两端的工作电压很低,20 W 的日光灯工作电压约为 60 V,40 W 的日光灯约为 100 V,可以认为是一个电阻负载,即图 2.8.5 中的电阻 R_1。在此低压下,辉光启动器不再起作用。而镇流器是一个铁芯线圈,电源电压大部分降在镇流器线圈上,此时镇流器起到降低灯管的端电压并限制其电流的作用,可以认为是一个电感较大的感性负载,二者串联构成一个感性电路,即图 2.8.4 中的 R_2 和电感 L 的串联。

由于日光灯电路的功率因数较低,大概只有 0.4 左右,为提高功率因数,可在电路两端并联一个适当大小的电容,如图 2.8.5 所示。

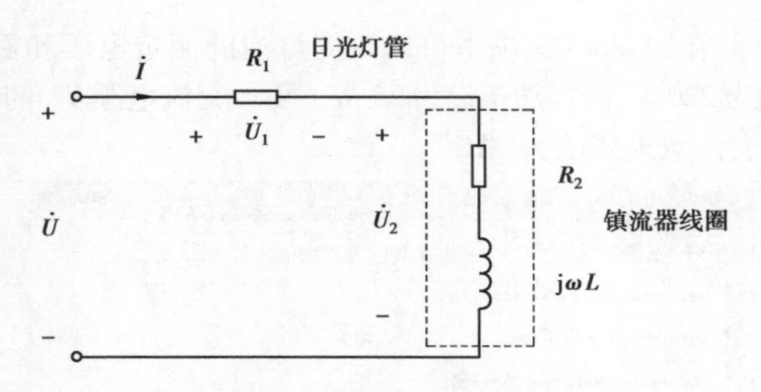

图 2.8.4　日光灯点亮后的等效电路图

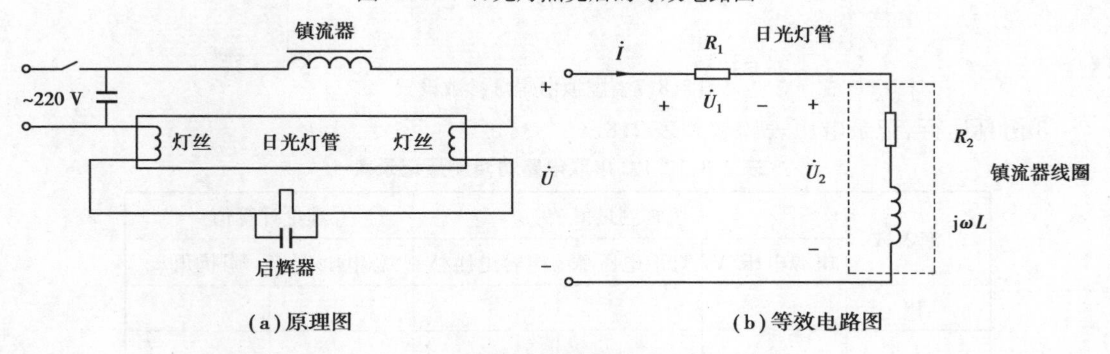

图 2.8.5　提高功率因数的日光灯电路图

2.8.3　仿真实验内容

1)动态元件的伏安关系(验证电压三角形关系)

①打开 Multisim 14 软件,绘制如图 2.8.6 所示电路图。具体步骤为:单击分类图标,打开“Select a Component”窗口,选择需要的白炽灯、电源等元器件,放置到仿真工作区。

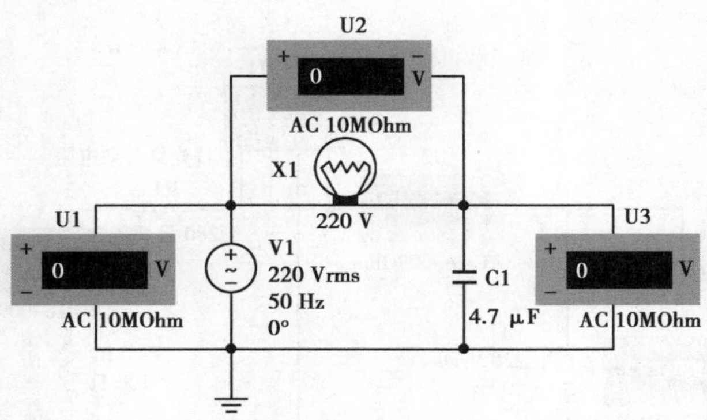

图 2.8.6　RC 串联仿真电路图

- 交流电源:(Group)Sourses→(Family)POWER_SOURSES→(Component)AC_POWER。
- 白炽灯:(Group)Indicators→(Family)VIRTUAL_LAMP。
- 电容:(Group)Basic→(Family)CAPACITOR。
- 电压表:(Group)Indicators→(Family)VOLTIMETER。
- 地 GND:(Group)Sourses→(Family)POWER_SOURSES→(Component)GROUND。

②双击白炽灯图标，在“Value”选项卡可以改变灯泡的额定电压和额定功率，如图 2.8.7 所示，将其额定电压设为 220 V，额定功率设为 25 W。更改交流电源 V1 的电压平均值为 220 V，频率为 50 Hz；将电压表读数模式改为“AC”。

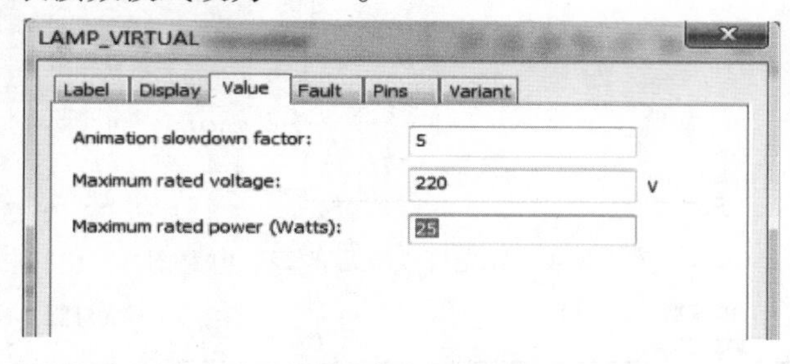

图 2.8.7 虚拟白炽灯参数设置

③仿真运行，记录电压表读数到表 2.8.1。

表 2.8.1 RC 串联电路仿真测量记录表

灯泡盏数	仿真测量值			理论计算值	
	电源电压/V	灯泡电压/V	电容电压/V	总电压/V	阻抗角 φ
1					
2					

④将图 2.8.6 中灯泡盏数改为 2 盏串联，仿真运行，记录电压表读数到表 2.8.1。

⑤用示波器观察灯泡与电容上电压的波形，观察记录相位差值，与理论分析与计算值比较，理解交流电路中相量形式的基尔霍夫定律和伏安关系。

2）功率因数的改善

①打开 Multisim 14 软件，按照日光灯点亮后的原理图 2.8.4 绘制如图 2.8.8 所示电路图。

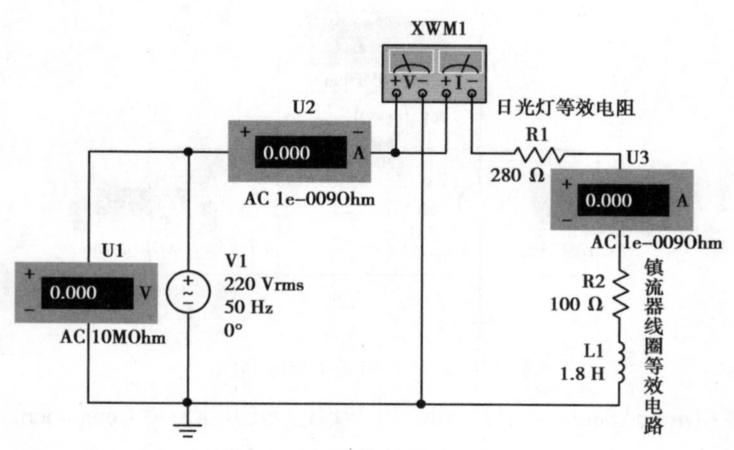

图 2.8.8 日光灯等效电路仿真

- 电阻：(Group) Basic→(Family) RESISTOR。
- 电感：(Group) Basic→(Family) INDUCTOR。

● 电流表：(Group) Indicators→(Family) AMMETER。

②找到主页面竖排虚拟仪器图标，单击选择需要的虚拟仪器，如功率表(Wattmeter)、双通道示波器(Oscilloscope)等。改变电压表与电流表的测量模式为“AC”，调整各元器件位置绘制电路。

③仿真运行电路，双击功率表，记录数据到表 2.8.2。

表 2.8.2 改善功率因数的仿真实验记录

$C/\mu F$	仿真数据					理论计算值
	功率表 P/W	功率表 $\cos\varphi$	电流表 U_2/mA	电流表 U_3/mA	电流表 U_4/mA	总电流 I/mA
0(未接电容)						
1						
2						
3						
4						
5						
6						
7						
8						

④为提高功率因数，不改变原日光灯的工作状态，对感性负载并联电容，如图 2.8.9 所示。

⑤仿真运行图 2.8.9 所示电路，记录数据到表 2.8.2。

⑥双击电容 C1，按表 2.8.2 修改并联电容的容值。仿真运行，记录不同容值时的仿真数据。

⑦根据表 2.8.2 测量值，通过 Excel 软件，绘制总电流(U2 表的读数)随并联电容值大小变化的关系曲线 $I=f(C)$ 和功率因数随并联电容值大小变化的关系曲线 $\cos\varphi=f(C)$。

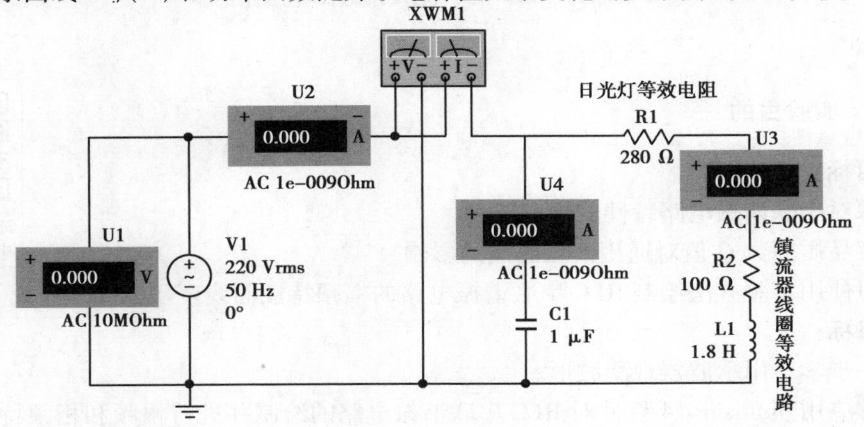

图 2.8.9 并联电容提高功率因数的日光灯等效电路仿真

思考题

1. 在日常生活中,当日光灯上缺少了启辉器时,人们常用一根导线将启辉器的两端短接一下,将日光灯点亮。或用一只启辉器去点亮多盏同类的日光灯,这是为什么?

2. 为什么要提高功率因数?

3. 对感性负载提高电路的功率因数为什么多采用并联电容器法,而不用串联法?并联的电容器是否越大越好?

4. 分析功率因数变化对负载的影响。

5. 对于容性负载,如何提高功率因数?

名人简介:查尔斯·普洛斯特·斯坦梅茨

练一练

电路如图 2.8.10 所示,用 Multisim 工具或任意分析方法,求出电路中每一节点电压的幅值与相位。

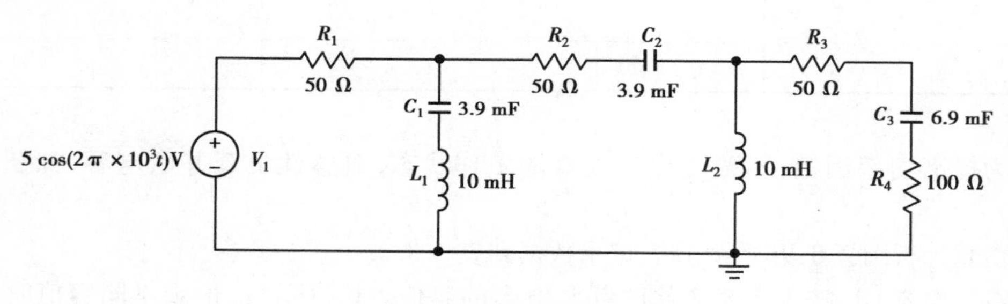

图 2.8.10　相量法分析练习

2.9　RLC 串联谐振电路

2.9.1　实验目的

实验2.9　RLC 串联谐振电路

知识目标:

①加深对串联谐振电路特性的理解。

②了解品质因数 Q 值对通用谐振曲线的影响。

③学习使用实验方法绘制 RLC 串联谐振电路的幅频特性曲线。

能力目标:

①进一步学会用示波器观测波形。

②能够应用 Multisim 14 软件对 RLC 串联谐振电路的绘制并进行幅频和相频特性曲线的测量仿真。

素质目标：

①启发学生用数学思维模式描述工程问题。

②培养学生树立严谨求实的科研风气。

2.9.2 实验原理

1) RLC 串联电路的特性

RLC 串联电路如图 2.9.1 所示，阻抗 Z 是电源角频率的函数，即

$$Z=R+\mathrm{j}\left(\omega L-\frac{1}{\omega C}\right)=|Z|\angle\varphi$$

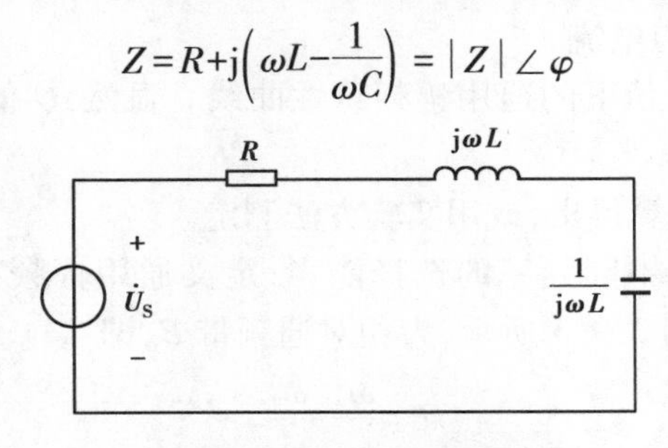

图 2.9.1 RLC 串联谐振电路

当 $\omega L-\frac{1}{\omega C}=0$ 时，电路处于串联谐振状态，谐振角频率为 $\omega_0=\frac{1}{\sqrt{LC}}$，谐振频率为 $f_0=\frac{1}{2\pi\sqrt{LC}}$。显然，谐振频率仅与元件电感 L、电容 C 的数值有关，而与电阻 R 和激励电源的角频率 ω 无关。当 $\omega<\omega_0$ 时，电路呈容性，阻抗角 $\varphi<0$；当 $\omega>\omega_0$ 时，电路呈感性，阻抗角 $\varphi>0$。

2) 电路处于谐振状态时的特性

①由于回路总电抗 $X_0=\omega_0L-\frac{1}{\omega_0C}=0$，因此谐振时阻抗 $|Z|=\sqrt{R^2+X_0^2}=R$ 为最小，整个回路相当于一个纯电阻电路，激励电源的电压与回路的响应电流同相位。

②由于谐振时 ω_0L 与 $\frac{1}{\omega_0C}$ 相等，所以电感上的电压 U_L 与电容上的电压 U_C 数值相等，相位相反（相差 180°）。电感上的电压（或电容上的电压）与激励电压之比称为品质因数 Q，即

$$Q=\frac{U_L}{U_S}=\frac{U_C}{U_S}=\frac{\omega_0L}{R}=\frac{\frac{1}{\omega_0C}}{R}=\frac{\sqrt{\frac{L}{C}}}{R}$$

在电感 L 和电容 C 为定值的条件下，Q 值仅仅决定于回路电阻 R 的大小。

③在激励电压不变的情况下，谐振回路中的电流具有最大值，值为 $I_0=\frac{U_S}{R}$。

3) 串联谐振电路的频率特性

①回路的响应电流与激励电源的角频率之间的关系称为电流的幅频特性，表达式为

$$I(\omega)=\frac{U_s}{\sqrt{R^2+\left(\omega L-\frac{1}{\omega C}\right)^2}}=\frac{U_s}{R\sqrt{1+Q^2\left(\frac{\omega}{\omega_0}-\frac{\omega_0}{\omega}\right)^2}}$$

当电路的 L 和 C 保持不变，改变 R 的大小，可以得出不同 Q 值时电流的幅频特性曲线，如

图 2.9.2 所示。显然，Q 值越高，曲线越尖锐，电路的选择性越高，由此也可以看出 Q 值的重要性。

为了反映一般情况，通常研究电流比 I/I_0 与角频率比 ω/ω_0 之间的函数关系，即所谓通用幅频特性。其表达式为：

$$\frac{I}{I_0}=\frac{1}{\sqrt{1+Q^2\left(\frac{\omega}{\omega_0}-\frac{\omega_0}{\omega}\right)^2}}$$

式中，I_0 为谐振时的回路响应电流。

图 2.9.3 画出了不同 Q 值下的通用幅频特性曲线。显然，Q 值越高，在一定的频率偏移下，电流比下降得越厉害。

幅频特性曲线可以由计算得出，或用实验方法测定。

②为了衡量谐振电路对不同频率的选择能力，定义通用幅频特性中幅值下降至峰值的 0.707 倍时的频率范围，如图 2.9.3 所示，为相对通频带 B，即

$$B=\frac{\omega_2}{\omega_0}-\frac{\omega_1}{\omega_0}$$

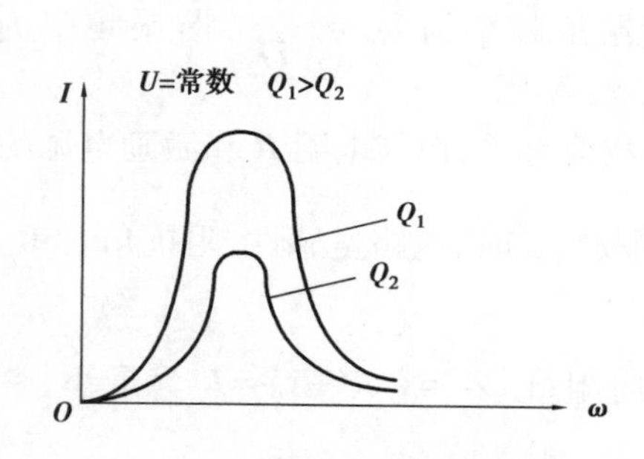

图 2.9.2 不同 Q 值时的电流幅频特性

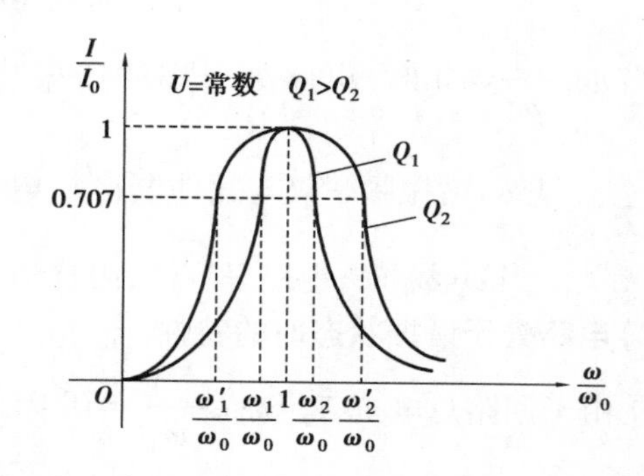

图 2.9.3 通用幅频特性曲线图

工程上对 ω_1、ω_2 常另有称谓，如 3dB 点、半功率点（因为此时电阻上的功耗等于谐振时电阻功率的一半）。显然，Q 值越高，相对通频带越窄，电路的选择性越好。如果测出 ω_2、ω_1、ω_0，可得电路的品质因数 Q，即

$$Q=\frac{1}{\frac{\omega_2}{\omega_0}-\frac{\omega_1}{\omega_0}}$$

③激励电压和回路响应电流的相角差 φ 与激励源角频率 ω 的关系称为相频特性，它可以由公式

$$\varphi(\omega)=\arctan\frac{\omega L-\frac{1}{\omega C}}{R}$$

计算得出或由实验测定。相角 φ 与 $\frac{\omega}{\omega_0}$ 的关系称为通用相频特性，如图 2.9.4 所示。谐振电路的幅频特性和相频特性是衡量电路特性的重要标志。

④串联谐振电路中的电感电压和电容电压

电感两端的电压 U_L 为

$$U_L=\omega LI=\frac{\omega LU_S}{\sqrt{R^2+\left(\omega L-\frac{1}{\omega C}\right)^2}}$$

电容两端的电压 U_C 为

$$U_C=\frac{1}{\omega C}I=\frac{U_S}{\omega C\sqrt{R^2+\left(\omega L-\frac{1}{\omega C}\right)^2}}$$

显然,U_L 和 U_C 都是激励电源角频率 ω 的函数,$U_L(\omega)$ 和 $U_C(\omega)$ 曲线如图 2.9.5 所示。当 $Q>0.707$ 时,U_C 和 U_L 才能出现峰值,并且 U_C 的峰值出现在 $\omega=\omega_C<\omega_0$ 处,U_L 的峰值出现在 $\omega=\omega_L>\omega_0$ 处。Q 值越高,峰值出现处离 ω_0 越近。

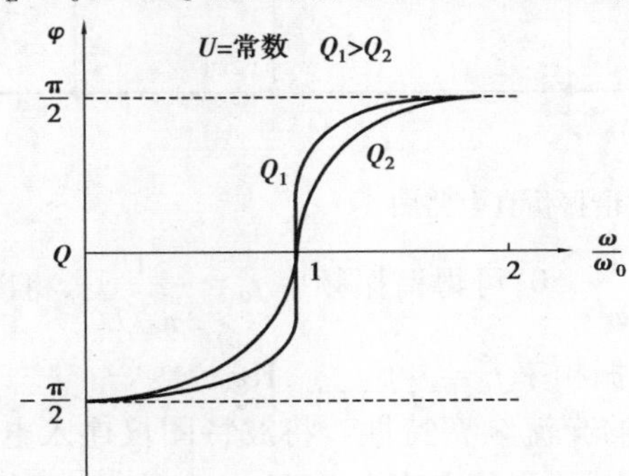

图 2.9.4　通用相频特性

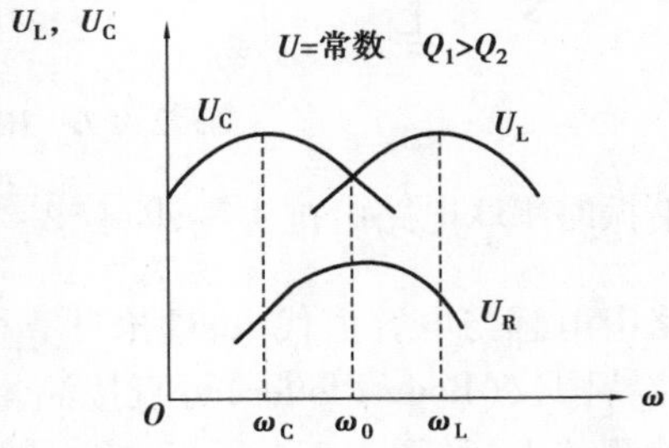

图 2.9.5　RLC 串联电路的 $U_L(\omega)$ 和 $U_C(\omega)$ 曲线

2.9.3　仿真实验内容

①打开 Multisim 14 软件,绘制如图 2.9.6 所示电路图。具体步骤为:单击分类图标,打开“Select a Component”窗口,选择需要的电阻、电容等元器件,放置到仿真工作区,连接元器件。

- 电阻:(Group)Indicators→(Family)RESISTOR。
- 电容:(Group)Basic→(Family)CAPACITOR。
- 电感:(Group)Basic→(Family)INDUCTOR。
- 交流电源:(Group)Sourses→(Family)POWER_SOURSES→(Component)AC_POWER。
- 电流表:(Group)Indicators→(Family)AMMETER。
- 电压表:(Group)Indicators→(Family)VOLTIMETER。
- 地 GND:(Group)Sourses→(Family)POWER_SOURSES→(Component)GROUND。

②双击交流电压源,在属性对话框中选择频率为 50 Hz,值为 5 V。选择在串联回路中串入电流表测量总电流,并入电压表测量电阻、电感和电容两端电压。分别双击电流表和电压表,在属性对话框中选择“AC”,测量交流电流、电压有效值。

③找到主页面竖排虚拟仪器图标,单击选择需要的虚拟仪器,如双通道示波器(Oscilloscope)、波特图仪(Bode Plotter)等。调整各元器件位置绘制电路。

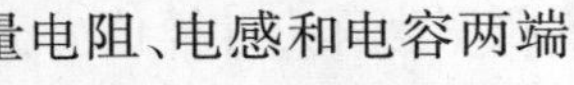

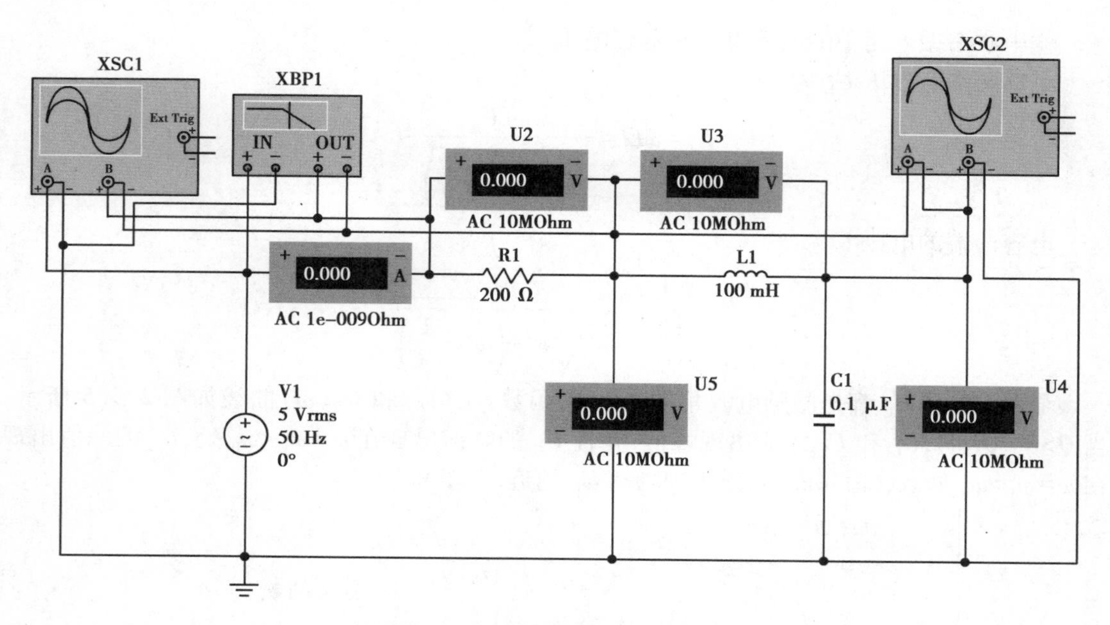

图 2.9.6　RLC 串联谐振仿真电路图

④谐振时串联电路电抗为零，即有 $X=\omega_0 L-\dfrac{1}{\omega_0 C}=0$，可得谐振频率 $f_0=\dfrac{1}{2\pi\sqrt{LC}}$，将图 2.9.6 所示电路中电感与电容值代入，理论计算得到谐振频率 $f_0=$________ Hz。

⑤波特图仪(Bode Plotter)可直接测量电路的交流频率特性。将波特图仪连入电路的输入端与被测节点，如图 2.9.6 所示，输入端连入 IN，被测节点连入 OUT，仿真运行，可直接观察测量电路的幅频特性与相频特性，如图 2.9.7 所示。

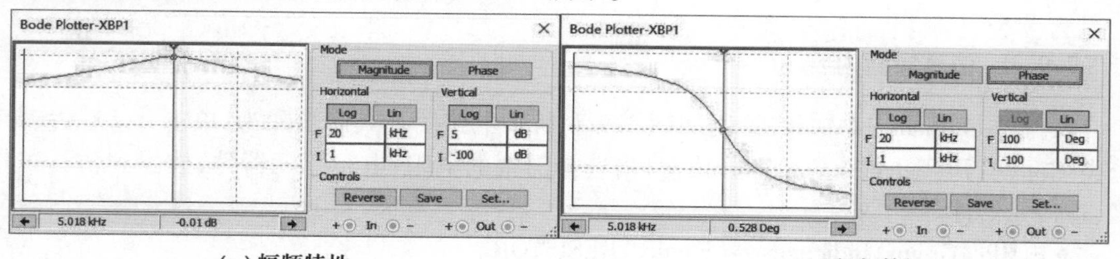

(a)幅频特性　　　　(b)相频特性

图 2.9.7　波特图仪测量结果

⑥移动游标至幅频特性曲线的最高点，读取此点对应频率；移动游标至相频特性曲线的中间点，读取此点对应频率；对比两点频率值，即为仿真测量谐振频率值，与步骤④中的理论计算数值对比。

⑦-3dB 移动光标到半功率点(-3dB 处)，如图 2.9.8 所示，记录幅频特性曲线上的下界频率 f_L 约为________ Hz 和上界频率 f_H 约为________ Hz，通频带 BW 约为________。

⑧双击交流电压源 V1，设置频率为理论计算值 f_0。仿真运行电路，观察电阻两端的电压表 U2 的读数是否接近电压有效值 5 V，电感两端电压表 U3 读数和电容两端电压表 U4 读数是否相等，判断电路是否发生谐振。适当在理论值左右小幅调整谐振频率(可根据波特图仪测量结果调整)，使得电阻上电压尽可能接近电源电压，记录数据到表 2.9.1。

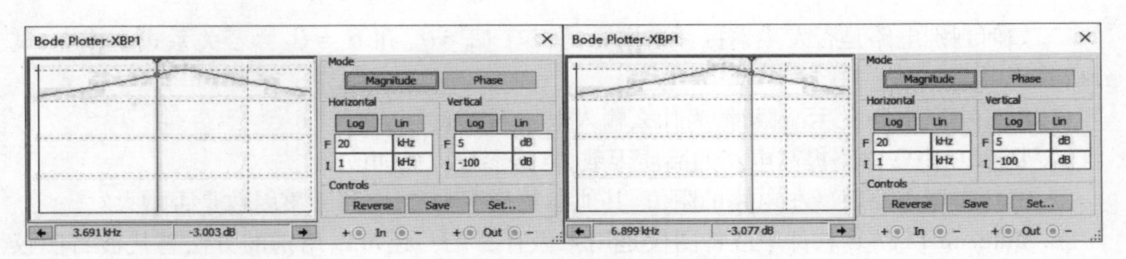

图 2.9.8　半功率点处频率测量

⑨双击示波器 XSC1 和 XSC2，观察 $u_s(t)$ 和 $u_R(t)$、$u_L(t)$ 和 $u_C(t)$ 的波形，得到它们相位之间的关系，验证理论分析。

⑩在谐振点两侧左右各选择 5 个测量点，一定包含下界频率 f_L 和上界频率 f_H，取值参考步骤⑦，依次逐点仿真运行电路，测出 I、U_R、U_C 和 U_L 的值，记录数据到表 2.9.1。

⑪根据表 2.9.1 数据，计算此时电路的品质因数 Q_1 =________。

⑫改变电阻值为 510 Ω，重复步骤③～⑥，记录数据到表 2.9.2。

⑬根据表 2.9.2 数据，计算此时电路的品质因数 Q_2 =________。

⑭根据表 2.9.1 和表 2.9.2 数据，分别画出不同阻值下的电流幅频特性 $I(\omega)$，观察不同阻值下曲线的不同，结合品质因数 Q_1 和 Q_2 的取值，得出阻值不同对电流与 Q 的影响。

表 2.9.1　RLC 串联电路仿真数据记录表（R=200 Ω）

f/kHz			f_L =			f_0 =			f_H =		
I/mA											
U_R/V			0.707max			max			0.707max		
U_C/V				max							
U_L/V		max									

表 2.9.2　RLC 串联电路仿真数据记录表（R=510 Ω）

f/kHz			f_L =			f_0 =			f_H =		
I/mA											
U_R/V			0.707max			max			0.707max		
U_C/V				max							
U_L/V		max									

⑮若电源频率一定，则需要调整 L 或 C 的值使电路发生谐振。自己设定电源频率，然后选择合适的 L 和 C 的值，使电路发生谐振，理解收音机的工作原理。

思考题

1. 改变电路的哪些参数可以使电路发生谐振，电路中 R 的数值是否影响谐振频率值？

2. 如何判别电路是否发生谐振？谐振时是否有 $U_R = U_S$ 和 $U_L = U_C$？若关系式不成立，试分析其原因。

3. RLC 串联电路发生谐振时，为什么输入电压不能太大？

4. 要 RLC 串联电路提高电路的品质因数，电路参数应如何改变？

5. RLC 串联电路仅减小电路的阻值，其他参数均不改变，电路品质因数是否增大？

6. Multisim 14 仿真软件中波特图仪是用来做什么的？还可以用别的方法替代波特图仪完成对交流电路的分析吗？

名人简介：亚历山大·格雷厄姆·贝尔

练一练

电路如图 2.9.9 所示。

1. 用开路/短路法求端口（A，B）的戴维南等效电路。将戴维南等效阻抗表示为电阻与电抗元件（电容或电感）的串联，并求等效电路中所有元件的值。正弦电源的幅值是 3.0 V，频率是 500 Hz。

2. 将电源频率增加到 1 100 Hz，重做第 1 题。

3. 随着不同的电源频率，电路看起来“改变了个性”吗？

4. 求电路发生谐振时的电源频率。电路元件参数为：$R_1 = 90\ \Omega$，$R_2 = 100\ \Omega$，$C = 1.0\ \mu F$，$L = 33\ mH$。

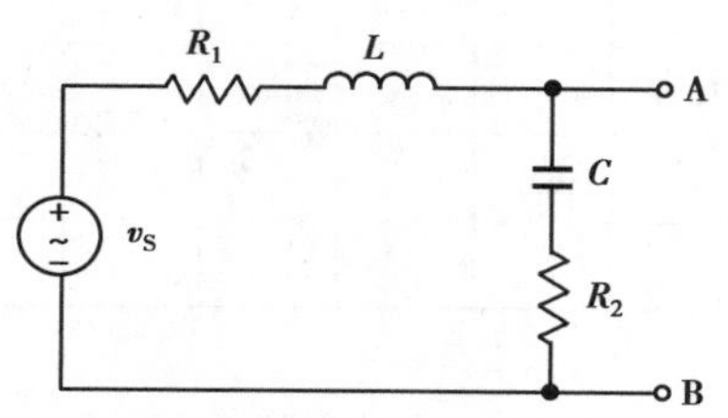

图 2.9.9 RLC 串联谐振练习

2.10 互感与单相理想变压器实验

实验2.10 互感与单相理想变压器

2.10.1 实验目的

知识目标：

①观察交流电路的互感现象，学习用实验的方法测定互感电路同名端、互感电路互感系数和耦合系数。

②通过实验确定单相理想变压器的参数、运行特性。

能力目标：

①掌握应用 Multisim 14 软件观察互感电路，测定互感电路同名端、互感系数和耦合系数的方法。

②掌握应用 Multisim 14 软件验证理想变压器变压、变流、变阻抗的性质。

③掌握应用 Multisim 14 软件验证理想变压器传递功率的特性、验证最大功率传输定理。

素质目标:

①启发学生用数学思维模式描述工程问题。

②培养学生的科学素养。

2.10.2 实验原理

1)互感

(1)交流电路中的互感系数

两个具有磁耦合的线圈之间的互感系数 M 与这两个线圈的结构、相互位置、周围磁介质及线圈中的导磁媒质的磁导率有关。通过图 2.10.1 所示电路可以观察两个具有磁耦合线圈之间的互感现象。

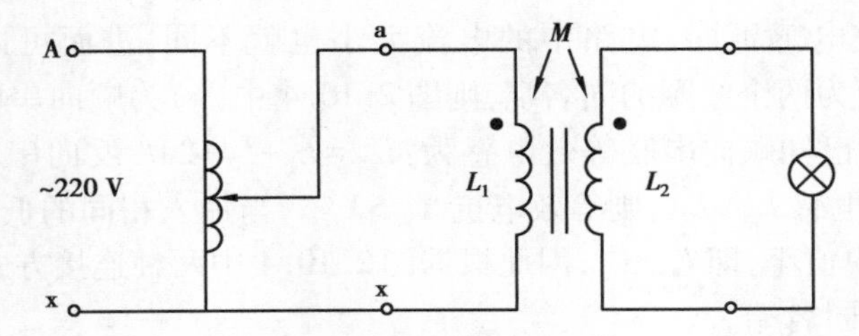

图 2.10.1 互感现象电路

当两线圈的几何轴线成正交关系时,互感较小。当两线圈的几何轴线成平行关系时,互感较大。另外,两线圈之间距离的近或远也会影响互感系数 M 的大小。

(2)判断互感线圈同名端的方法

判别耦合线圈的同名端在理论分析和工程实际中都具有很重要的意义。例如:变压器、电动机的各相绕组、LC 振荡电路中的振荡线圈等都要根据同名端的极性进行连接。实际应用中对于具有磁耦合关系的线圈,若其绕向和相互位置都无法判别时,可以根据同名端的定义,用实验的方法加以确定。确定两个互感线圈的同名端的实验方法很多,可视具体条件加以选择。

①直流通断法。如图 2.10.2 所示,当开关 S 闭合瞬间,若毫安表的指针正偏,则可断定"1""3"为同名端;指针反偏,则"1""4"为同名端。

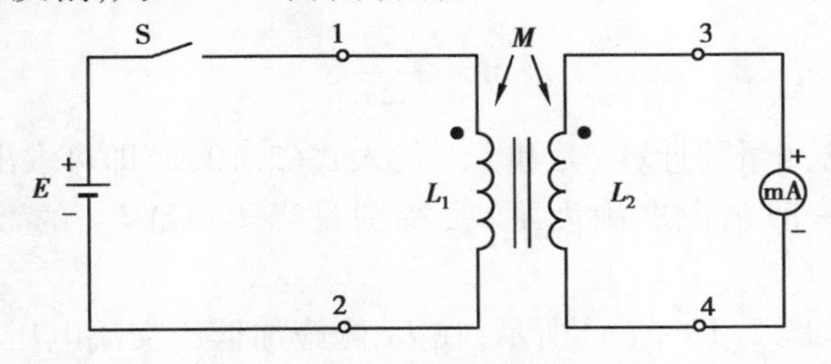

图 2.10.2 直流通断法确定同名端电路图

②交流电压比较法。交流电压法确定同名端电路图如图 2.10.3(a)所示,测量举例如图(b)所示。将两个线圈 L_1 和 L_2 的任意两端(如 2、4 端)连在一起,在其中一个线圈(如 L_1)两端加一个低压交流电压并串入限流电阻 R,另一个线圈(如 L_2)开路,用电压表交流电压挡分

别测出端电压 U_{13}、U_{12} 和 U_{34}。若 U_{13} 是两个绕组端电压之差,则1、3是同名端;若 U_{13} 是两绕组端电压之和,则1、3是异名端。

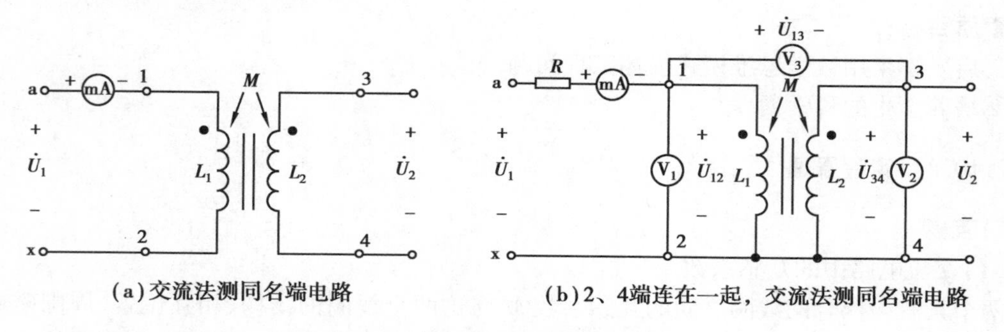

图2.10.3 交流电压法确定同名端电路图

③等效电感法。将两个自感系数分别为 L_1 和 L_2、互感系数为 M 的线圈串联在一起,顺向串联和反向串联等效电感不同,电路中的电流大小也就不同,进而可以判断同名端,如图2.10.4所示。设1、3为两个线圈的同名端,则图2.10.4中(a)为顺向串联,(b)为反向串联,电阻 R 为限流电阻。已知顺向串联等效电感为:$L_{顺}=L_1+L_2+2M$,反向串联等效电感为:$L_{顺}=L_1+L_2-2M$,显然等效电感 $L_{顺}>L_{反}$,则等效电抗 $X_{顺}>X_{反}$。当加入相同的低压交流电压时,等效阻抗模值大的,电流模值小,即 $I_{顺}<I_{反}$,因此根据图2.10.4中两种连接方式中电流表的读数可以判别出两个线圈的同名端。

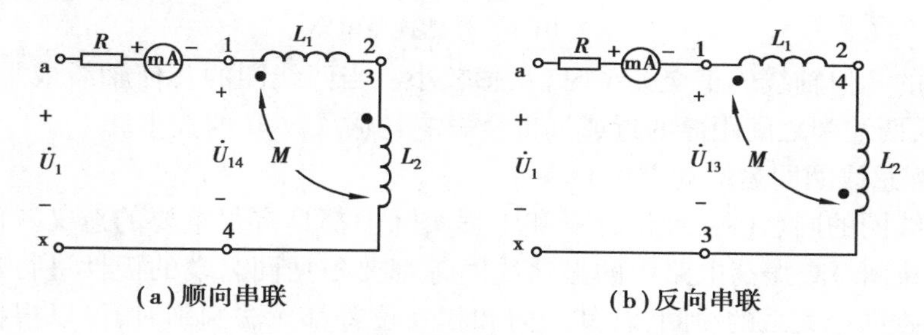

图2.10.4 等效电感法确定同名端电路图

(3)互感系数 M 的测量方法

①等效电感法。电路如图2.10.4所示,由顺向串联和反向串联的等效电感公式可以得出:

$$M=\frac{L_{顺}-L_{反}}{4} \tag{2.10.1}$$

可以分别用三表法测量并计算 $L_{顺}$ 和 $L_{反}$,代入式(2.10.1)即可求出互感系数 M。但这种方法测得的互感系数一般来说准确度不高,特别是当 $L_{顺}$ 和 $L_{反}$ 的数值比较接近时,误差更大。

②互感电动势法。图2.10.5(a)所示,在 L_1 侧施加低压交流电压 U_1,L_2 侧开路,电阻 R 为限流电阻,测出电流 I_1 和 U_2,根据互感电动势公式:$E_2 \approx E_{20}=M_{21}I_1\omega$,可得互感系数 M_{21} 为:

$$M_{21}=\frac{U_2}{\omega I_1}$$

同理,在图2.10.5(b)所示电路中,在 L_2 侧施加低压交流电压 U_2,L_1 侧开路,电阻 R 为限

流电阻,测出电流 I_2 和 U_1,可得互感系数 M_{12} 为:

$$M_{12}=\frac{U_1}{\omega I_2}$$

如果两次测量时,两个线圈相对位置未变,则有

$$M_{12}=M_{21}=M$$

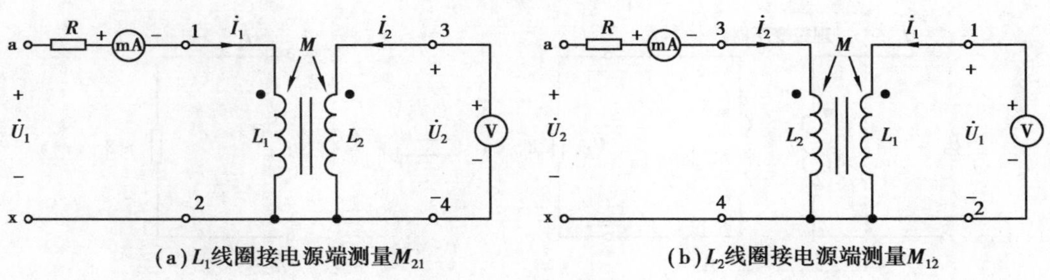

图 2.10.5 互感电动势法测量互感系数电路图

2)单相理想变压器

由理想化的条件得出理想变压器的主要参数为变比 n,因此可以推得理想变压器的模型如图 2.10.6 所示。

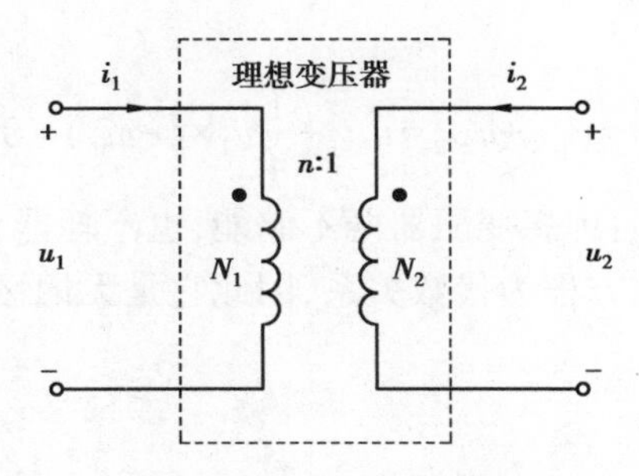

图 2.10.6 理想变压器模型

(1)变压关系

由 $k=1$,可以推得$\frac{u_1}{u_2}=\frac{N_1}{N_2}=n$ 或$\frac{u_1}{u_2}=-\frac{N_1}{N_2}=-n$。变压关系式取正"+"还是取负"-",仅取决于电压参考方向与同名端的位置。当 u_1、u_2 参考方向在同名端极性相同时,该式冠以"+"号,如图 2.10.6 所示;反之,若 u_1、u_2 参考方向一个在同名端为"+",一个在异名端为"+",该式冠以"-"号。

(2)变流关系

由理想变压器特性推得$\frac{i_1}{i_2}=\frac{1}{n}$或$\frac{i_1}{i_2}=-\frac{1}{n}$。变流关系式取正"+"还是取负"-",仅取决于电流参考方向与同名端的位置。当初、次级电流 i_1、i_2 分别从同名端同时流入(或同时流出)时,该式冠以"-"号,如图 2.10.6 所示。反之,若 i_1、i_2 一个从同名端流入,一个从异名端流入,该式冠以"+"号。

(3)变阻抗关系

如图 2.10.7 所示理想变压器变阻抗相量图,有:

$$Z_{eq}=\frac{\dot{U}_1}{\dot{I}_1}=\frac{n\dot{U}_2}{-\frac{1}{n\dot{I}_2}}=n^2\left(-\frac{\dot{U}_2}{\dot{I}_2}\right)=n^2 Z$$

理想变压器的阻抗变换性质只改变阻抗的大小,不改变阻抗的性质。

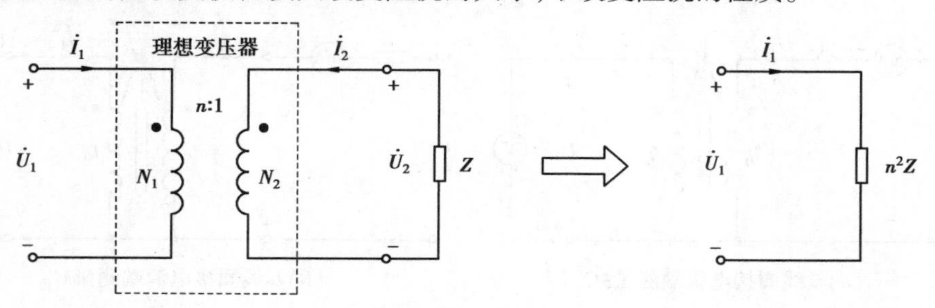

图 2.10.7　理想变压器变阻抗相量图

(4)功率关系

如图 2.10.7 所示理想变压器模型,变压关系有:$u_1=nu_2$;变流关系有:$i_1=-\frac{1}{n}i_2$;所以瞬时功率有:

$$p=u_1 i_1+u_2 i_2=u_1 i_1+\frac{1}{n}u_1\times(-ni_1)=0$$

由瞬时功率和值为零可知:理想变压器既不储能,也不耗能,在电路中只起传递信号和能量的作用。理想变压器的特性方程为代数关系,因此它是无记忆的多端元件。

2.10.3　仿真实验内容

1)互感仿真实验

(1)观察互感现象

①打开 Multisim 14 软件,绘制如图 2.10.8 所示电路图。具体步骤为:单击 分类图标,打开“Select a Component”窗口,选择需要的电阻、电源等元器件,放置到仿真工作区。

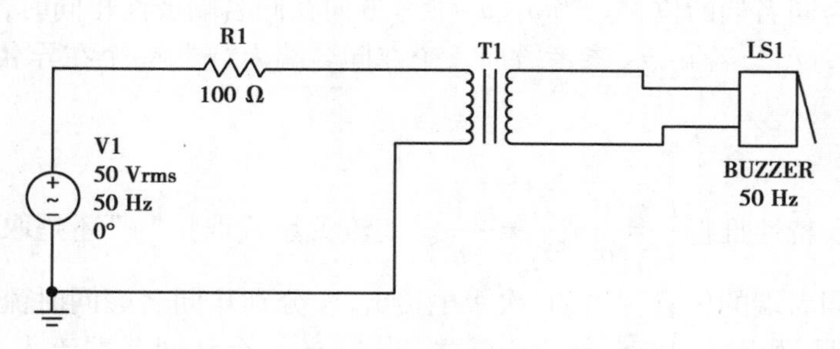

图 2.10.8　观察互感现象仿真电路图

- 电阻:(Group)Basic→(Family)RESISTOR。
- 耦合线圈:(Group)Basic→(Family)TRANSFORMER→(Component)COUPLED_INDUCTORS。

• 交流电源:(Group)Sourses→(Family)POWER_SOURSES→(Component)AC_POWER。
• 蜂鸣器:(Group)Indicators→(Family)BUZZER。
• 地 GND:(Group)Sourses→(Family)POWER_SOURSES→(Component)GROUND。

②仿真运行电路,是否可以听到蜂鸣器的叫声? 理解互感现象。

③思考如何改变蜂鸣器的音调。

④如果将蜂鸣器换成灯泡,能否点亮灯泡?

(2)直流通断法测量两个互感线圈同名端的仿真

①打开 Multisim 14 软件,绘制如图 2.10.9 所示电路图。

• 电压源 V_{CC}:(Group)Sourses→(Family)POWER_SOURSES→(Component)DC_POWER。
• 单刀单掷开关:(Group)Basic→(Family)SWITCH→(Component)SPST。

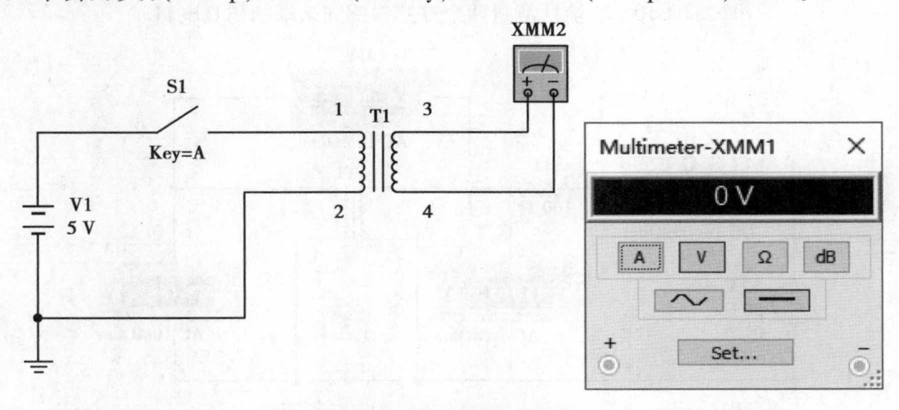

图 2.10.9　直流通断法测量两个互感线圈同名端的仿真电路

②找到主页面竖排虚拟仪器图标,单击选择需要的虚拟仪器,如信号发生器(Function Generator)、万用表(Multimeter)等。调整各元器件位置绘制电路。

③单击“Place”→“Text”,输入“1”“2”“3”“4”,便于描述互感线圈的同名端。

④仿真运行电路,开关 S 闭合瞬间,若万用表电压值为正值,说明 1 和 3 是同名端;若为负值,则 2 和 4 为同名端。

⑤将万用表正极与 4 端相连,负极与 3 端相连,仿真运行,观察结果,与步骤④结果对比,判别结果是否一致。

(3)交流法测量两个互感线圈同名端的仿真

①打开 Multisim 14 软件,绘制如图 2.10.10 所示电路图。

• 交流电源:(Group)Sourses→(Family)POWER_SOURSES→(Component)AC_POWER。
• 电流表:(Group)Indicators→(Family)AMMETER。
• 电压表:(Group)Indicators→(Family)VOLTIMETER。

②双击交流电压源,在属性对话框中选择频率为 50 Hz,值为 50 V。选择在串联回路中串入电流表测量总电流,并入电压表测量电阻、电感和电容两端电压。分别双击电流表和电压表,在属性对话框中选择“AC”,测量交流电流、电压有效值。

③仿真运行电路,如图 2.10.11 所示。发现电压表 U4 测量的 U_{13} 电压值为零,此时如何判断同名端?

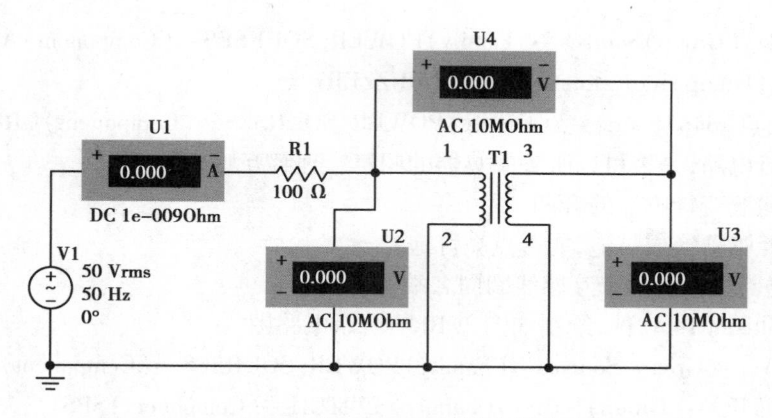

图 2.10.10　交流法测量两个互感线圈同名端的仿真电路

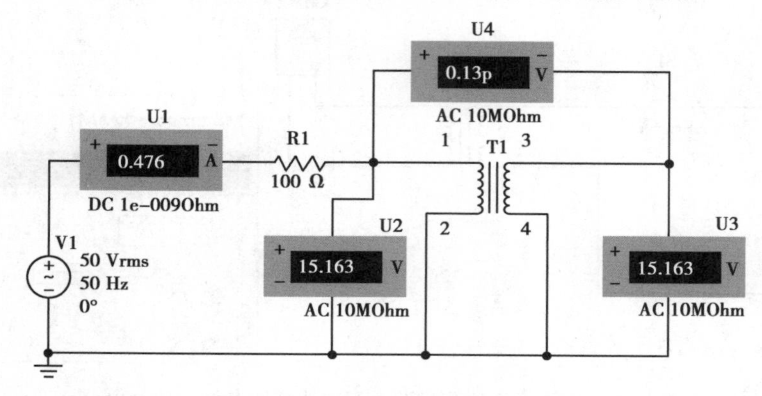

图 2.10.11　交流法测量两个互感线圈同名端的仿真运行电路

④考虑需要更改互感线圈 T1 的参数。

⑤互感线圈 T1 参数设置。双击互感线圈 T1，出现如图 2.10.12 所示对话框，选择“Label”选项卡，可以改变互感线圈的名称。选择“Value”选项卡，可以改变初级线圈电感(Primary coil inductance)、次级线圈电感(Secondary coil inductance)和耦合系数(Coefficient of couping)。设置初级线圈电感(Primary coil inductance)、次级线圈电感(Secondary coil inductance)值为不同值。

图 2.10.12　互感线圈参数设置

⑥仿真运行电路,按照原理部分介绍:若 U_{13} 是两个绕组端电压之差,则1、3是同名端;若 U_{13} 是两绕组端电压之和,则1、3是异名端。

⑦判断同名端。

⑧自行更改连接方式与T1参数,判断同名端。

(4)等效法测量两个互感线圈同名端的仿真

①打开 Multisim 14 软件,绘制如图2.10.13所示电路图。

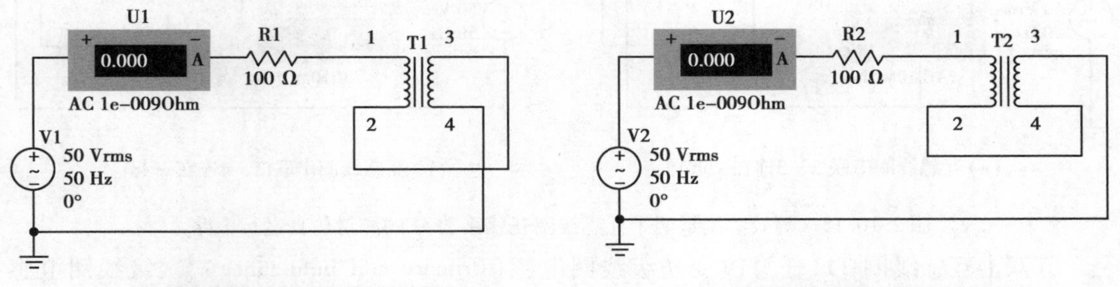

(a)互感线圈串联(2、3连在一起)　　(b)互感线圈串联(2、4连在一起)

图2.10.13　等效法测量两个互感线圈同名端的仿真电路

②双击交流电压源,在属性对话框中选择频率为50 Hz,值为50 V。选择在串联回路中串入电流表测量总电流,在属性对话框中选择"AC",测量交流电流有效值。

③仿真运行电路,观察电流表U1和U2读数。

④当加入相同的低压交流电压时,等效阻抗模值大的,电流模值小,即 $I_{顺}<I_{反}$。

⑤判断出图2.10.13哪个为顺向串联,哪个为反向串联,进而确定同名端。

(5)两个互感线圈互感系数 M 的测量仿真

①打开 Multisim 14 软件,绘制如图2.10.14所示电路图。

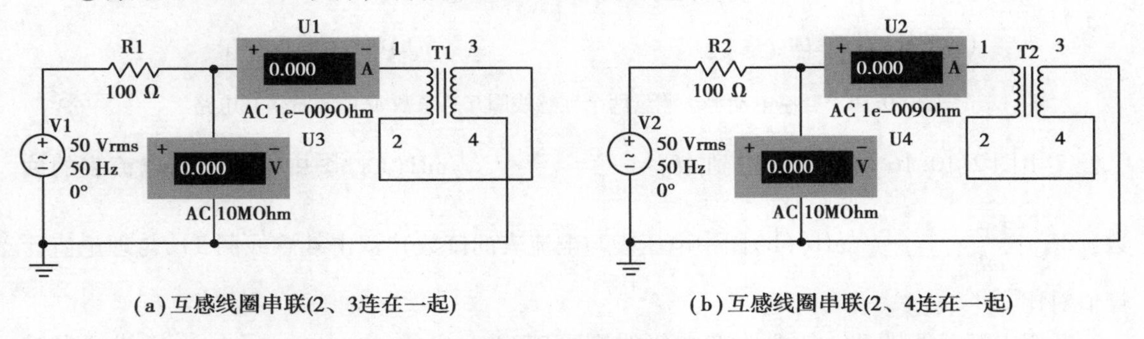

(a)互感线圈串联(2、3连在一起)　　(b)互感线圈串联(2、4连在一起)

图2.10.14　等效法测量两个互感线圈互感系数 M 的测量仿真电路

②双击交流电压源,在属性对话框中选择频率为50 Hz,值为50 V。选择在串联回路中串入电流表测量总电流,并入电压表测量电阻、电感和电容两端电压。分别双击电流表和电压表,在属性对话框中选择"AC",测量交流电流、电压有效值。

③仿真运行电路,如图2.10.15所示。发现电压表U4测量的互感线圈串联电压为0,说明什么?思考能否测量出互感 M 的值?

④由图2.10.15仿真结果得到 $L_{23串}=\dfrac{U_{14}}{\omega I}=$ ________ mH((a)图中电压表与电流表的读

数），$L_{24串}=\frac{U_{13}}{\omega I}$________ mH（（b）图中电压表与电流表的读数），代入公式：$M=\frac{L_{顺}-L_{反}}{4}=$________ mH，双击互感线圈 T_1，与理论值计算值对比。

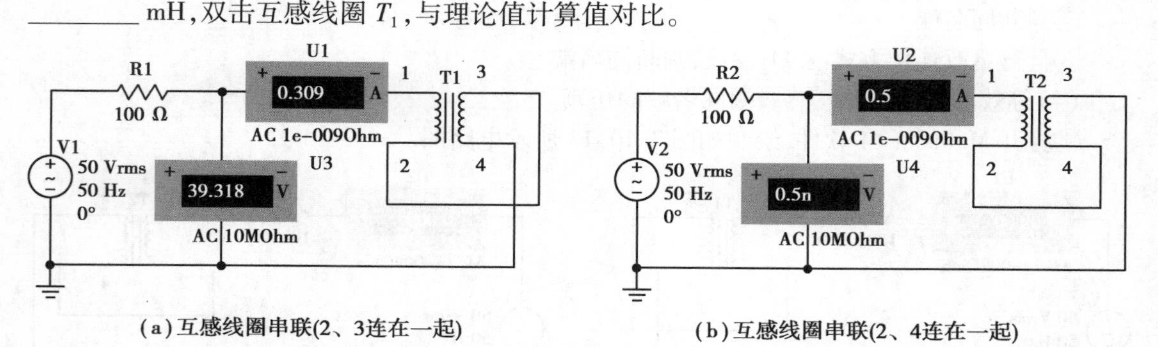

图 2.10.15　等效法测量两个互感线圈互感系数 M 的测量仿真运行电路

⑤双击互感线圈 T1，任意改变初级线圈电感（Primary coil inductance）、次级线圈电感（Secondary coil inductance）和耦合系数（Coefficient of couping）的值，按照原理测量互感系数 M 的值。

⑥绘制如图 2.10.16 所示电路图，采用互感电动势法测量互感系数 M。

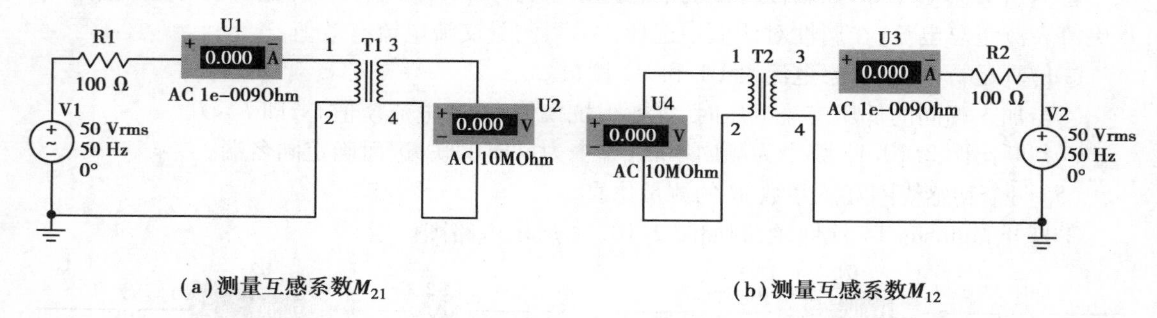

图 2.10.16　互感电动势法测量两个互感线圈互感系数 M 的测量仿真电路

⑦由图 2.10.16 仿真结果得到 $M_{21}=\frac{U_{34}}{\omega I}=$________ mH（（a）图中电压表与电流表的读数），$M_{12}=\frac{U_{12}}{\omega I}$________ mH（（b）图中电压表与电流表的读数），双击互感线圈 T1，与理论值计算值对比。

⑧双击互感线圈 T1，任意改变初级线圈电感（Primary coil inductance）、次级线圈电感（Secondary coil inductance）和耦合系数（Coefficient of couping）的值，测量互感系数 M 的值。

⑨验证 $M_{12}=M_{21}$ 是否相等。

2）理想变压器变压、变流、变阻抗仿真

①打开 Multisim 14 软件，绘制如图 2.10.17 所示电路图。

（变压器：(Group) Basic→(Family) TRANSFOMER→(Component) 1P1S。

②选择在初次级线圈回路中串入电流表，并入电压表，测量初次级线圈电流与两端电压。双击电流表和电压表，在属性对话框中选择“AC”，测量交流电流和电压的有效值。

③双击交流电压源，在属性对话框中选择频率为 50 Hz，值为 10 V。

④双击变压器 T_1,在属性对话框中将匝数比设为2∶1。

⑤仿真运行电路,记录电流表、电压表数据到表2.10.1。

⑥计算 I_1/I_2,填入表2.10.1,验证变流比与匝数比的关系。

⑦计算 U_1/U_2,填入表2.10.1,验证变压比与匝数比的关系。

⑧计算 U_1/I_1,填入表2.10.1,验证阻抗变换与匝数比的关系。

⑨改变变压器匝数比,重复上述步骤⑤至⑧,验证理想变压器的特性。

⑩改变交流电压源及电阻值,重复上述步骤⑤至⑧,验证理想变压器的特性。

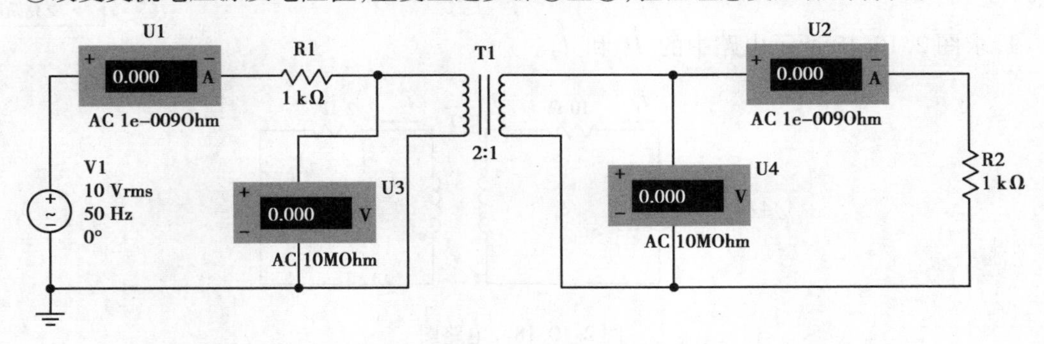

图2.10.17 理想变压器仿真电路图

表2.10.1 理想变压器仿真电路数据记录表

记录与计算	I_1(U1表读数)/A	I_2(U2表读数)/A	U_1(U3表读数)/V	U_2(U4表读数)/V	$\frac{I_1}{I_2}$	$\frac{U_1}{U_2}$	$Zeq=\frac{U_1}{I_1}$	$P_1=U_1I_1$	$P_2=U_2I_2$
理论计算									
仿真测量									

3)理想变压器功率传输特性仿真

①计算初次级线圈输入输出功率,填入表2.10.1,验证理想变压器功率关系。

②将 R_2 回路开路,重复上述实验内容并计算初级线圈输入输出功率,理解变压器功率传输特性。

③利用戴维南定理和阻抗变换性质,计算当 $R_2=$________ Ω时,R_2 取得最大功率,仿真验证。

④改变变压器匝数比,重新仿真电路,验证理想变压器的功率特性。

⑤改变交流电压源及电阻值,重新仿真电路,验证理想变压器的特性。

思考题

1.总结各种判别耦合线圈同名端的方法及原理。

2.总结各种测量耦合线圈互感系数 M 的方法及原理。

3.仿真电路中限流电阻的作用是什么?可否不接限流电阻?分析大电流对互感线圈的影响。

4. 互感线圈和理想变压器的器件模型的区别是怎样的？
5. 理想变压器变压、变流与匝数比的公式为什么有时取正、有时取负？
6. 如果把变压器副边开路，原边还有输入电流吗？

练一练

1. 求图 2.10.18 所示电路中的 $\dot{I}_1$ 和 $\dot{I}_2$。

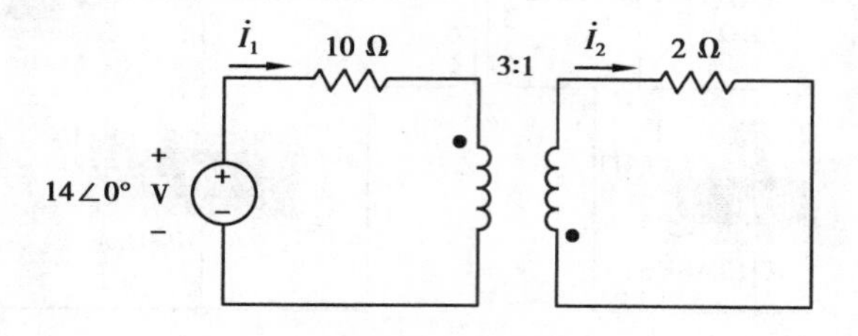

图 2.10.18　电路图

2. 求图 2.10.19 所示电路中 2 Ω 电阻吸收的功率(假设 80 V 为有效值)。

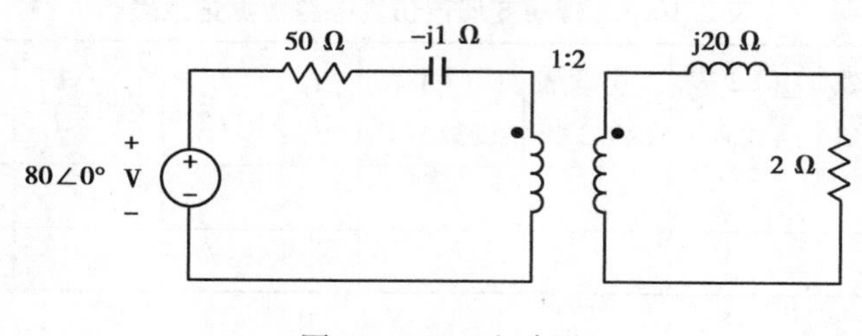

图 2.10.19　电路图

2.11　三相交流电路的电压和电流

2.11.1　实验目的

实验2.11　三相交流电路的电压和电流

知识目标：

①熟悉三相负载的星形联接和三角形联接。

②验证对称三相电路的线电压和相电压、线电流和相电流之间的关系。

③了解三相四线制系统的中线的作用。

④了解三相供电方式中三线制和四线制的特点。

能力目标：

掌握应用 Multisim 14 软件验证对称三相电路的线电压和相电压、线电流和相电流之间的关系。

素质目标：

①启发学生用数学思维模式描述工程问题。

②培养学生的科学素养。

③培养学生的职业责任与伦理道德。

2.11.2　实验原理

三相交流电路主要由三相电源、三相负载和三相输电线路三部分组成。对称三相电源是由3个同频率、等幅值、相位依次相差120°的正弦电压源按一定连接方式组成的电路。三相负载的基本联接方式有星形联接和三角形联接两种。三相交流电路有三相四线制和三相三线制两种结构。

1)三相负载的星形联接

在三相电路中，当负载作星形联接时，如图2.11.1所示，不论三线制或四线制，相电流恒等于线电流；在四线制情况下，中性线电流等于3个线电流的相量和，即

$$\dot{I}_N=\dot{I}_A+\dot{I}_B+\dot{I}_C$$

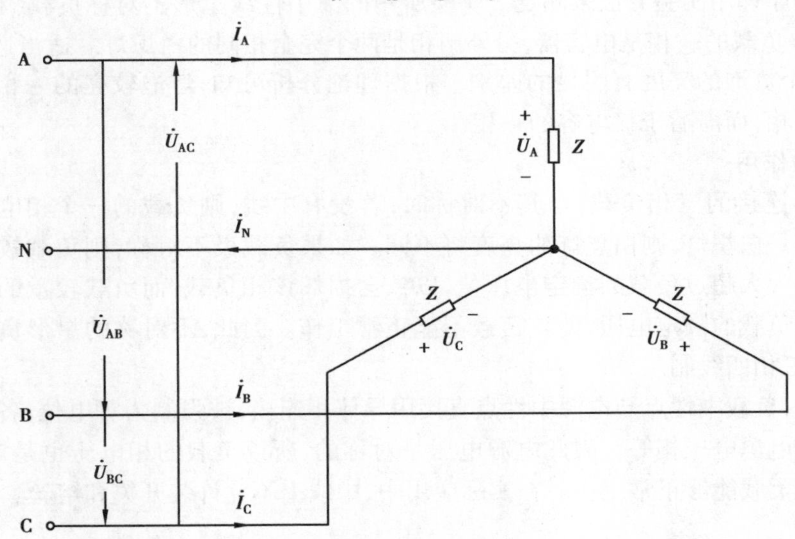

图2.11.1　负载星形联接的三相四线制

当电源和负载都对称时，线电压和相电压在数值上的关系为

$$U_{线}=\sqrt{3}\,U_{相}$$

在四线制情况下，由于电源对称，当负载对称时，中性线电流等于零；当负载为不对称时，中性线电流不等于零。在三线制星形连接中，若负载不对称，将出现中性线位移现象。中点位移后，各相负载电压将不对称。当有中性线（三相四线制）时，若中性线的阻抗足够小，则各相负载电压仍将对称，从而可看出中性线的作用，但这时的中性线电流将不为零。

2)三相负载的三角形联接

在负载三角形连接中，如图2.11.2所示，相电压等于线电压。当电源和负载都对称时，线电流与相电流之间有下列关系：

$$I_{线}=\sqrt{3}I_{相}$$

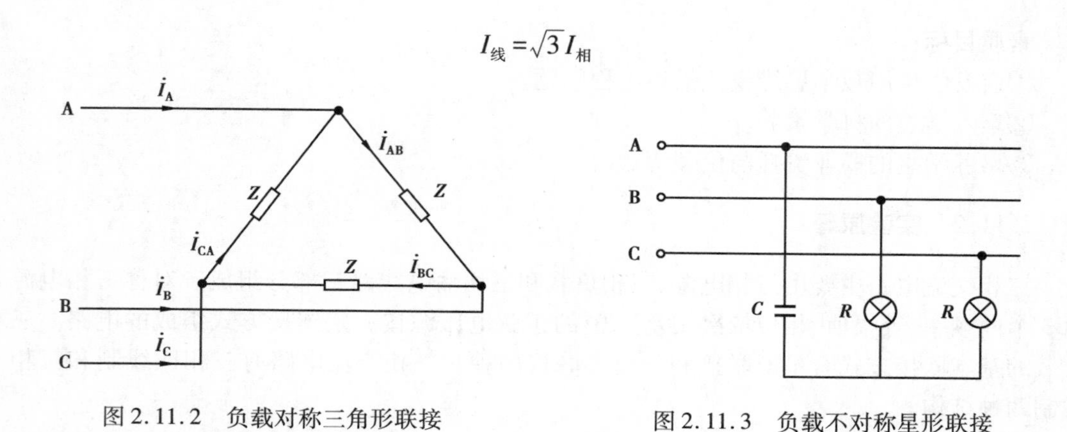

图 2.11.2　负载对称三角形联接　　　　图 2.11.3　负载不对称星形联接

3）三相电源的相序

对称三相电源的相序有正序和反序的区别，实际电力系统中一般采用正序。但有时会遇到要判断三相电源的相序的情况，这时可以利用相序指示器测得，即三相电源的相序可根据中性线位移的原理用实验方法来测定。实验所用的无中性线星形不对称负载（相序器）如图 2.11.3 所示。负载的一相是电容器，另外两相是两个完全相同的白炽灯。适当选择电容器 C 的值，可使两个灯泡的亮度有明显的差别。根据理论分析可知，灯泡较亮的一相相位超前于灯泡较暗的一相，而滞后于接电容的一相。

4）中线的作用

对于星形连接的三相负载，当其不对称时，若没有中线，则负载的三个相电压将不再对称。如果负载是白炽灯，则白炽灯的亮度将不同。如果负载极不对称，则负载较轻的一相的相电压将可能大大超过负载的额定电压值，以致会损坏该相负载；而负载较重的一相的相电压则会远低于负载的额定电压，使该负载不能正常工作。因此，不对称的星形负载应该连接中线，即采用三相四线制。

接中线后，负载中性点与电源中性点直接用导体相连接，被强制为等电位，各相负载的相电压与相应的电源电压相等。因此电源电压是对称的，所以负载的相电压也是对称的，从而可以保证各相负载能够正常工作。在实际应用中，中线上不允许装开关和熔丝。

2.11.3　仿真实验内容

1）测定三相电源的相序

①打开 Multisim 14 软件，绘制如图 2.11.4 所示电路图。具体步骤为：单击分类图标，打开“Select a Component”窗口，选择需要的白炽灯、电源等元器件，放置到仿真工作区。

- 三相星型联接电源：(Group) Sourses→(Family) POWER_SOURSES→(Component) THREE_PHASE_WYE。
- 白炽灯：(Group) Indicators→(Family) VIRTUAL_LAMP。
- 电容：(Group) Basic→(Family) CAPACITOR。
- 电流表：(Group) Indicators→(Family) AMMETER。
- 地 GND：(Group) Sourses→(Family) POWER_SOURSES→(Component) GROUND。

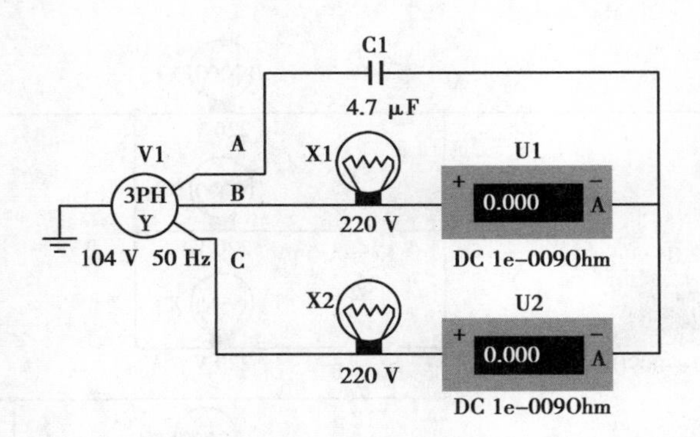

图 2.11.4 测定三相电源的相序的仿真电路图

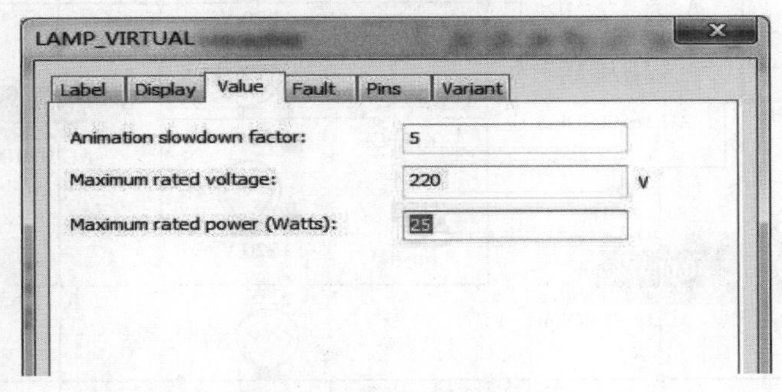

图 2.11.5 虚拟白炽灯参数设置

②双击白炽灯，在“Value”选项卡可以改变灯泡的额定电压和额定功率，如图 2.11.5 所示，将其额定电压设为 220 V，额定功率设为 25 W。

③双击三相交流电压源，在属性对话框中更改电压为 104 V、频率为 50 Hz。单击“Place”→“Text”，输入“A”“B”“C”，便于描述三相电源。

④双击电流表，在属性对话框中选择“AC”，测量交流电流有效值。

⑤仿真运行，观察白炽灯 X1 和 X2 的亮度，也可以通过电流表读数判别，电流小的灯泡亮度较暗。

⑥根据实验原理：灯泡较亮的一相相位超前于灯泡较暗的一相，而滞后于接电容的一相。可以判定 A、B、C 三相的相序为________。

⑦自行接入四通道示波器，观察三相交流电源的相序与测定结果是否相符。

2）三相负载的星形联接

（1）对称星形负载，有中线（三相四线制供电）

①打开 Multisim 14 软件，绘制如图 2.11.6 所示电路图。

- 单刀单掷开关：（Group）Basic→（Family）SWITCH→（Component）SPST。
- 电压表：（Group）Indicators→（Family）VOLTIMETER。

②双击三相交流电压源，在属性对话框中选择频率为 50 Hz，值为 104 V。选择在三相支路中串入电流表测量总电流，并入电压表测量负载的相电压和线电压。分别双击电流表和电压表，在属性对话框中选择“AC”，测量交流电流、电压有效值。

③单击“Place”→“Text”，输入“A”“B”“C”“N”“X”等，便于描述三相电源接星形负载时的电压与电流。

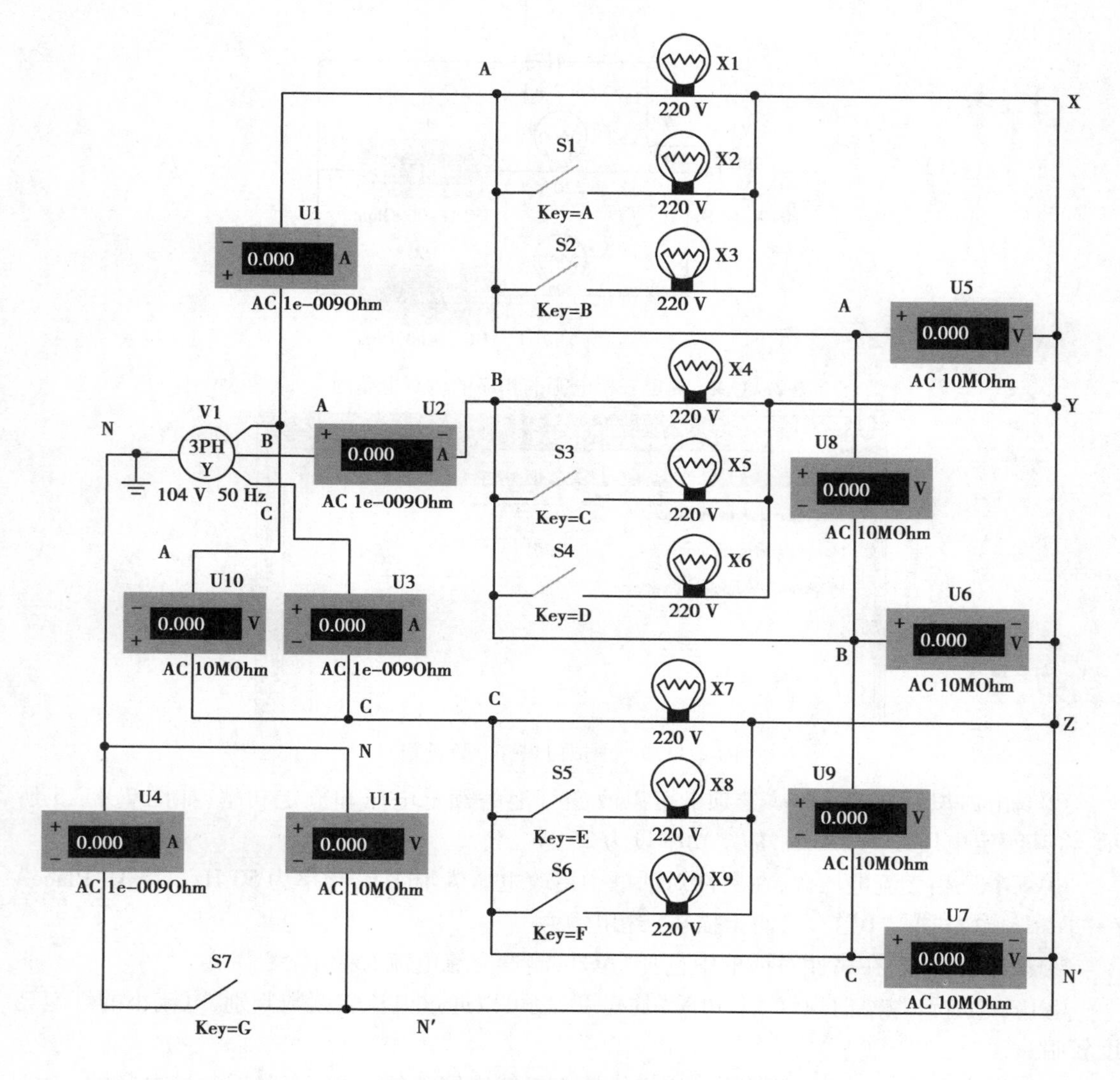

图 2.11.6 三相负载的星形联接仿真电路图

④闭合开关 S_7，每相电源只接一个灯泡，仿真运行电路，记录数据到表 2.11.1 第一行。

⑤闭合所有开关，每相电源接三个灯泡，仿真运行电路，记录数据到表 2.11.1 第二行。

⑥与负载星形连接负载的相线电流、相线电压的理论计算值对比，深刻理解相线电流、相线电压之间的关系。

⑦自行接入示波器，观察每相负载上相线电压的相位关系。

表 2.11.1 负载星形联接仿真数据记录表

三相负载星形联接	各相灯数/个			负载相电压（电压表 U_5、U_6、U_7 读数）			负载线电压（电压表 U_8、U_9、U_{10} 读数）			负载相电流（电流表读数）			中性线电流、电压	
	A	B	C	$U_{AN'}$	$U_{BN'}$	$U_{CN'}$	U_{AB}	U_{BC}	U_{CA}	I_A	I_B	I_C	$I_{NN'}$	$U_{NN'}$
对称星形有中线	1	1	1											
	3	3	3											

续表

三相负载星形联接	各相灯数/个			负载相电压(电压表 U_5、U_6、U_7 读数)			负载线电压(电压表 U_8、U_9、U_{10} 读数)			负载相电流(电流表读数)			中性线电流、电压	
	A	B	C	$U_{AN'}$	$U_{BN'}$	$U_{CN'}$	U_{AB}	U_{BC}	U_{CA}	I_A	I_B	I_C	$I_{NN'}$	$U_{NN'}$
对称星形无中线	1	1	1											
	3	3	3											
不对称星形,有中线	1	2	3											
	1	2	断开											
不对称星形,无中线	1	2	断开											
	1	2	短路											

(2)对称星形负载,无中线(三相三线制供电)

①打开开关 S_7,不接中线。

②每相电源只接一个灯泡,仿真运行电路,记录数据到表 2.11.1 第三行。

③闭合开关 S_1 至 S_6,每相电源接三个灯泡,仿真运行电路,记录数据到表 2.11.1 第四行。

④与有中线时的仿真结果对比,说明负载对称时,是否可以不连中线。

(3)不对称星形负载,有中线(三相四线制供电)

①闭合开关 S_7,接入中线。

②按照表 2.11.1 第五行分别接入不对称负载,仿真运行电路,记录数据。

③按照表 2.11.1 第六行将 C 相负载全断开,仿真运行电路,记录数据。

④分析负载不对称时,中性线的作用。是否可以不连中线?

(4)不对称星形负载,无中线(三相三线制供电)

①打开开关 S_7,不接中线。

②按照表 2.11.1 第七行分别接入不对称负载,仿真运行电路,记录数据。

③按照表 2.11.1 第八行将 C 相负载全断开,仿真运行电路,记录数据。

④按照表 2.11.1 第九行将 C 相短路,仿真运行电路,记录数据,此时接入中线对其他两相是否有作用。

⑤分析不对称负载无中线时,电路是否存在危险。

⑥总结中性线的作用。

3)三相负载的三角形联接(三相三线制供电)

①打开 Multisim 14 软件,绘制如图 2.11.7 所示电路图。

• 三相三角形联接电源:(Group) Sourses→(Family) POWER_SOURSES→(Component) THREE_PHASE_DELTA。

②双击三相交流电压源,在属性对话框中选择频率为 50 Hz,值为 180 V。选择在三相支路中串入电流表测量总电流,并入电压表测量负载的相电压和线电压。分别双击电流表和电压表,在属性对话框中选择"AC",测量交流电流、电压有效值。

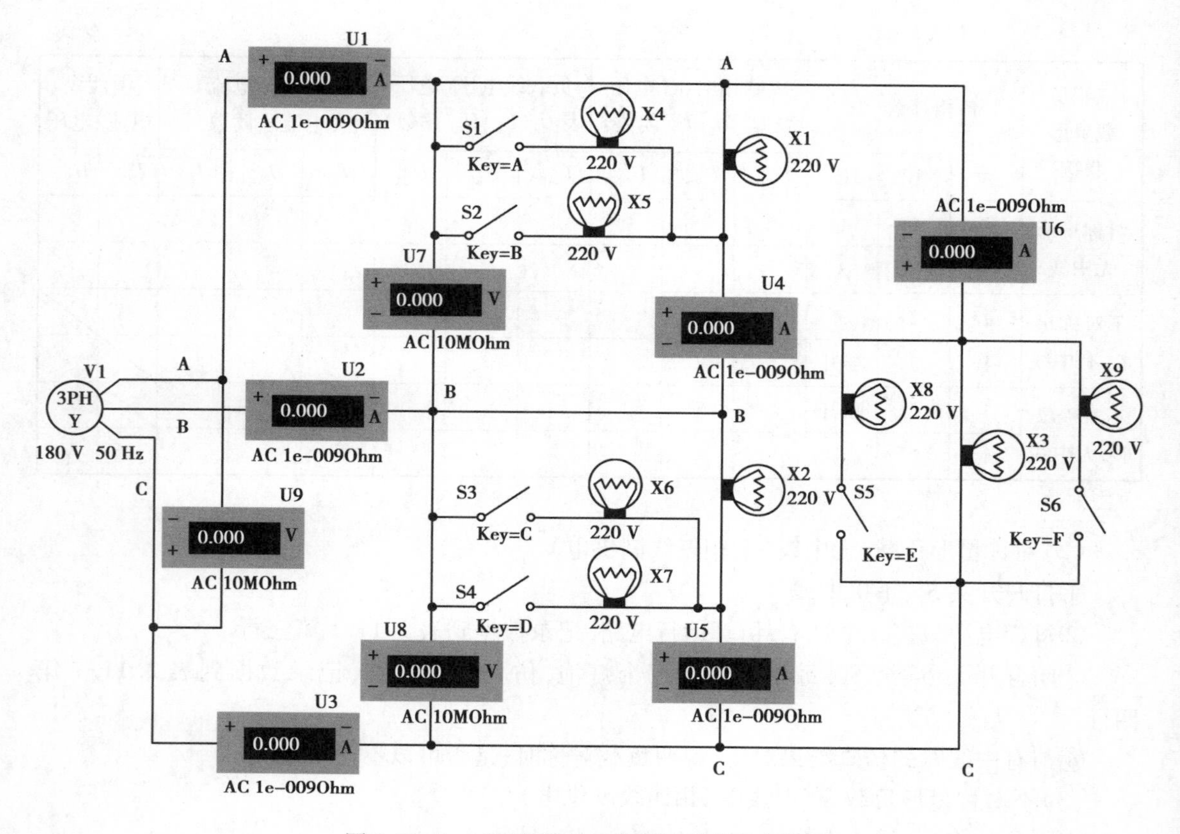

图 2.11.7　三相负载的三角形连接仿真电路图

③单击“Place”→“Text”，输入“A”“B”“C”，便于描述三相电源接三角形负载时的电压与电流。

④按表 2.11.2 接入灯泡个数，仿真运行电路，记录数据到表 2.11.2。

⑤分析表 2.11.2 负载对称时的数据，与对称负载三角形联接的相线电流、相线电压的理论计算值对比，深刻理解对称负载相线电流、相线电压之间的关系。

⑥当负载不对称时，测量此时的相线电压，分析实际负载为不对称三角形联接时，负载的相线电压是否有改变。

⑦当负载有一相断开时，测量此时的相线电压，分析实际负载为三角形联接时，可否断开某一相负载。为什么？

⑧将三相三角形联接的电源替换为值相同的三相星形的电源，即

• 三相三角形联接电源：(Group) Sourses→(Family) POWER_SOURSES→(Component) THREE_PHASE_DELTA。

替换为：

• 三相星形联接电源：(Group) Sourses→(Family) POWER_SOURSES→(Component) THREE_PHASE_WYE。

⑨设置三相星形电源的相电压为 104 V、频率 50 Hz，仿真运行电路，记录数据到表 2.11.2，与电源三角形连接数据对比，说明电流值之间的关系。

表 2.11.2 负载三角形联接的仿真数据记录表

	各相灯数/个			线电流/A			相电流/A		
	A-B	B-C	C-A	I_A	I_B	I_C	I_{AB}	I_{BC}	I_{CA}
电源三角形联接	1	1	1						
	3	3	3						
	1	2	3						
	断开	2	3						
电源星形联接	1	1	1						
	3	3	3						
	1	2	3						
	断开	2	3						

思考题

1. 根据测定三相电源相序的实验数据和现象,简述相序器的检测原理。

2. 三相四线制连线中,三相负载不对称时,中性线中是否有电流?是否有压降?若断开中性线,会出现什么情况?是否可以安装保险丝,为什么?

3. 三相负载根据什么条件作星形或三角形连接?

4. 在三相四线制电路中,如果将中性线与一条相线接反了,将会出现什么现象?

5. 自行仿真相等的线电压,负载先接成星形,再接成三角形,线电流的改变,理解星-三角降压启动的原理。

名人简介：尼古拉·特斯拉

练一练

1. 图 2.11.8 所示电路中三相电源 $\dot{V}_a=220$ V, $\dot{V}_b=220$ V, $\dot{V}_c=220$ V,求电流 $\dot{I}_1$、$\dot{I}_2$ 和 $\dot{I}_3$,线电压 $\dot{U}_{AB}$、$\dot{U}_{BC}$ 和 $\dot{U}_{CA}$,相电压 $\dot{U}_{AN}$、$\dot{U}_{BN}$ 和 $\dot{U}_{CN}$。

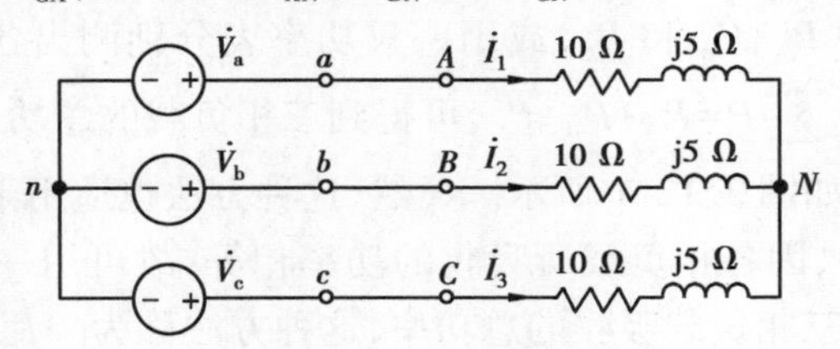

图 2.11.8 三相负载星形联接练习

2. 图 2.11.9 所示电路中三相电源 $\dot{V}_a=220\angle 0°\text{V}$，$\dot{V}_b=220\angle -120°\text{V}$，$\dot{V}_c=220\angle 120°\text{V}$，求电压 $\dot{U}_{AB}$、$\dot{U}_{BC}$ 和 $\dot{U}_{CA}$，线电流 $\dot{I}_1$、$\dot{I}_2$ 和 $\dot{I}_3$，相电流 $\dot{I}_{12}$、$\dot{I}_{23}$ 和 $\dot{I}_{31}$。

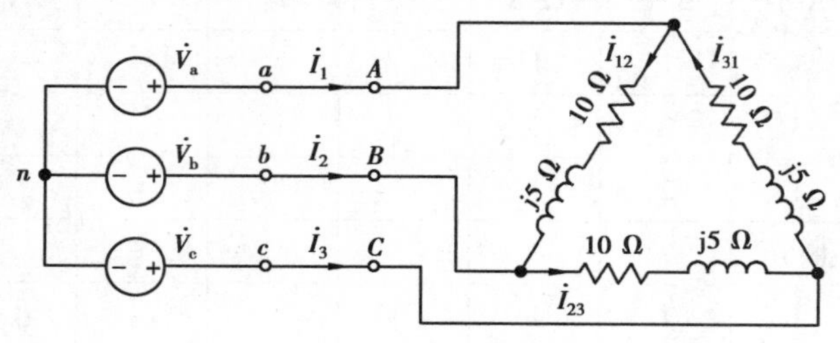

图 2.11.9　三相负载三角形联接练习

2.12　三相交流电路的功率测量

实验2.12　三相交流电路的功率测量

2.12.1　实验目的

知识目标：

①掌握用一瓦计、三瓦计法测量三相电路有功功率的方法。

②掌握用二瓦计法测量三相电路有功功率的方法。

③了解用功率表测量三相对称电路无功功率的方法。

能力目标：

①进一步学会用示波器观测波形。

②能够应用 Multisim 14 软件仿真验证三相交流电路的功率测量方法。

素质目标：

①启发学生用数学思维模式描述工程问题。

②培养学生的科学素养。

③培养学生的职业责任与伦理道德。

2.12.2　实验原理

1）三瓦计法（一瓦计法）

在不对称三相四线制电路中，各相负载吸收的功率不再相等。这时可用三只功率表直接测出每相负载吸收的功率 P_A、P_B 和 P_C，或用一只功率表分别测出各相负载吸收的功率 P_A、P_B 和 P_C，然后再相加，即 $\sum P=P_A+P_B+P_C$，可得到三相负载的总功率，这种测量方法称为三瓦计法（三表法），其接线如图 2.12.1 所示。显然，这种方法也适用于对称三相四线制电路。

在对称三相四线制中，因各相负载所吸收的功率相等，故可用一只功率表测出任一相负载的功率，再乘以 3，即得三相负载吸收的总功率，这种方法称为一瓦计法（一表法）。

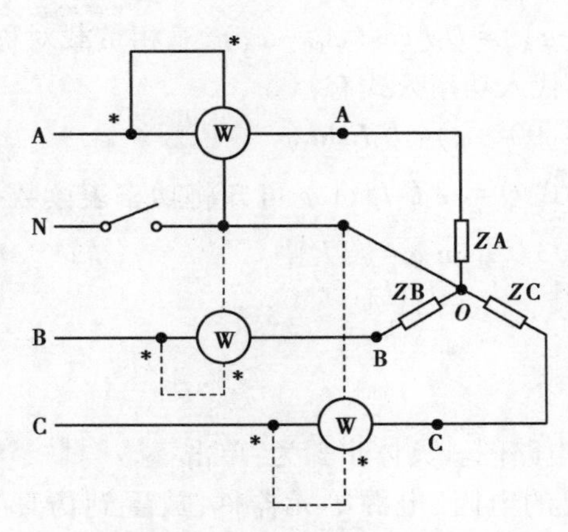

图 2.12.1 三瓦计法电路图

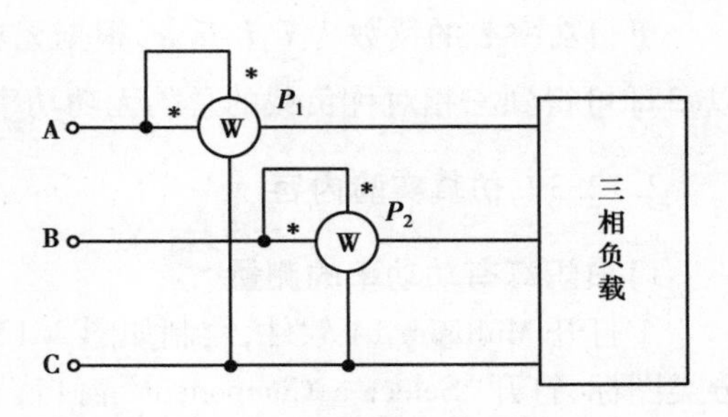

图 2.12.2 二瓦计法电路

2)二瓦计法

三相三线制供电系统中,不论三相负载是否对称,也不论负载是星形连接还是三角形连接,都可用二瓦计法测量三相负载的总有功功率。测量线路如图2.12.2所示。功率表的读数分别为 P_1 和 P_2,三相电路的总功率等于 P_1 和 P_2 的和。其中,$P_1 = U_{AC}I_A\cos\varphi_1$,$P_2 = U_{BC}I_B\cos\varphi_2$,有 $\sum P = P_1 + P_2$。其中 φ_1 是 U_{AC} 和 I_A 的相位差,φ_2 是 U_{BC} 和 I_B 的相位差。

若三相负载是对称的,令 $\dot{U}_A = U_A\angle 0°$,$\dot{I}_A = I_A\angle -\varphi$,则有 $P_1 = U_{AC}I_A\cos(\varphi-30°)$,$P_2 = U_{BC}I_B\cos(\varphi+30°)$,式中 φ 为负载的阻抗角。

若负载为感性或容性,且当相位差 $|\varphi| > 60°$ 时,线路中的一只功率表指针将反偏(数字式功率表将出现负读数),这时应将功率表电流线圈的两个端子调换(不能调换电压线圈端子),其读数应记为负值。而三相总功率 $\sum P = P_1 + P_2$(P_1、P_2 本身不含任何意义)。除图2.12.2的 I_A、U_{AC} 与 I_B、U_{BC} 接法外,还有 I_B、U_{AB} 与 I_C、U_{AC} 以及 I_A、U_{AB} 与 I_C、U_{BC} 两种接法。

二瓦计法测量三相电路有功功率时,单只功率表的读数无物理意义。当负载为对称的星形连接时,由于中性线中无电流流过,所以也可用二瓦计法测量有功功率,但是二瓦计法不适用于不对称的三相四线制电路。

3)一瓦计法测三相对称负载的无功功率

三相三线制供电系统中,三相负载对称,可由一只功率表测出负载的无功功率,如图2.12.3所示。

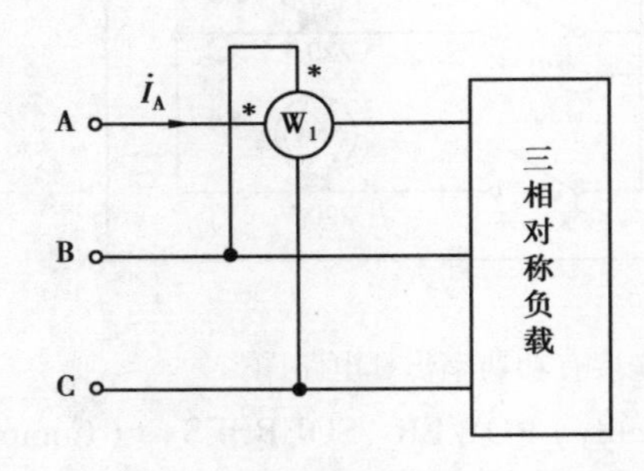

图 2.12.3 一瓦计法测无功功率

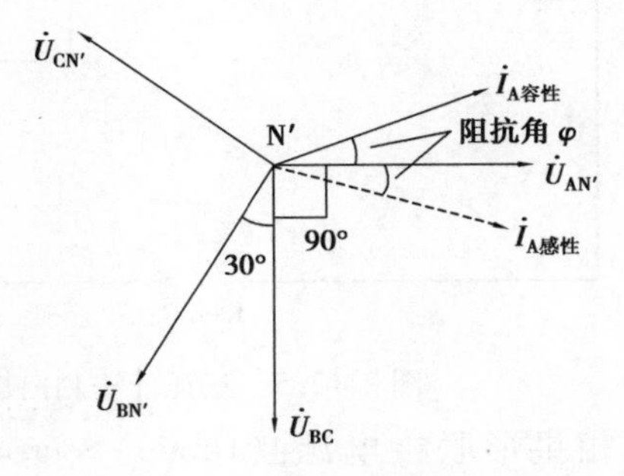

图 2.12.4 三相对称电路相量图

根据功率表的工作原理，可得：$P=U_{BC}I_A\cos(\varphi_{BC}-\varphi_A)=U_lI_l\cos(\varphi_{BC}-\varphi_A)$，三相负载对称，画出相量图如图2.12.4所示，可得：$\varphi_{BC}-\varphi_A=90°\pm\varphi$，代入功率公式有：

$$P=U_{BC}I_A\cos(\varphi_{BC}-\varphi_A)=U_{BC}I_A\cos(90°\pm\varphi)=U_lI_l\sin\varphi$$

可得功率表的读数为 $U_lI_l\sin\varphi$，根据无功功率公式 $Q=\sqrt{3}U_lI_l\sin\varphi$ 可知将功率表读数乘以$\sqrt{3}$即可得到三相对称负载的总的无功功率，即 $Q=\sqrt{3}U_lI_l\sin\varphi=\sqrt{3}P$。

2.12.3 仿真实验内容

1）白炽灯有功功率的测量

①打开 Multisim 14 软件，绘制如图2.12.5所示电路图。具体步骤为：单击分类图标，打开“Select a Component”窗口，选择需要的电阻、电源等元器件，放置到仿真工作区。

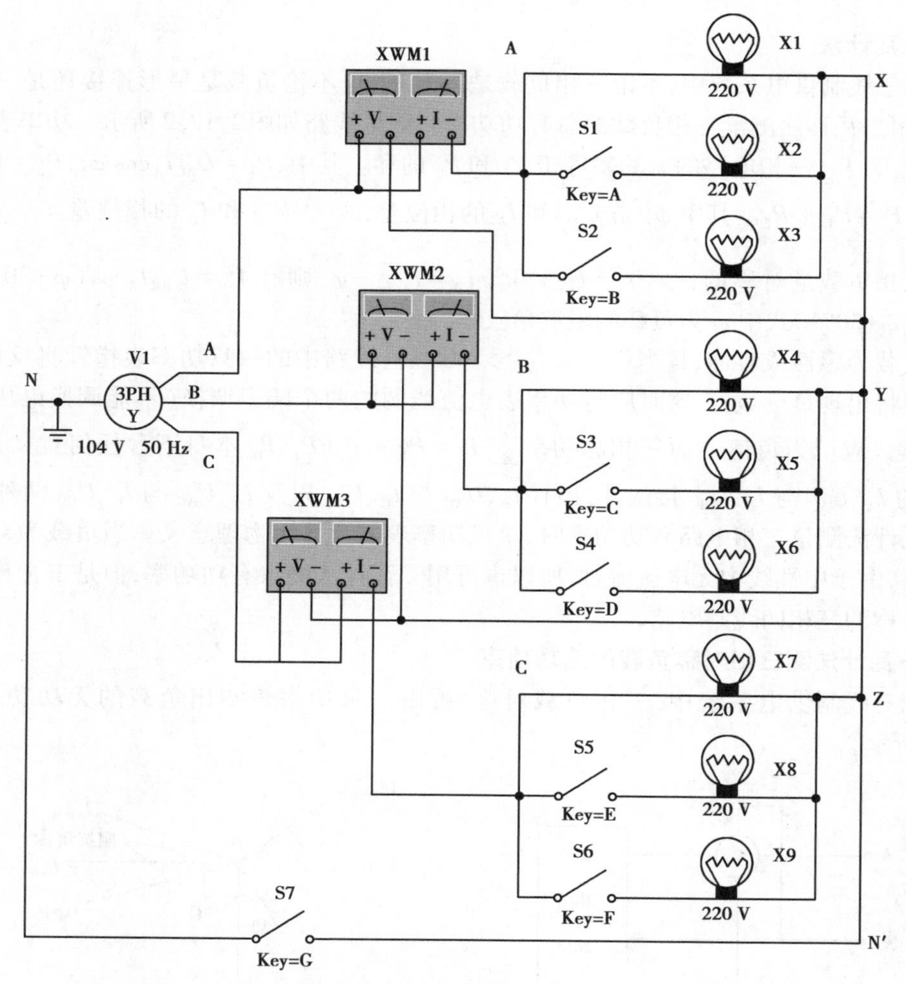

图2.12.5　三瓦计法测白炽灯星形联接有功功率仿真电路图

• 三相星形联接电源：(Group) Sourses→(Family) POWER_SOURSES→(Component) THREE_PHASE_WYE。

- 白炽灯:(Group)Indicators→(Family)VIRTUAL_LAMP。
- 单刀单掷开关:(Group)Basic→(Family)SWITCH→(Component)SPST。
- 地 GND:(Group)Sourses→(Family)POWER_SOURSES→(Component)GROUND。

②双击三相交流电压源,在属性对话框中选择频率为 50 Hz、值为 104 V,单击"Place"→"Text"输入"A""B""C""X""Y"等,便于描述各相负载。

③找到主页面竖排虚拟仪器图标 ,单击选择功率表(Wattmeter),注意功率表的连接。

④闭合 S_7 有中线,分别按照表 2.12.1 改变各相灯的个数,记录三个功率表的读数,并计算总功率,记录数据到表 2.12.1"三瓦计法"一栏第一、二行和第五、六行。

⑤断开 S_7 无中线,分别按照表 2.12.1 改变各相灯的个数,记录三个功率表的读数,并计算总功率,记录数据到表 2.12.1 "三瓦计法"一栏第三、四行和七、八、九行。

⑥掌握应用三个功率表测量三相电路有功功率的方法,理解中线的作用。

表 2.12.1 白炽灯星形联接有功功率测量仿真数据记录表

三相负载星形联接	各相灯数/个			三瓦计法(一瓦计法)				二瓦计法		
	A	B	C	P_A/W	P_B/W	P_C/W	$P_{总}$/W	P_1/W	P_2/W	$P_{总}$/W
对称星形有中线	1	1	1							
	3	3	3							
对称星形无中线	1	1	1							
	3	3	3							
不对称星形有中线	1	2	3							
	1	2	断开							
不对称星形无中线	1	2	3							
	1	2	断开							
	1	2	短路							

⑦采用二瓦计法测量电路有功功率,如图 2.12.6 所示,两个功率表的电压线圈非同名端接电源 C 端线。

⑧重复步骤④和⑤,记录数据到表 2.12.1。

⑨对比三瓦计法和二瓦计法测量功率结果,比较说明两种方法的适用情况。

⑩若负载连接为三角形呢?请自行连线仿真,记录数据并验证步骤⑨的结论。

2)容性不对称负载的有功功率测量

①打开 Multisim 14 软件,绘制如图 2.12.7 所示电路图。

- 电容:(Group)Basic→(Family)CAPACITOR。

②双击三相交流电压源,在属性对话框中选择频率为 50 Hz,值为 104 V,单击"Place"→"Text",输入"A""B""C""X""Y"等,便于描述各相负载。

③找到主页面竖排虚拟仪器图标 ,单击选择功率表(Wattmeter),注意功率表的连接。

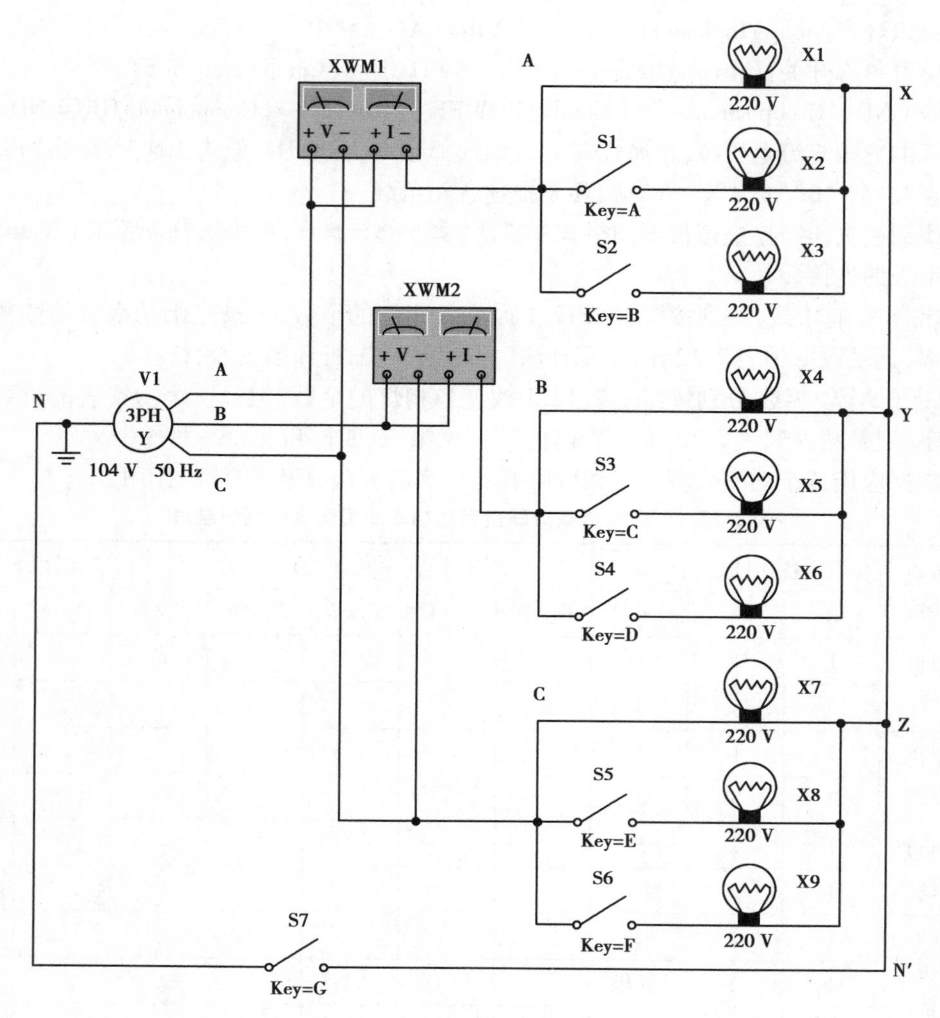

图 2.12.6 二瓦计法测白炽灯星形联接有功功率仿真电路图

④按表 2.12.2 要求闭合或打开各开关，仿真电路并记录数据，计算总功率。

表 2.12.2 容性星形联接有功功率测量仿真数据记录表

三相负载星形联接	各相负载			三瓦计法（一瓦计法）				二瓦计法		
	A	B	C	P_A/W	P_B/W	P_C/W	$P_{总}$/W	P_1/W	P_2/W	$P_{总}$/W
对称星形有中线	S_1、S_2、S_3 均闭合									
对称星形无中线	S_1、S_2、S_3 均闭合									
不对称星形有中线	S_1、S_2、S_3 均打开							/	/	/
	S_1 闭合							/	/	/
	S_1 和 S_2 闭合							/	/	/

续表

三相负载星形联接	各相负载			三瓦计法(一瓦计法)				二瓦计法		
	A	B	C	P_A/W	P_B/W	P_C/W	$P_{总}$/W	P_1/W	P_2/W	$P_{总}$/W
不对称星形无中线	S_1、S_2、S_3 均打开									
	S_1 闭合									
	S_1 和 S_2 闭合									

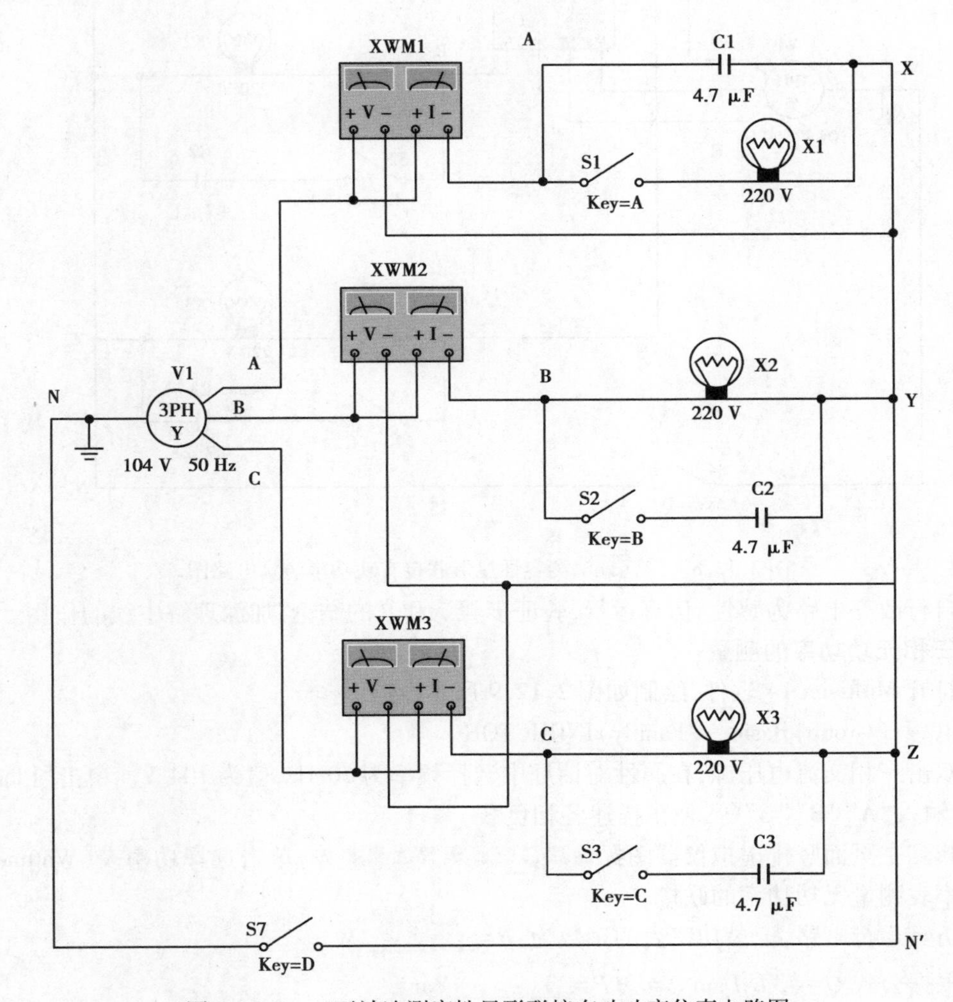

图 2.12.7　三瓦计法测容性星形联接有功功率仿真电路图

⑤采用二瓦计法测量电路有功功率,如图 2.12.8 所示,两个功率表的电压线圈非同名端接电源 C 端线。

⑥按表 2.12.2 要求闭合或打开各开关,仿真电路并记录数据,计算总功率。

⑦仿真时,闭合开关 S_2 或者 S_3 对功率的读数是否有影响?闭合 S_1 呢?说明理由。

⑧加深三瓦计法和二瓦计法测量功率的原理,总结各个方法的优缺点及适用条件。

⑨自行将负载联接改变为三角形,验证步骤⑦和⑧的结论。

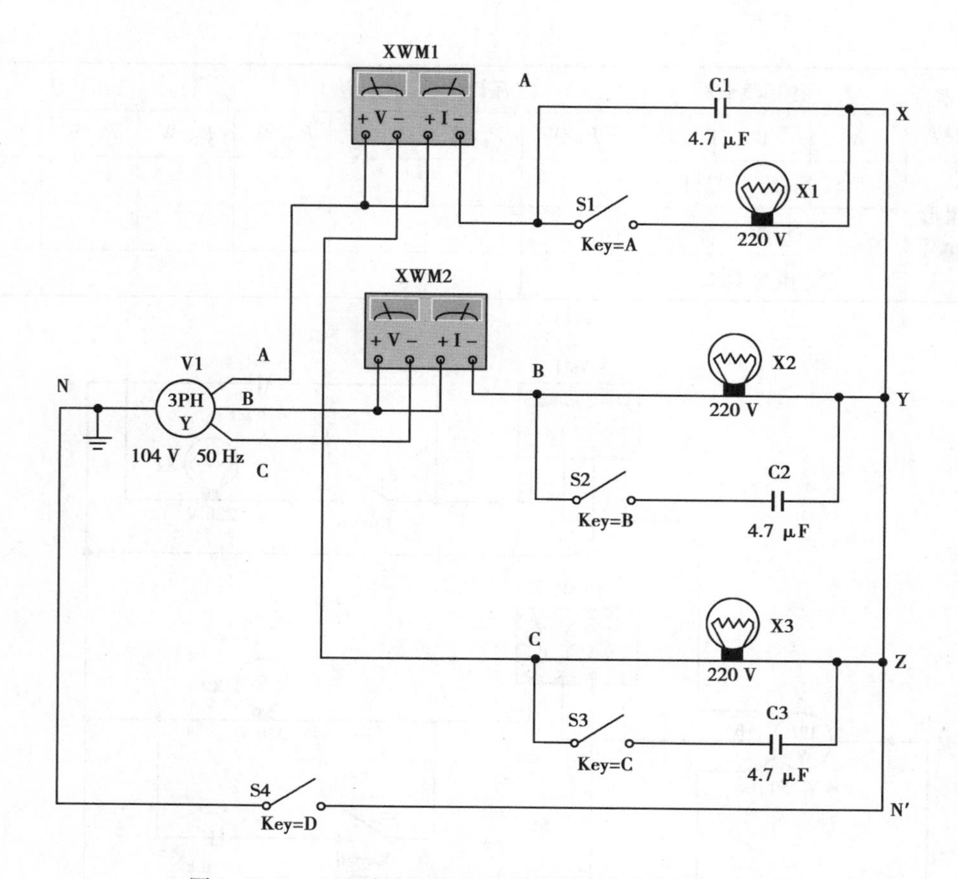

图 2.12.8　二瓦计法测容性星形联接有功功率仿真电路图

⑩自行改变电路为感性,仿真运行,验证步骤⑦和⑧的结论,加深理解中线的作用。

3)三相无功功率的测量

①打开 Multisim 14 软件,绘制如图 2.12.9 所示电路图。

- 电感:(Group) Basic→(Family) INDUCTOR。

②双击三相交流电压源,在属性对话框中选择频率为 50 Hz,值为 104 V。单击"Place"→"Text",输入"A""B""C"等,便于描述各相负载。

③找到主页面竖排虚拟仪器图标 ,单击选择功率表(Wattmeter),注意功率表测量无功功率的联接。

④仿真运行电路,记录功率表的读数为:$P=$________ W。

⑤根据公式 $Q=\sqrt{3}\,U_l I_l \sin\varphi=\sqrt{3}\,P=$________ Var。

⑥绘制图 2.12.10,将电路联接为对称的三相四线制(自行接入中线),用一瓦计法测量有功功率和功率因数。

⑦根据有功功率和功率因数理论计算视在功率和无功功率,与步骤⑥仿真结果对比,验证一瓦计法测量对称三相负载无功功率的方法。

⑧仿真结果无功功率为负值,说明什么?自行改变参数,使无功功率取值为正值。

⑨若负载不对称,上述方法是否可行?仿真验证。

⑩比较一瓦计法测量有功功率和无功功率联接方式的不同。

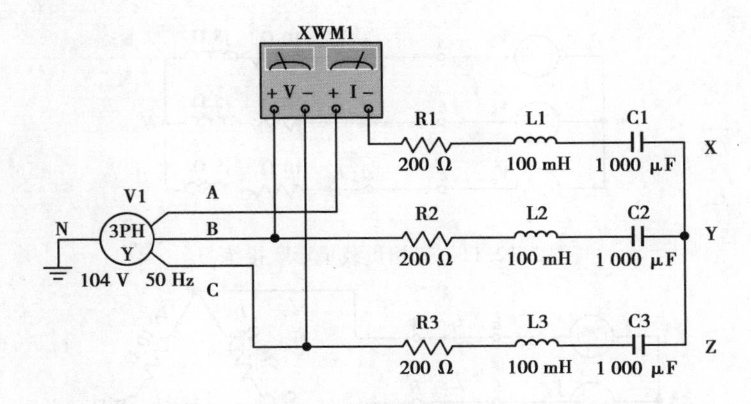

图 2.12.9 三相对称负载的无功功率仿真电路图

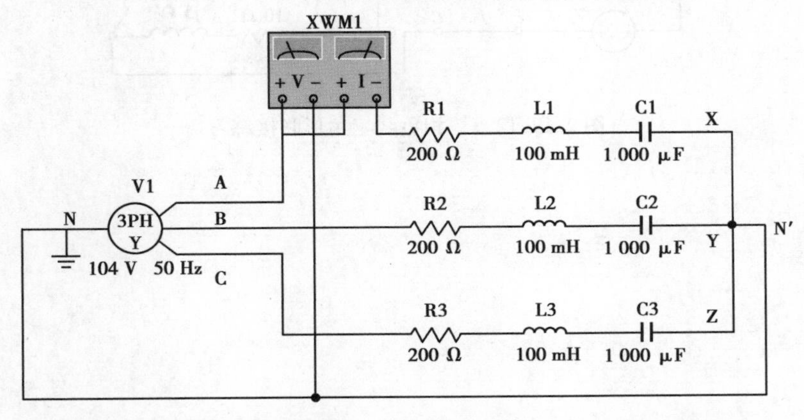

图 2.12.10 一瓦计法测量三相对称电路有功功率仿真电路图

思考题

1. 二瓦计法测量三相电路有功功率时,有功功率表中的读数为负值,为什么?
2. 为什么有的实验需将三相电压调到 380 V,而有的实验要调到 220 V?
3. 比较一瓦计法测有功功率和无功功率连线的区别。
4. 总结一瓦计法、二瓦计法与三瓦计法应注意的问题及各自的适用范围。

名人简介:爱迪生

练一练

1. 图 2.12.11 所示电路中三相电源 $\dot{V}_a=220\angle 0°\mathrm{V}$, $\dot{V}_b=220\angle -120°\mathrm{V}$, $\dot{V}_c=220\angle 120°\mathrm{V}$,求电路的有功功率、无功功率和视在功率。

2. 图 2.12.12 所示电路中三相电源 $\dot{V}_a=220\angle 0°\mathrm{V}$, $\dot{V}_b=220\angle -120°\mathrm{V}$, $\dot{V}_c=220\angle 120°\mathrm{V}$,求电路的有功功率、无功功率和视在功率。

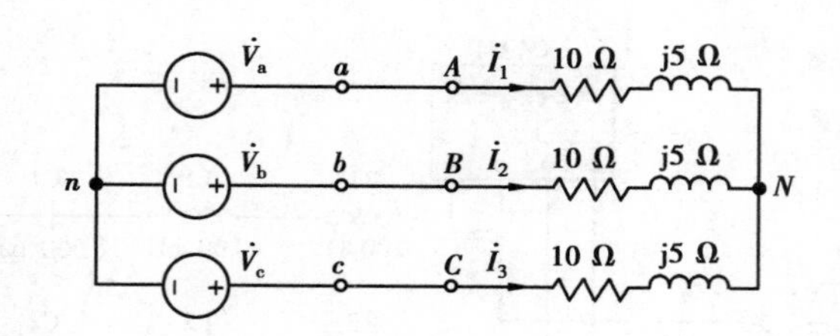

图 2.12.11　三相负载星形联接练习

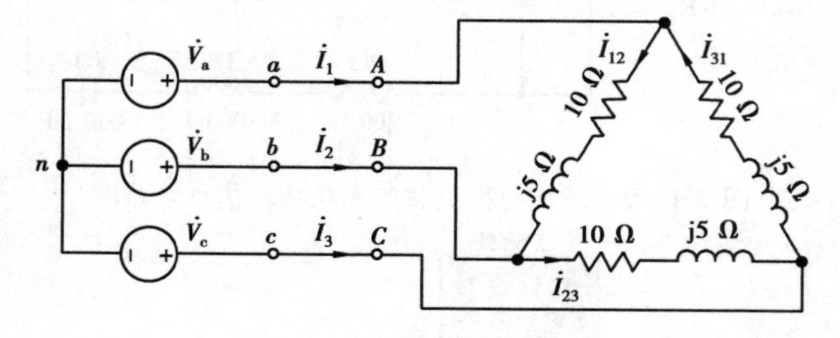

图 2.12.12　三相负载三角形联接练习

3 电子技术应用实验

3.1 Altium Designer 应用——原理图设计

3.1.1 实验目的

①认识 Altium Designer 09 窗口界面。
②熟悉原理图设计环境。
③熟悉原理图设计步骤和方法。
④掌握原理图元件库的使用。

3.1.2 实验内容

绘制积分电路原理图如图 3.1.1 所示。

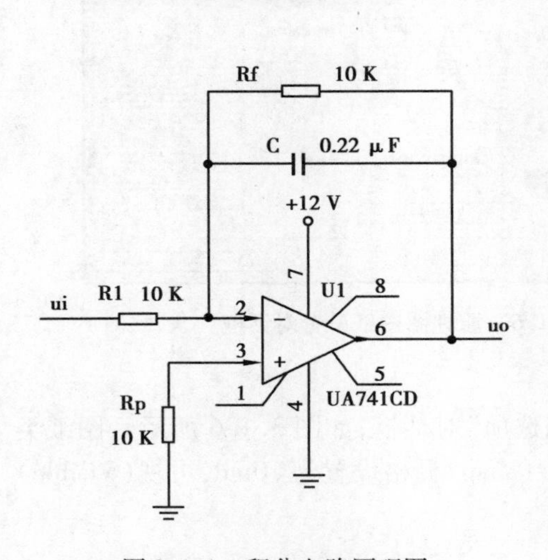

图 3.1.1 积分电路原理图

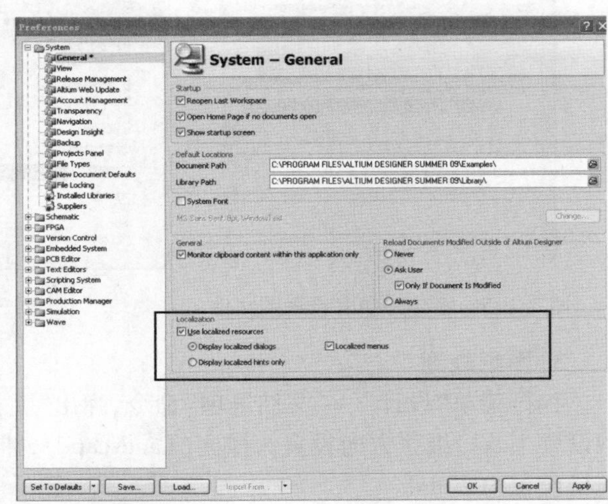

图 3.1.2 软件汉化设置

3.1.3 实验步骤

提示:实验指导书采用汉化版,若不是汉化版,执行菜单"DXP"→"Preference"→"System"→"General",勾选"Use localized dialogs"选项,如图3.1.2所示。设置成功后,重启软件即可实现汉化使用。

1)新建项目文件

①执行菜单命令"文件"→"新建"→"工程"→"PCB 工程",执行完后在Project工作面板中将出现如图3.1.3所示项目文件。

②执行菜单命令"文件"→"保存工程",弹出保存路径菜单,确定保存路径后输入项目文件名为"积分器电路"并保存,如图3.1.4所示。

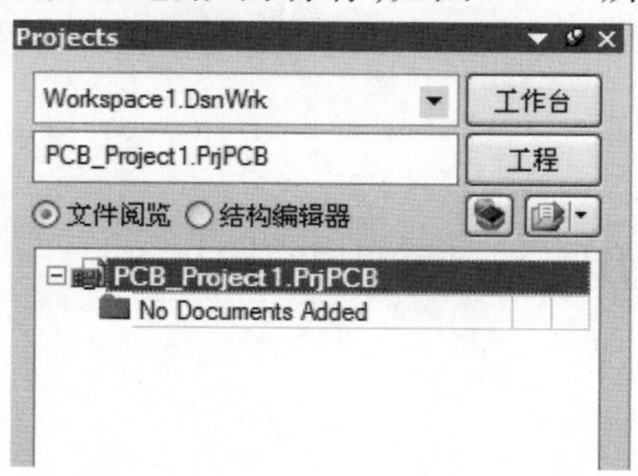

图3.1.3 新建项目文件

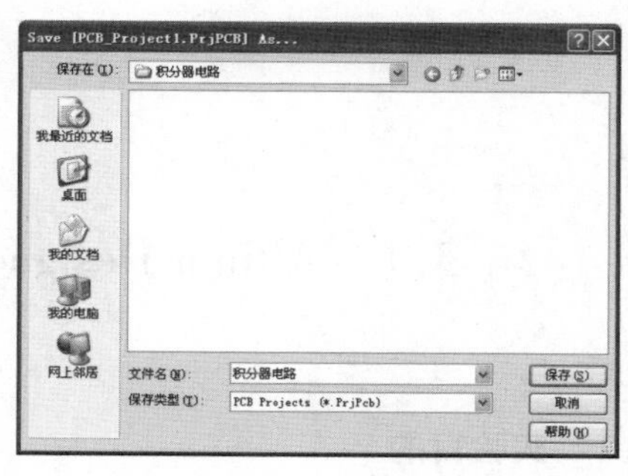

图3.1.4 保存项目文件

2)新建原理图文件

执行菜单"文件"→"新建"→"原理图"命令,在Project工作面板的项目文件下新建一个原理图文件Sheet1.Schdoc,保存为"积分器电路.Schdoc",保存后效果如图3.1.5所示。

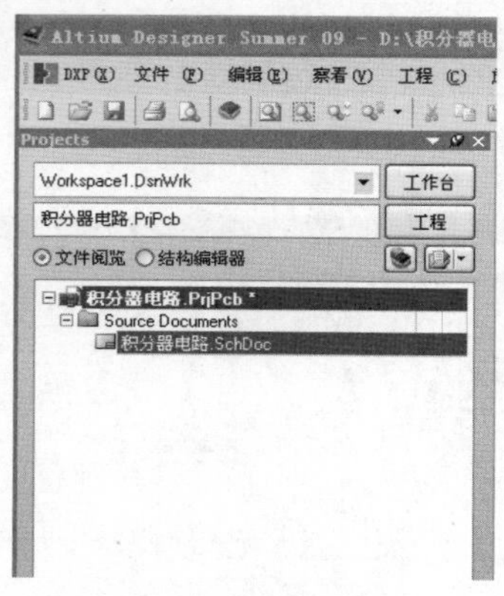

图3.1.5 新建并命名原理图文件

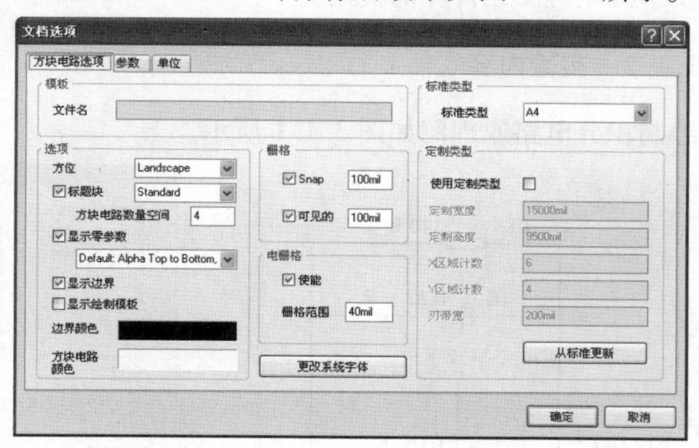

图3.1.6 原理图图纸设置对话框

3)图纸规划

执行菜单"设计"→"文档选项"命令,弹出"文档选项"对话框,如图3.1.6所示。图纸类型设置为A4,纸张方向设置为横向(Landscape),捕捉(snap)栅格设置为10mil,可视(Visible)栅格设置为20mil。

4)装载原理图元件库

电路中所包含的元件类型有:电阻、电容、芯片 uA741。电阻电容这些常用的元件在集成库 Miscellaneous Devices. IntLib 中都可以找到。默认情况下,创建原理图文件时,该库会自动加载。若在库列表中无此元件库,可通过下面方法加载。

①启动库工作面板。点击“System”→“库”,打开 Libraries 工作面板。在 Libraries 工作面板上单击“库…”,弹出如图 3.1.7 所示的添加元件库对话框。

②装载元件库。单击选项下方“添加库”按钮,在软件安装目录如 C:\Program Files\Altium Designer Summer 09\Library 下,选择添加 Miscellaneous Devices. IntLib,单击“打开”添加库完成,如图 3.1.8 所示。

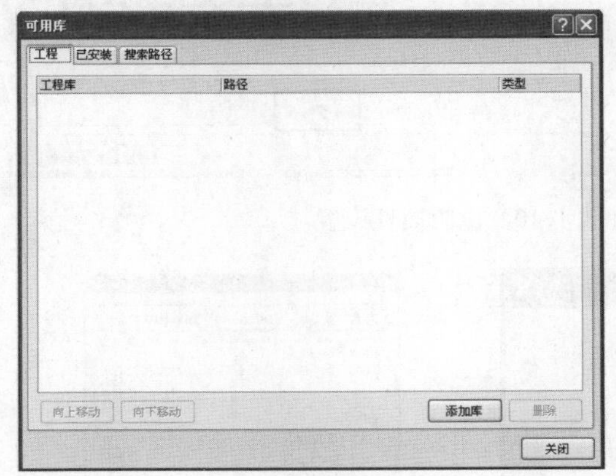

图 3.1.7　添加元件库

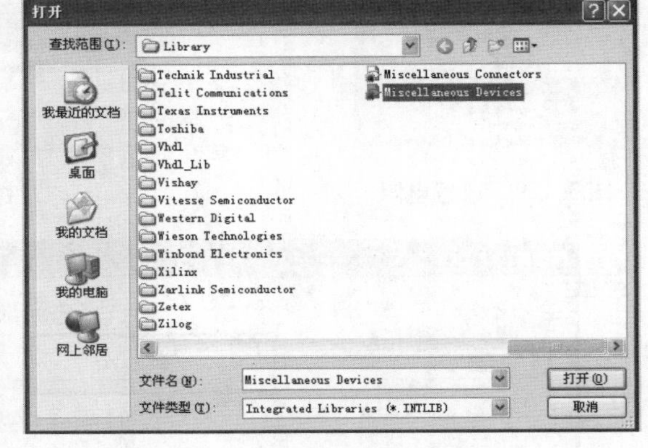

图 3.1.8　添加 Miscellaneous Devices. IntLib

5)放置调整元件

①在 Miscellaneous Devices. IntLib 中,在元件库中查找电阻,如图 3.1.9 所示。双击“Res2”,光标上则粘着电阻,光标变为十字。

②按下 Tab 键,设置元件属性,主要包括标识(Designator)、注释(Comment)等,并选择“可视”,如图 3.1.10 所示。点击“确定”后再在图纸上单击左键,即可把电阻 R_1 放到图纸上。

③依次查找并放置其他电阻和无极性电容(Cap)等。

④如果元件的方向不符合要求,则可调整元件的方向,方法是鼠标点住元件不放,按“Space”键,则可旋转 90°,按“X” 键可在 X 方向翻转,按“Y”键则可在 Y 方向翻转。

注:Altium Desiger 支持复制粘贴,选择需要粘贴的部分,按“Ctrl+C”复制,再按“Ctrl+V”则可粘贴。

6)查找元件

如果所用器件不在标准库中,可以到 Altium Designer 09 自带库中查找。

在如图 3.1.9 所示的“库面板”中点击“搜索”,出现如图 3.1.11 所示的“搜索库”对话框。

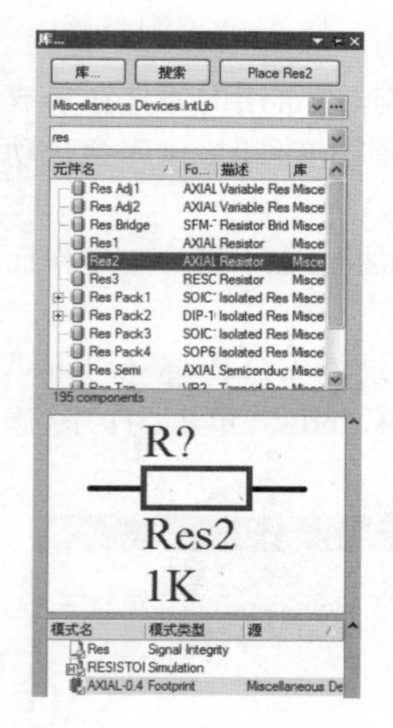

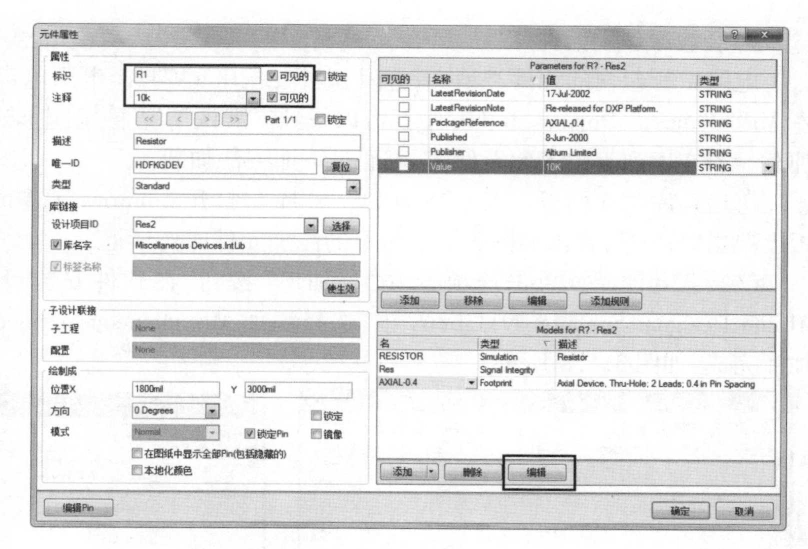

图 3.1.9　放置电阻　　　　图 3.1.10　电阻属性设置

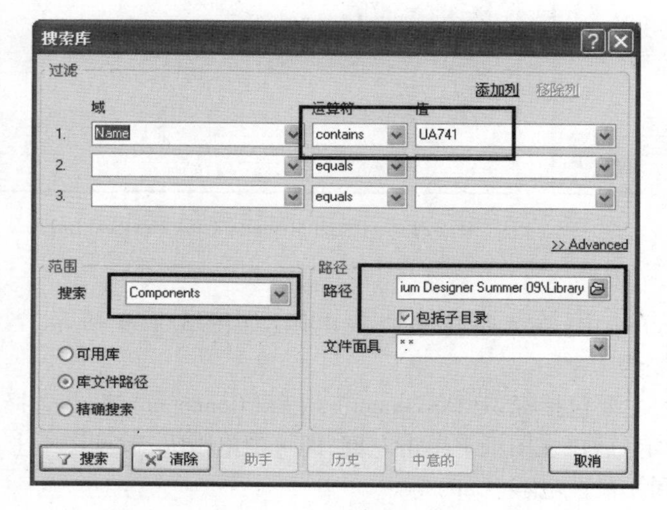

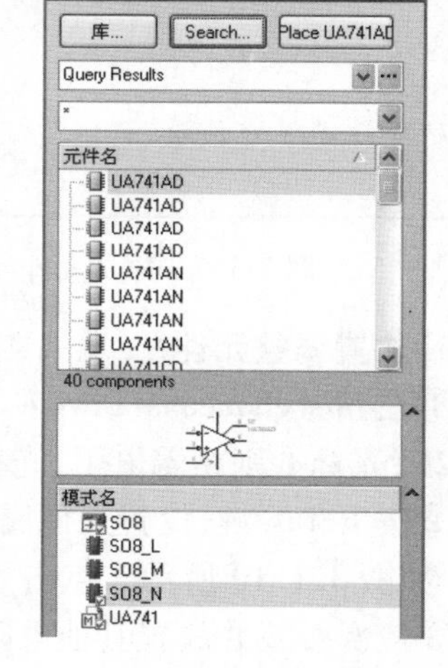

图 3.1.11　搜索库界面　　　　图 3.1.12　搜索到库元件后界面

域:name 器件名称;library 库;description 描述。

运算符:equals 等于,contains 包含。模糊搜索元器件时,选 contains。

值:在此填入元器件的型号,如 UA741(大小写均可)。

范围:“可用库”是已经导入的库;“库文件路径”表示搜索右侧路径中指定位置处的库。

路径:设置搜索的元器件所在库的路径,注意该处“包含子目录”需勾选。

设置完毕后,在图 3.1.11 上点击“搜索”开始搜索库元件,搜到后如图 3.1.12 所示。双击元件或拖出元件,即可放置元件。双击放置在图纸上的 UA741,设置元件属性如图 3.1.13 所示,可以看到它位于 ST Operational Amplifier. IntLib 库中。

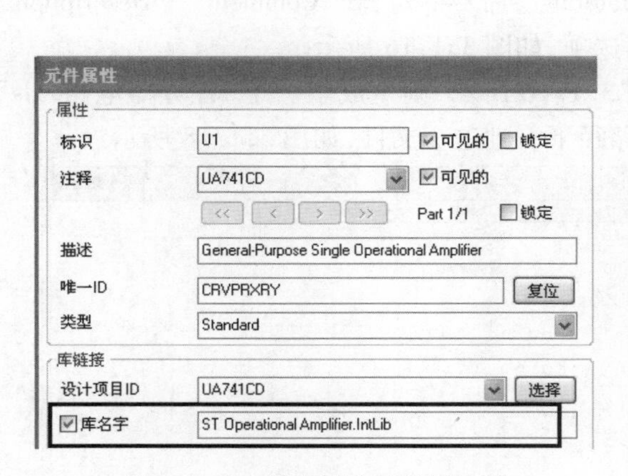

图 3.1.13 搜索到的元件属性图

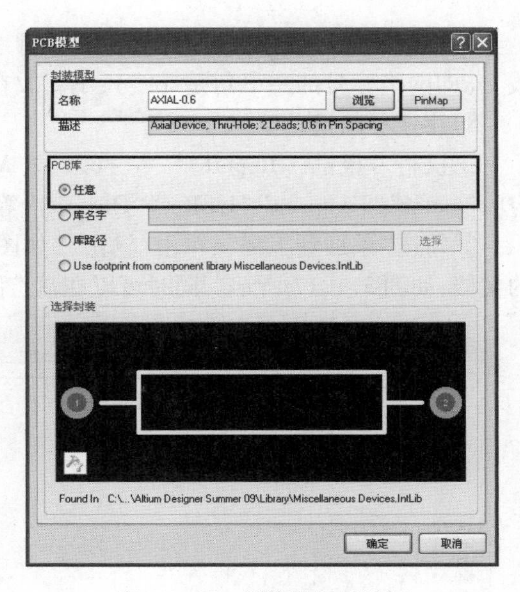

图 3.1.14 封装设置对话框

7)绘制电路

①放置其他元件,修改元件属性。

②封装设置。点击图 3.1.10 所示对话框中的右下角“编辑”,弹出封装设置对话框,如图 3.1.14 所示。勾选“任意”,并将电阻封装(Footprint)设置为 AXIAL-0.6。电容封装设置为 RAD-0.1,运放 UA741 封装设置为 DIP-8。

③放置电源和地。执行“放置(Place)”→“电源端口(Powerport)”命令,放置电源端口。按“Table”键(或放置到图纸上后双击电源),设置电源属性,将网络名称改为“+12V”,类型改为“Circle”,勾选显示网络名,如图 3.1.15 所示。地的网络名称改为 GND,类型改为 Power Ground,不勾选显示网络名。

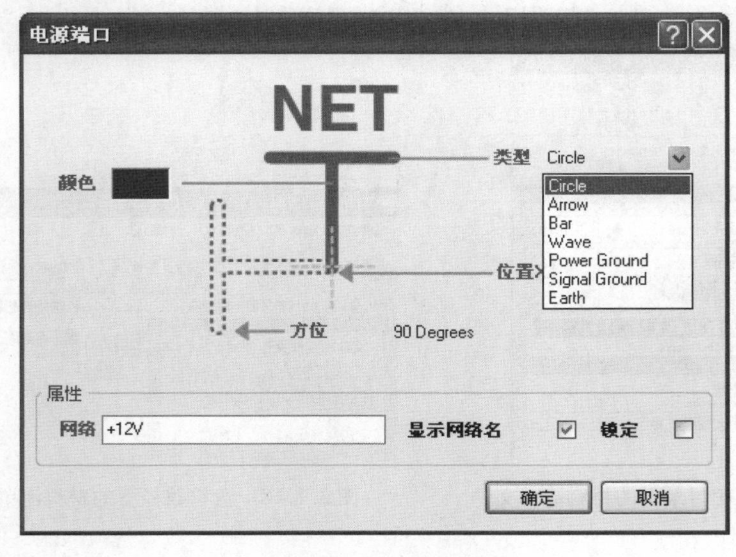

图 3.1.15 电源端口属性设置对话框

④绘制导线(Wire)、网络标号(Netlabel)等,完成电路的绘制。注意:网络标号要放在导线上(即网络标号的左下角是导线),不要放在空白的位置。

8)生成材料清单

①执行"报告(Report)"→"Bill of Materals"命令,勾选"Comment""Description""Designator""Footprint""LibRef""Quantity"等选项,如图3.1.16所示。

②勾选"添加到工程",单击"输出",如图3.1.16所示,则生成了一个"积分器电路.xls"的文档,如图3.1.17所示。同时可以在盘符路径下看到这个文件,如图3.1.18所示。

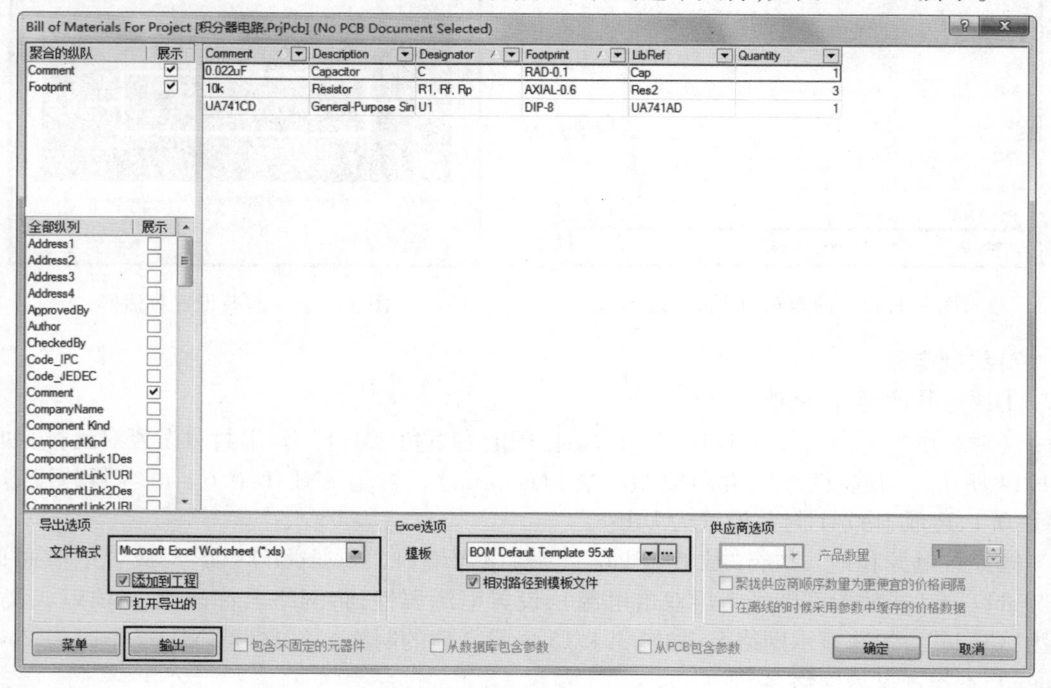

图3.1.16 生成材料清单对话框

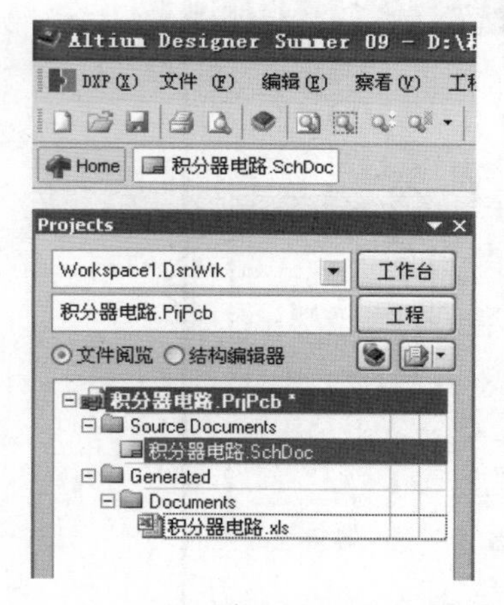

图3.1.17 工程目录下的材料清单文件

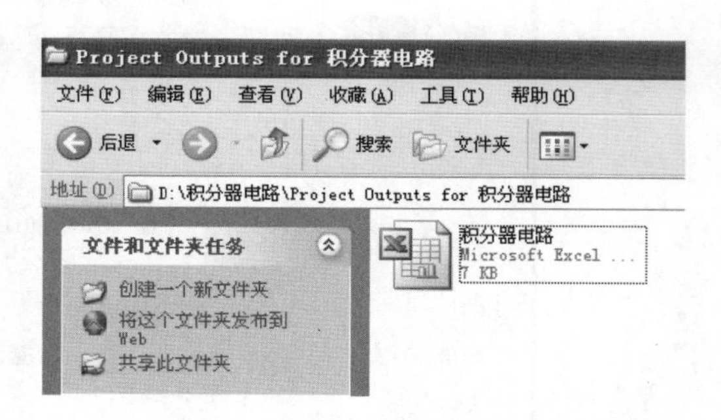

图3.1.18 盘符路径下的材料清单文件

思考题

1. 总结常用的快捷键

Ctrl+Pagedown	图纸充满屏幕
Ctrl+鼠标滚轮	放大缩小
P+P	放置元件
P+N	放置网络标号
P+W	放置导线
P+O	放置电源

2. 包含“. PrjPcb”“PrjFpg”“SchDoc”“PcbDoc”“SchLib”“PcbLib”几种后缀名文件分别代表什么文件？它们之间的关系是怎样的？

练一练

画出如图 3.1.19 所示的 RS232 接口电路图。

输入输出端口：PORT（设置 I/O 类型，上面两个为输入，后面两个为输出）；总线：BUS；总线入口：BUS ENTRY；D Connector 9（9 针 D 型插座）位于 Miscellaneous Connectors. IntLib 库；MAX3232EUE 运用搜索功能寻找。

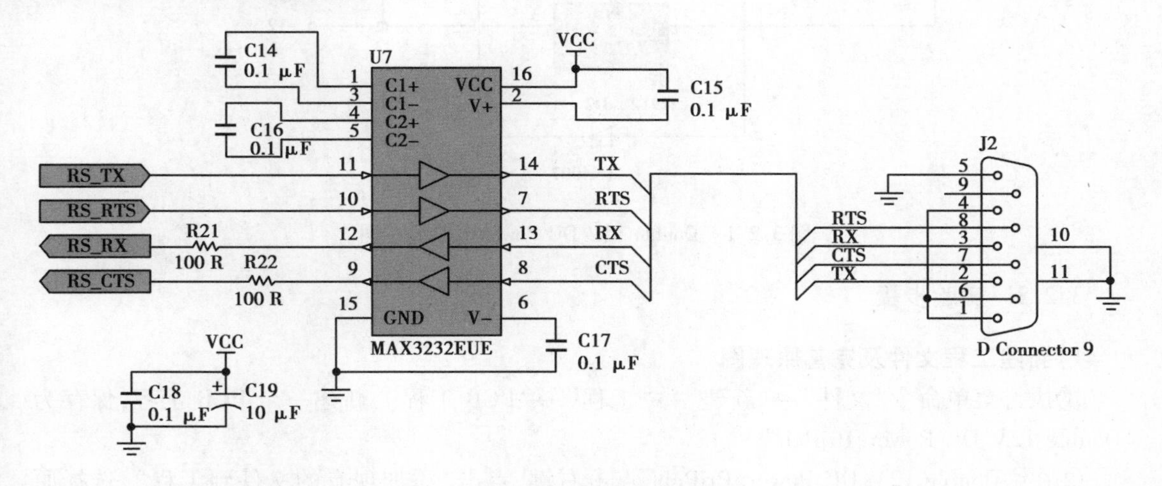

图 3.1.19　RS232 接口电路原理图

3.2　Altium Designer 应用——印刷电路板设计

3.2.1　实验目的

①掌握 PCB 设计流程、手动布局以及自动布线的方法。
②掌握根据元件尺寸设计 PCB 封装。
③理解生成 PCB 的方法以及布线规则的设置。
④了解 PCB 布局的方法。

3.2.2　实验内容

设计图 3.2.1 所示“Double 12V DC Power”原理图的 PCB 板。

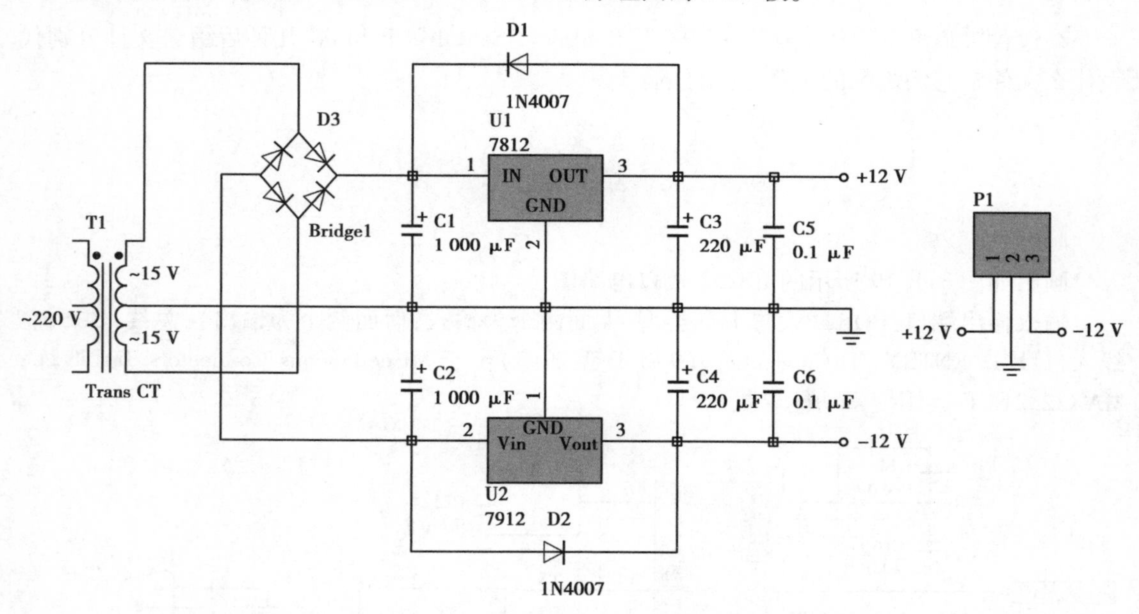

图 3.2.1　Double 12V DC Power 电路原理图

3.2.3　实验步骤

1) 新建工程文件及完善原理图

①执行菜单命令“文件”→“新建”→“工程”→“PCB 工程”,新建一个 PCB 工程,保存为“Double 12V DC Power. PrjPcb”。

②在 “Double 12V DC Power. PrjPcb”点击右键,点击“添加现有的文件到工程”,选择原理图文件“Double 12V DC Power. SchDoc”、PCB 文件“Double 12V DC Power. PcbDoc”、原理图元件库文件“MySchlib1. SchLib”、封装库文件“PcbLib1. PcbLib”。将四个文件添加到工程中,如图 3.2.2 所示。

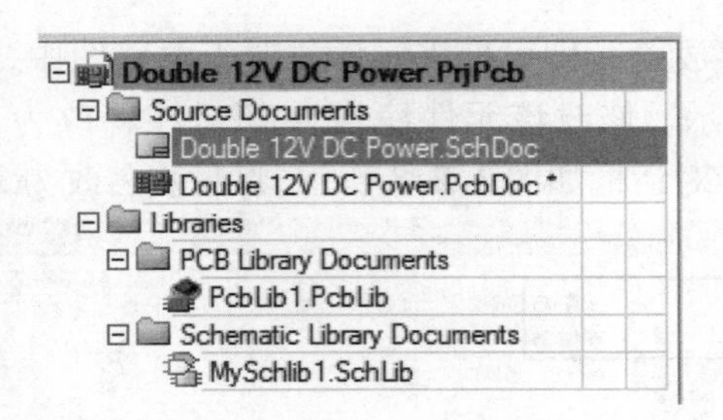

图 3.2.2 工程中几个文件的关系

③打开“MySchlib1. SchLib”文件,单击右下角“SCH”→“SCH library”,调出 SCH library 面板,如图 3.2.3 所示。该库中已经默认添加了一个元件 component_1 ,元件如图 3.2.4 所示。

图 3.2.3 SCH library 面板图

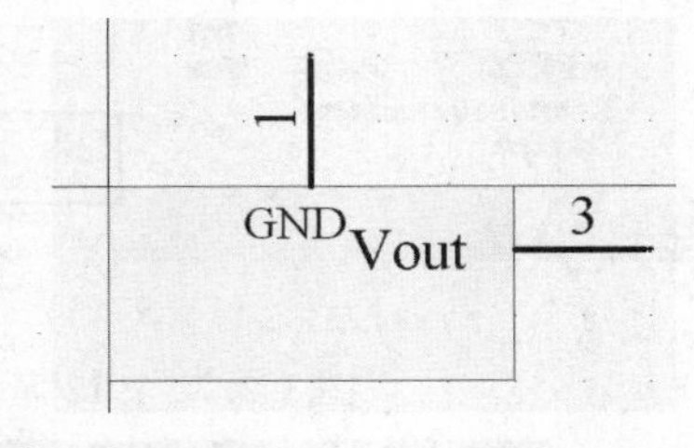

图 3.2.4 待完善的元件图

④双击图 3.2.3 中“COMPONENT_1”或点击“编辑”,修改元件属性。元件编号(Default Designer)为 U?,注释为 79XX,元件物理名称(Symbol Reference)为 79XX,如图 3.2.5 所示。

⑤执行菜单命令“放置”→“引脚”,将引脚放置在合适位置。双击引脚,修改管脚号为 2,管脚名为 Vin,长度修改为 200 mil,如图 3.2.6 所示。

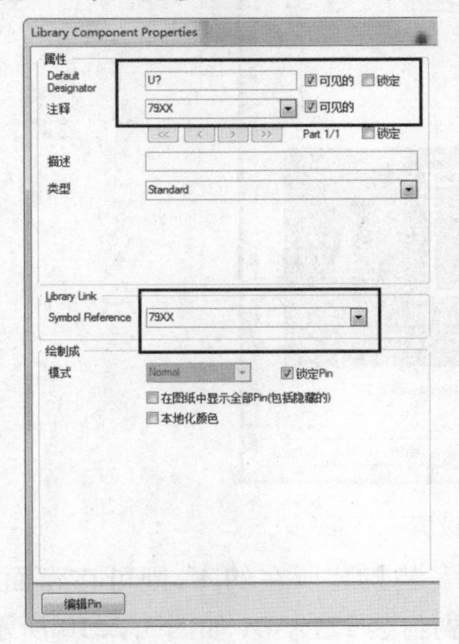

图 3.2.5 元件 79XX 属性

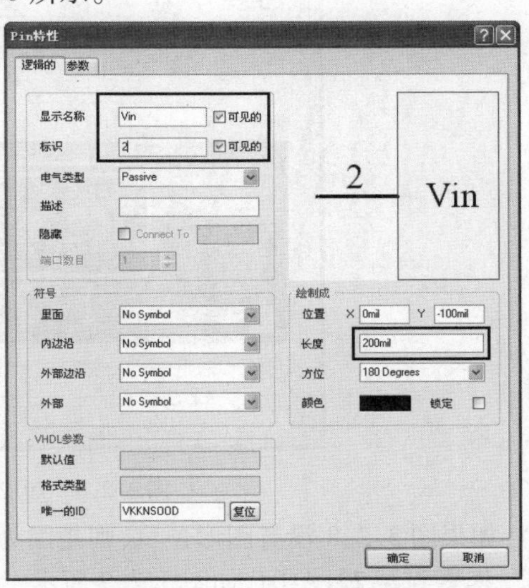

图 3.2.6 管脚属性修改

⑥单击图 3.2.3 中的"放置",即可把该元件放置于电路图中,双击该元件,弹出"元件属性"对话框,如图 3.2.7 所示。修改该元件编号为 U2,注释改为 7912,点击"添加-Footprint(封装)",弹出"PCB 模型"对话框如图 3.2.8 所示,将封装名改为 221A-04。

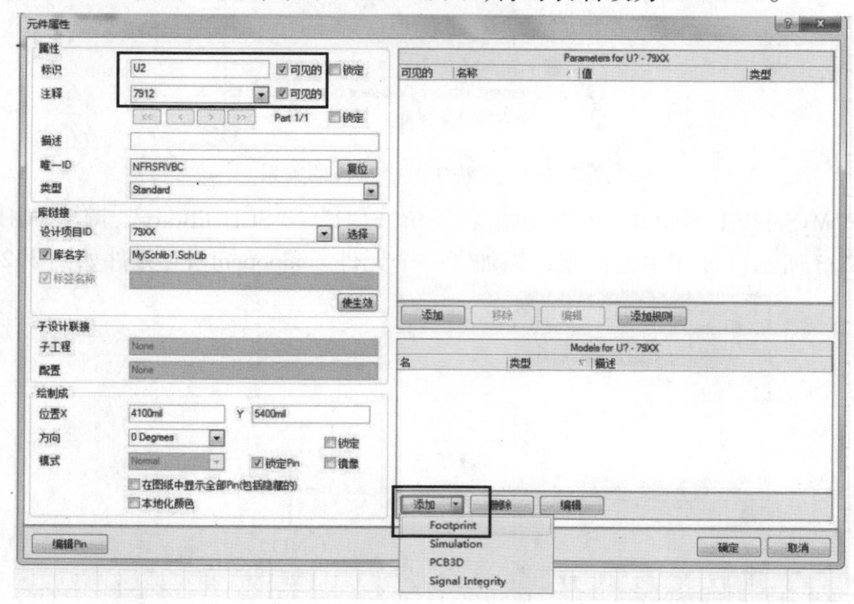

图 3.2.7　7912 属性设置对话框

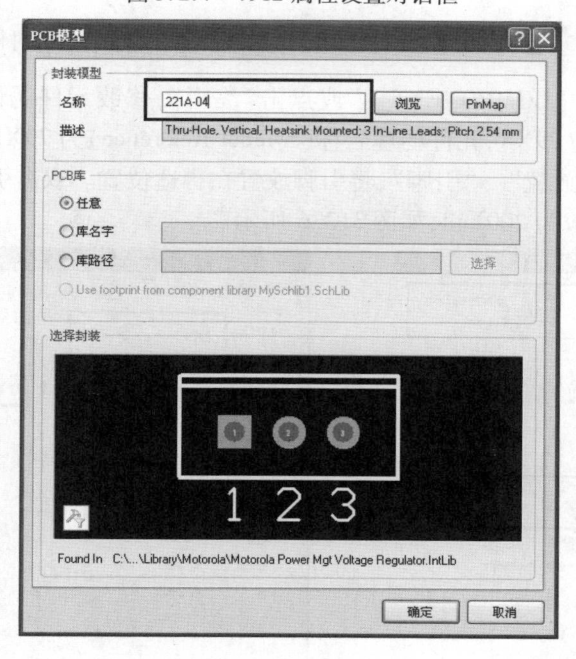

图 3.2.8　7912 封装设置

注意:如果图 3.2.8 没有图形预览,则是因为没有安装封装所在的库,则可在库面板图中点"搜索",搜索封装 221A-04,如图 3.2.9 所示。搜索到封装 221A-04 如图 3.2.10 所示,双击该封装名"221A-04",再把该封装所在的库进行安装即可。

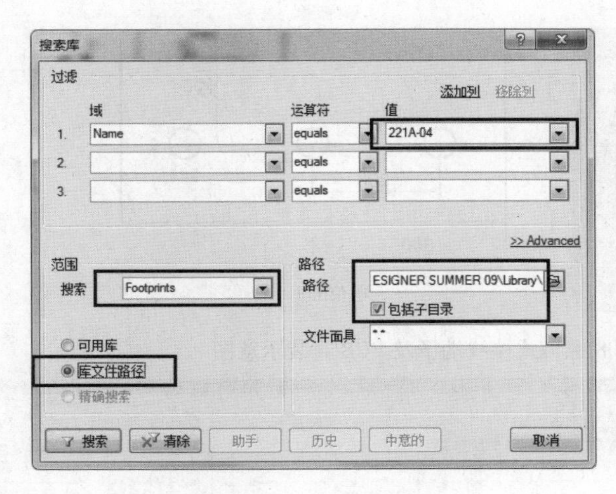

图 3.2.9　搜索封装

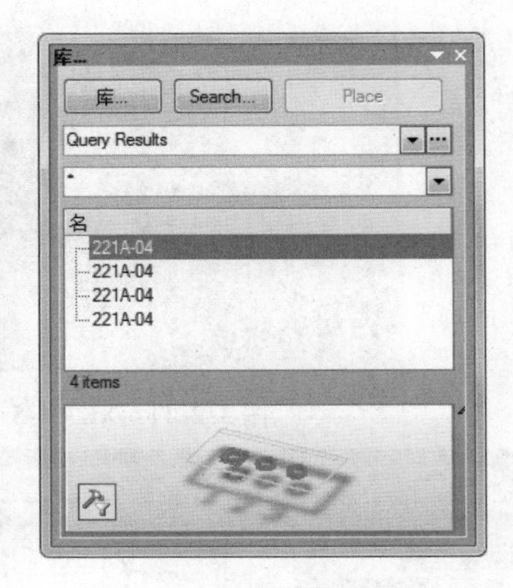

图 3.2.10　搜索封装结果

⑦在原理图中放置电源接线端子 P1。该元件物理名称(样本名)为 Header 3,位于 Miscellaneous connectors. IntLib 集成库中,封装设置为 XK301-5.08,该封装由自建封装库文件提供。

⑧观察所有元件是否都设置有封装,若未添加封装或封装不符合表 3.2.1,请按表 3.2.1 添加或修改封装。至此,原理图修改完毕。

表 3.2.1　元件封装设置

元件类别	封装	所在库
变压器	TRF_5	Miscellaneous Devices. IntLib
整流桥	E_BIP_P4/D10	Miscellaneous Devices. IntLib
电解电容	RB5-10.5	Miscellaneous Devices. IntLib
无极性电容	RAD-0.1	Miscellaneous Devices. IntLib
二极管	DIODE-0.4	Miscellaneous Devices. IntLib
三端稳压器	221A-04	用搜索功能寻找
三端接线端子	XK301-5.08	自建封装库文件 PcbLib1. PcbLib

2)完善 PCB 库文件

三端接线端子 P_1 采用螺钉式接线端子,采用 XK301-5.08 封装模式,如图 3.2.11 所示,该封装采用自建封装库文件编辑。

①打开 PCB 库文件“PcbLib1. PcbLib”,并点击左下角标签“PCB Library”,可见,此文件中已有一个封装,名为“PCBCOMPONENT_1”,如图 3.2.12 所示。

②双击“PCBCOMPONENT_1”或执行菜单命令“工具”→“元件属性”,打开 PCB 元件属性对话框,将封装名称修改为 XK301-5.08,如图 3.2.13 所示。

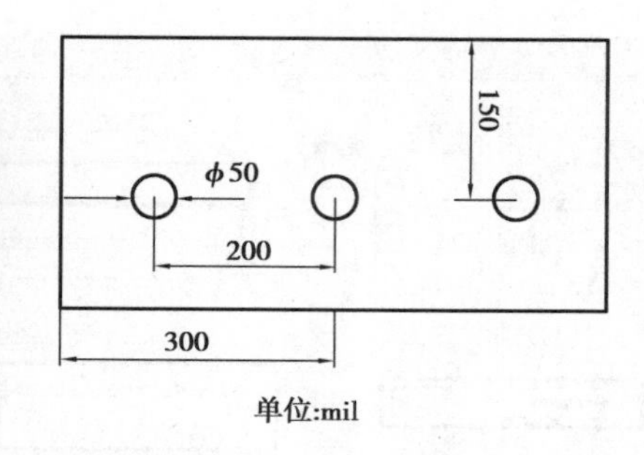

图 3.2.11　XK301-5.08 螺钉式接线端子及 PCB 封装示意图

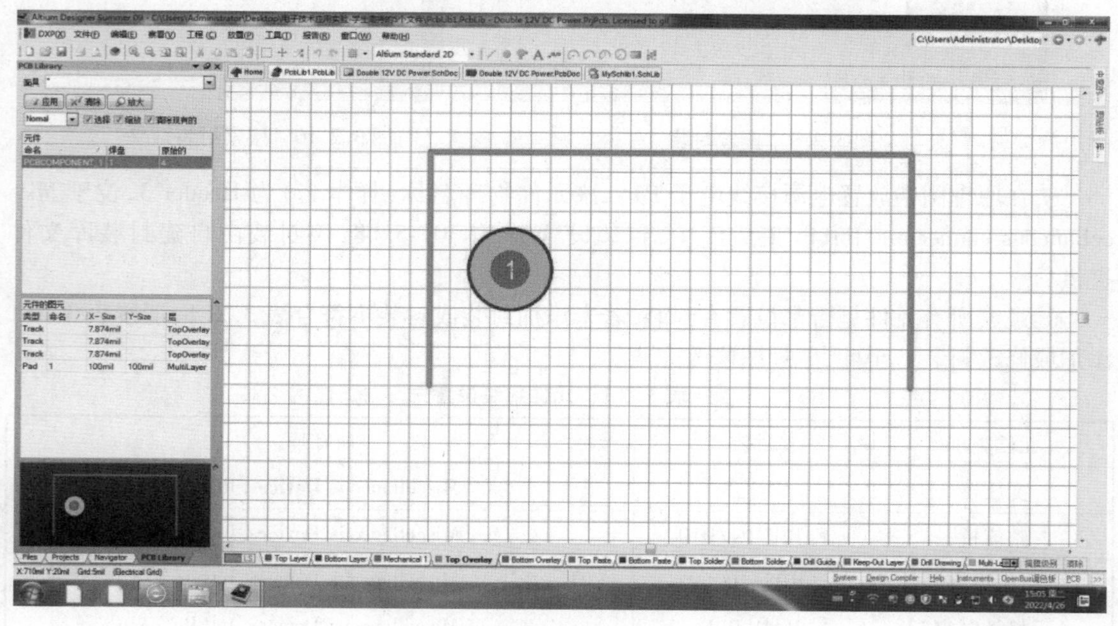

图 3.2.12　待完善的封装库文件

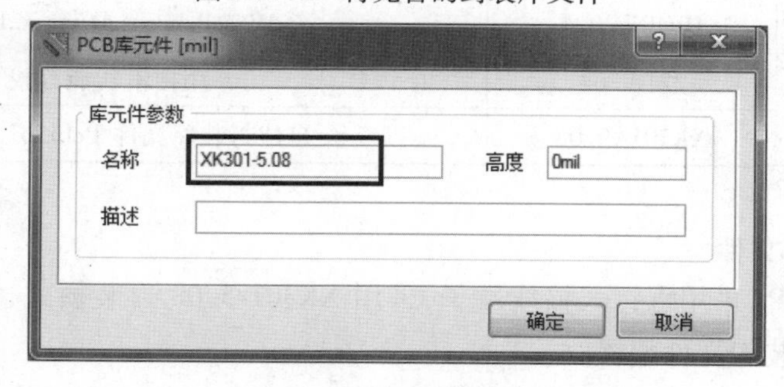

图 3.2.13　修改封装名称

③点击图 3.2.12 下方层标签“Top Overlayer”，执行菜单命令“放置”→“走线”，按照图 3.2.11 所示 PCB 示意图画完 PCB 轮廓。

④执行菜单命令“放置”→“焊盘”，按照图 3.2.11 所示尺寸放置焊盘 2 和焊盘 3 到正确位置。双击焊盘，打开焊盘属性对话框，修改焊盘的直径、焊盘通孔直径和焊盘号，如图 3.2.14 所示。

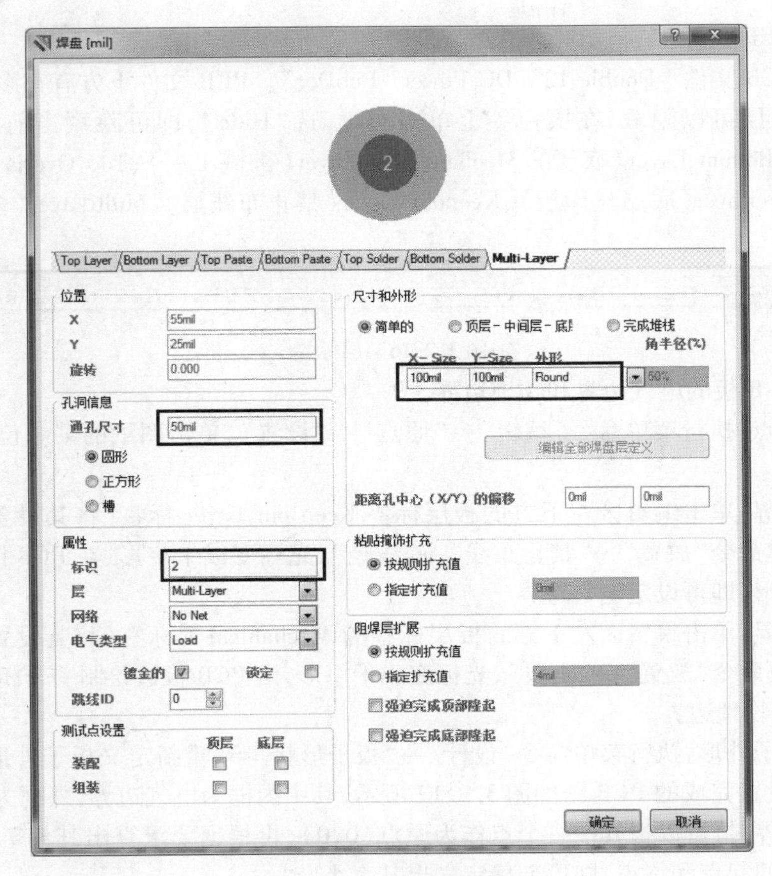

图 3.2.14　焊盘属性设置

⑤保存文件，完善后的封装如图 3.2.15 所示。

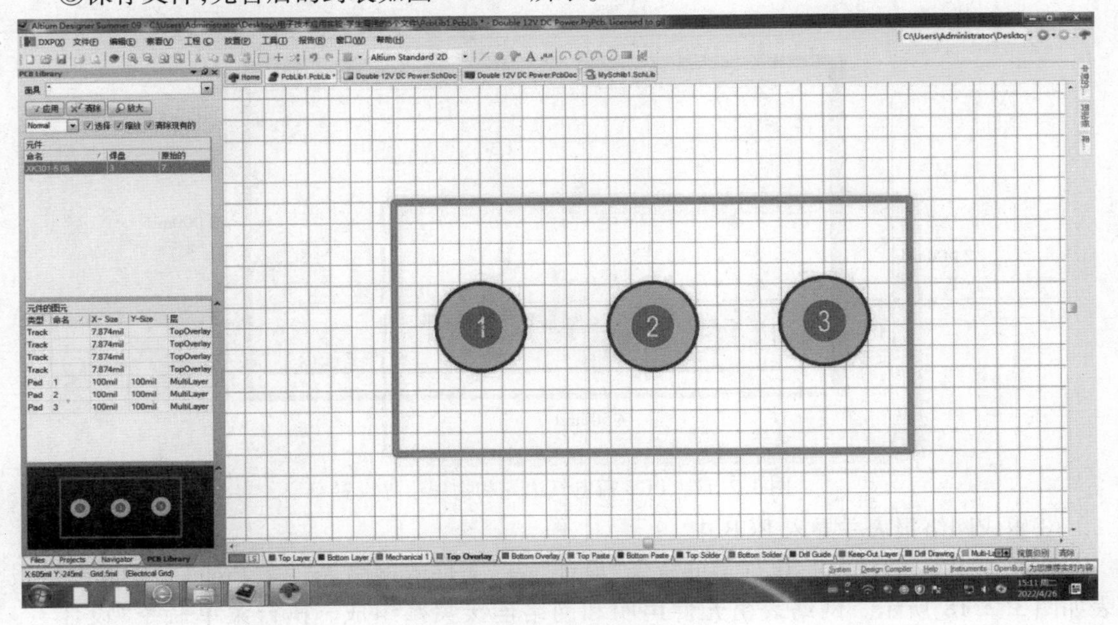

图 3.2.15　完善后的封装

3)设计 PCB 文件

①打开 PCB 文件“Double 12V DC Power. PcbDoc”。PCB 文件下方有很多层标签,如图 3.2.16 所示。层可以隐藏,在层标签上单击右键,选“Hide”,即可隐藏当前层。留下 Top Layer(顶层)、Bottom Layer(底层)、Mechanical 1 Layer(机械 1 层)、Top Overlayer(顶层丝印层)、Bottom Overlayer(底层丝印层)、Keepout Layer(禁止布线层)、MultiLayer(多层),其余层隐藏。

图 3.2.16 层标签

②绘制 PCB 板的电气边界和物理边界。

• 设置原点:执行菜单命令“编辑”→“原点”→“设置”,单击图纸的某一位置,即把该点设置为原点。

• 电气边界:单击编辑区左下方的板层标签 Keep out Layer 标签(将其设置为当前层)。然后,执行菜单命令“放置”→“禁止布线”→“线径”,光标变成十字形,在 PCB 图上绘制出一个封闭的多边形,即可设定电气边界。

• 物理边界:单击编辑区左下方的板层标签的 Mechanical 1 标签(将其设置为当前层)。然后,执行菜单命令“放置”→“走线”,光标变成十字形,沿 PCB 板边绘制一个闭合区域,即可设定 PCB 板的物理边界。

• 定义板子外形:执行菜单命令“设计”→“板子形状”→“重新定义板子外形”,重新设定 PCB 板形状,设置完成的 PCB 图如图 3.2.17 所示,其中内框为电气边界,外框为物理边界。

在定义边界时,可以把其中一个点作为原点(0,0),再根据要求算出其他 7 个点的坐标,画线时定义线的起点和终点,则可准确定义出其大小。

注意:提供的文件中,大部分边界已定义好,只需完善部分边界即可。

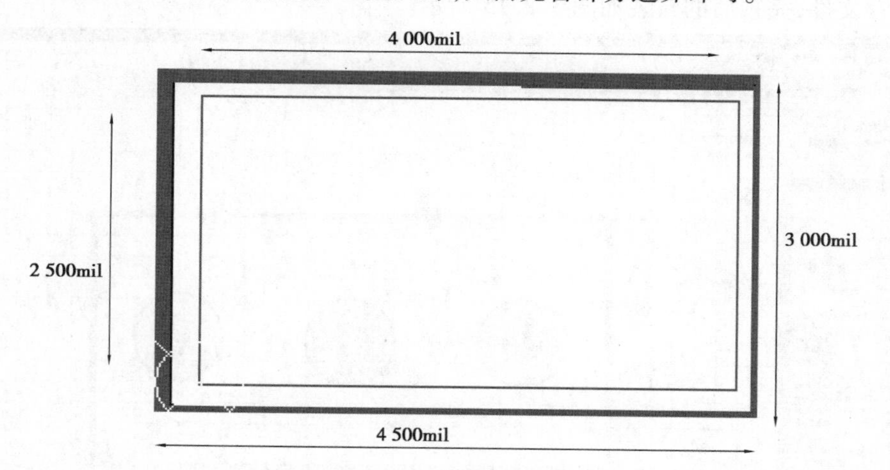

图 3.2.17 PCB 板电气边界和物理边界设置

③生成网络报表并导入 PCB 中。

在原理图编辑环境中,执行菜单命令“设计”→“文件的网络表”→“Protel”,生成网络报表如图 3.2.18 所示。网络表由元件声明和网络连接关系组成。执行菜单命令“设计”→

“Update PCB Document Double 12V DC Power. PcbDoc”，系统将弹出“工程更改顺序”对话框，如图 3.2.19 所示。

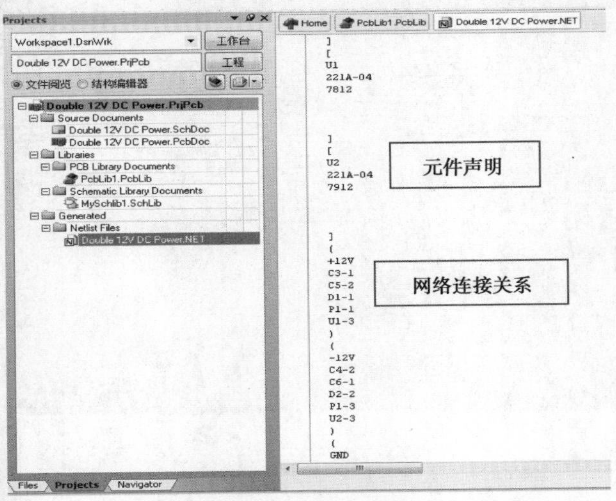

图 3.2.18　原理图生成的网络表

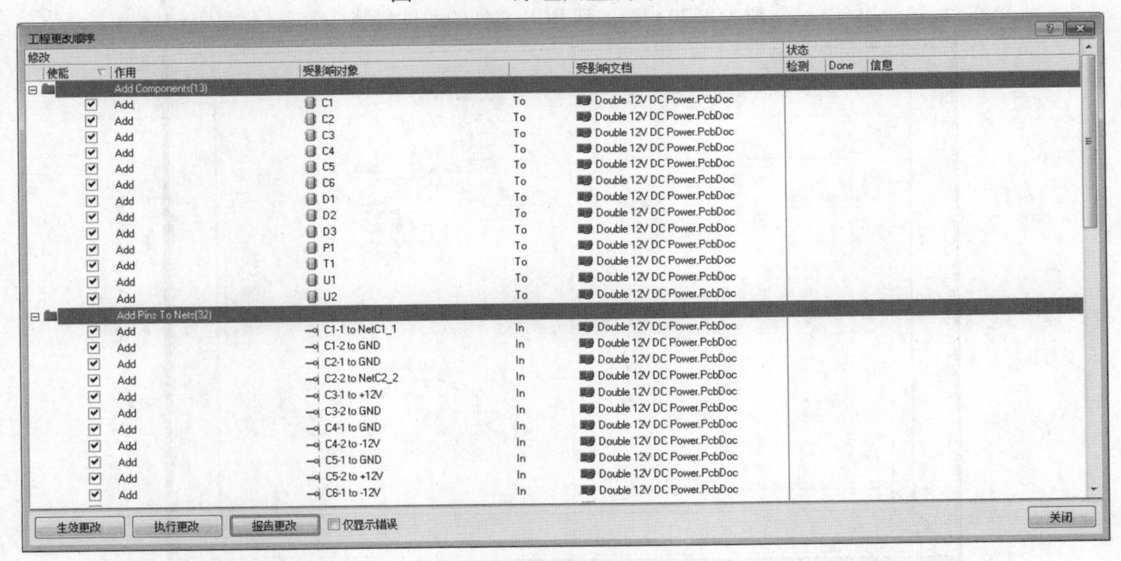

图 3.2.19　工程更改顺序对话框

④单击图 3.2.19 对话框中的“生效更改”，检查所有改变是否正确，若所有的项目后都出现✔标志，则项目转换成功。

⑤单击“执行更改”按钮，将元器件封装添加到 PCB 文件中。完成添加后，关闭对话框。此时，在 PCB 图上已经有了元器件的封装，如图 3.2.20 所示。

4）元器件布局

①将元件屋整体拖至 PCB 板的上面，删除元件屋，对布局不合理的地方进行手工调整，整流桥后的元件要基本对称，文字方向调整一致。调整后的 PCB 图如图 3.2.21 所示。

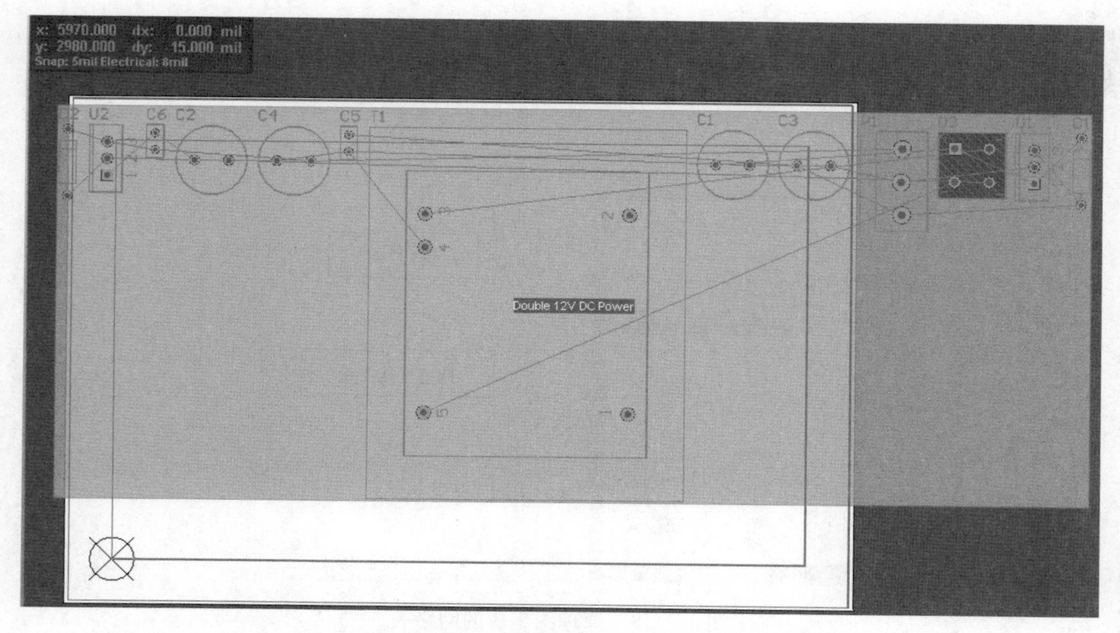

图 3.2.20 添加到 PCB 文件的元件封装

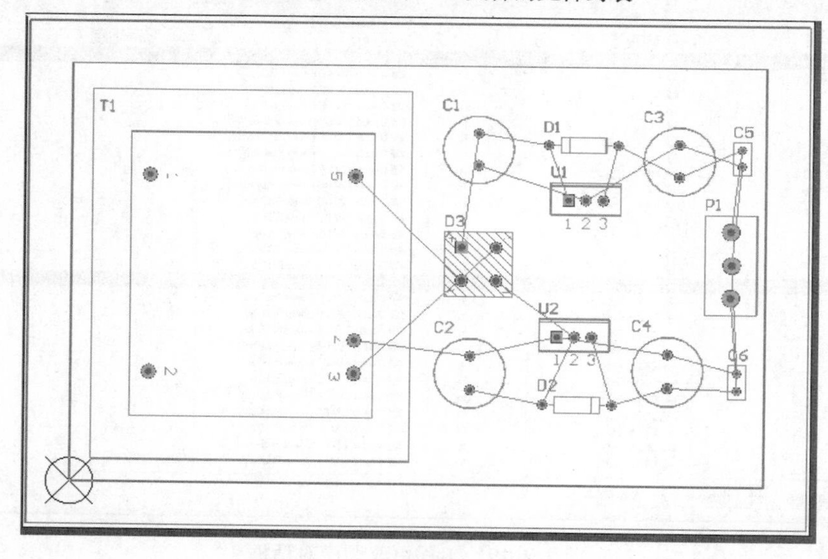

图 3.2.21 手工调整后的 PCB 图

②执行菜单命令“工具”→“传统工具(Legacy Tool)”→“传统 3D 显示(Legacy 3D View)”,查看 3D 效果图,检查布局是否合理,如图 3.2.22 所示。

5)布线

(1)设置布线规则

执行菜单命令:“设计”→“规则”,弹出“PCB 规则及约束编辑器”对话框。

这里有很多布线规则。本项目只设置“RoutingLayers(布线层)”和“Width(线宽)”两个规则。

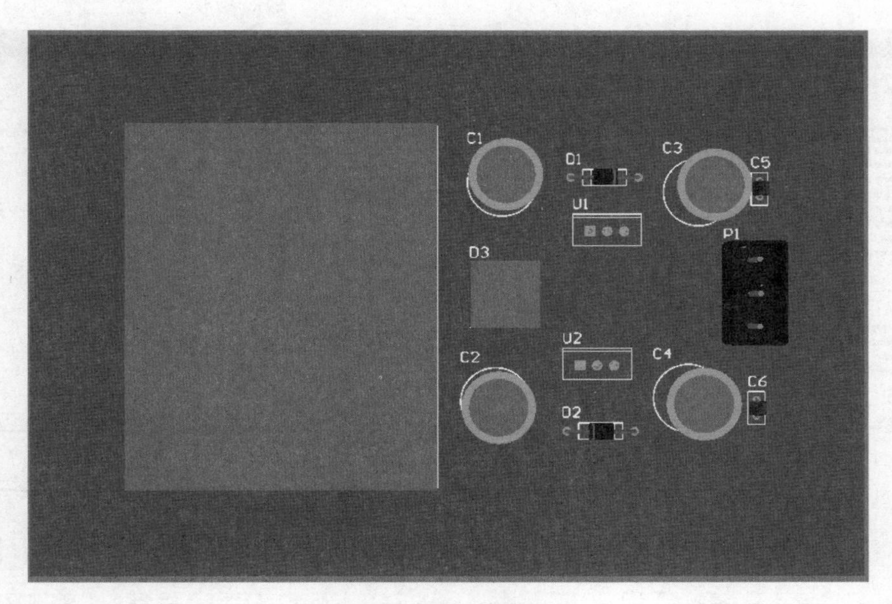

图 3.2.22　3D 效果图

①单面板设置。点 Routing-Routing Layers-RoutingLayers，默认是两个层都允许布线，将 TopLayer 的√去掉，不允许布线，如图 3.2.23 所示。

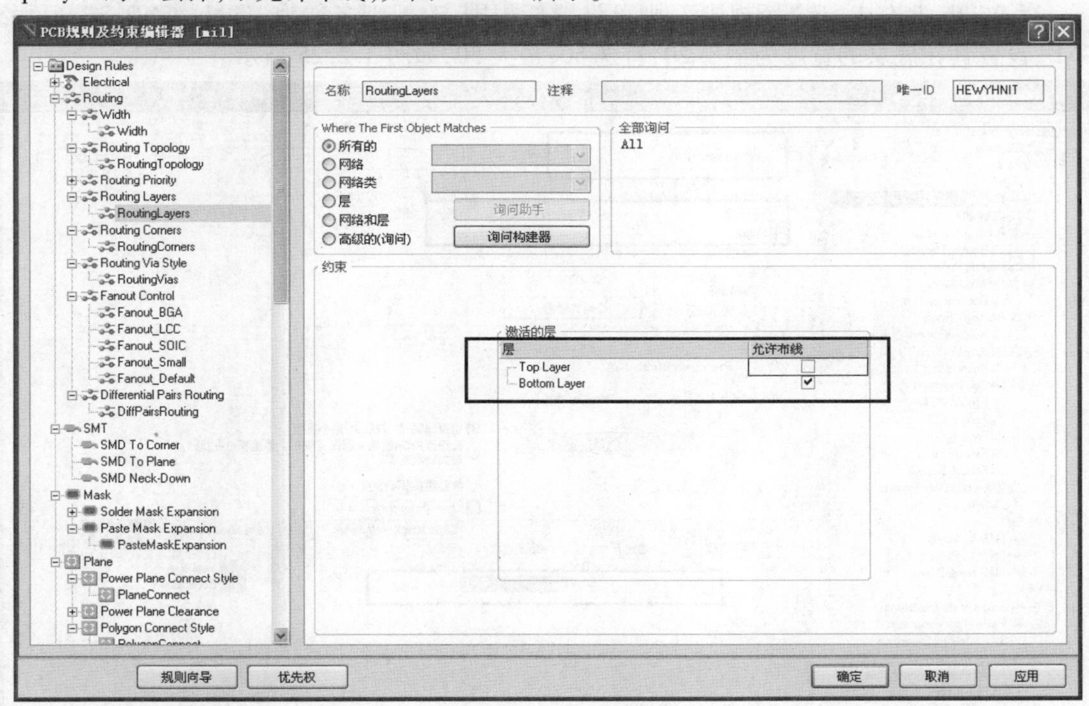

图 3.2.23　单面板设置

②布线宽度设置。在 Routing-Width-Width 中，设置底层的普通铜膜导线的宽度为最小 20，首选 20，最大 40，如图 3.2.24 所示。

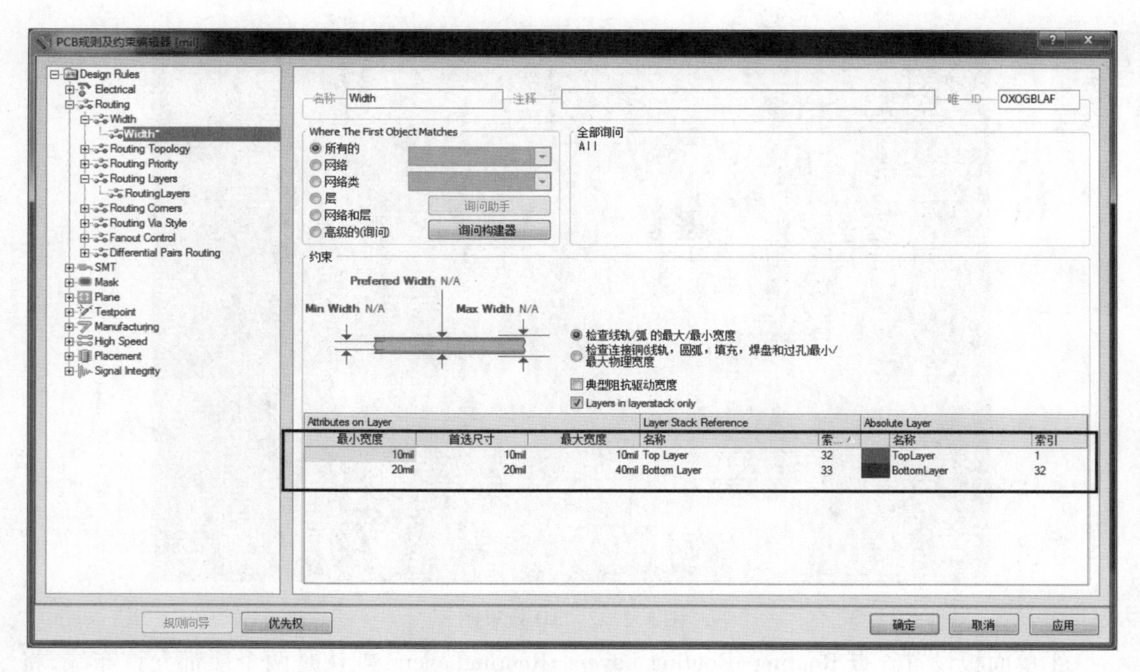

图 3.2.24　普通导线线宽设置

在 Width 上右击，选“新规则”，则可设置新规则，改规则名称为 Width_GND，选择网络 GND，设置其在底层的宽度为最小 20，首选 50，最大 50，如图 3.2.25 所示。

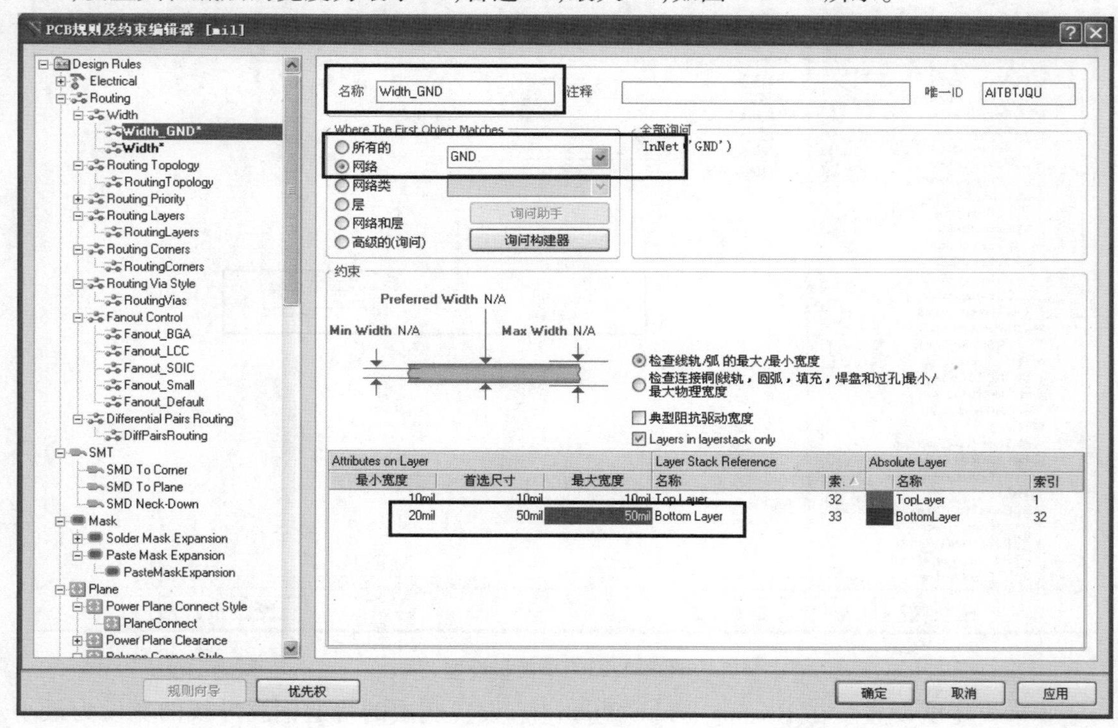

图 3.2.25　网络 GND 线

运用同样的方法，设置网络+12V 在底层的宽度为最小 20，首选 40，最大 40；设置网络

-12 V 在底层的宽度为最小 20，首选 40，最大 40。

四个线宽规则设置完成之后，其线宽规则如图 3.2.26 所示。点左下角“优先权”，弹出“编辑规则优先权”对话框如图 3.2.27 所示，即可调整各个规则的优先权。调整其优先权如图 3.2.28 所示。

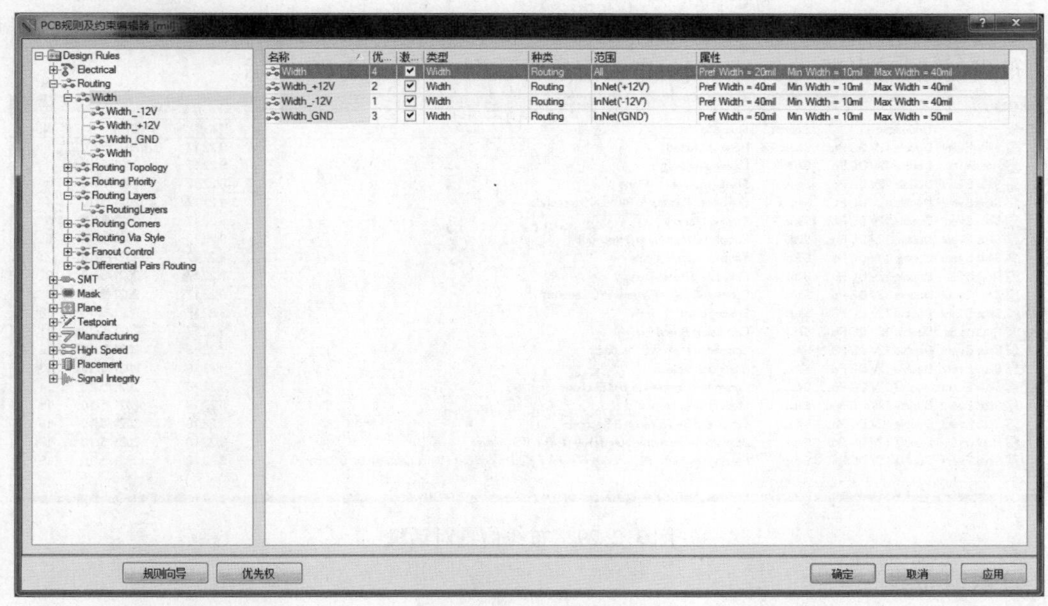

图 3.2.26　所有线宽设置

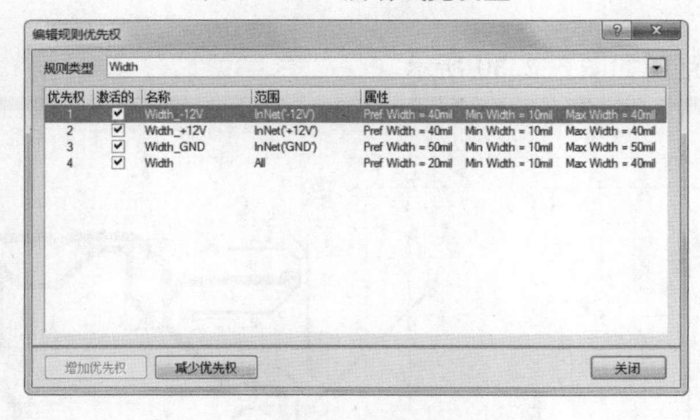

图 3.2.27　线宽设置优先权调整前

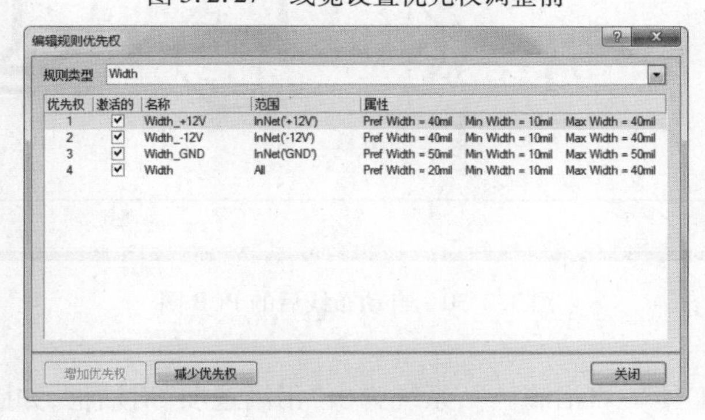

图 3.2.28　线宽设置优先权调整后

(2)布线

布线分为手动布线和自动布线,可以两者结合来完成布线。

①手动布线。切换到 Bottom Layer,执行菜单命令"放置"→"Interactive Routing",即可手动布线。布线完成后,飞线消失,铜膜导线上有网络名。

②自动布线。设置完成后,执行菜单命令"自动布线"→"全部"→"Route All",系统开始自动布线,并同时出现一个 Message 布线信息对话框,如图 3.2.29 所示。

Messages

Class	Document	Source	Message	Time	Date	No.
Situs Event	Double 12V DC Po...	Situs	Routing Started	9:22:17	2021/5/10	1
Routing S...	Double 12V DC Po...	Situs	Creating topology map	9:22:17	2021/5/10	2
Situs Event	Double 12V DC Po...	Situs	Starting Fan out to Plane	9:22:17	2021/5/10	3
Situs Event	Double 12V DC Po...	Situs	Completed Fan out to Plane in 0 Seconds	9:22:17	2021/5/10	4
Situs Event	Double 12V DC Po...	Situs	Starting Memory	9:22:17	2021/5/10	5
Situs Event	Double 12V DC Po...	Situs	Completed Memory in 0 Seconds	9:22:17	2021/5/10	6
Situs Event	Double 12V DC Po...	Situs	Starting Layer Patterns	9:22:17	2021/5/10	7
Routing S...	Double 12V DC Po...	Situs	Calculating Board Density	9:22:17	2021/5/10	8
Situs Event	Double 12V DC Po...	Situs	Completed Layer Patterns in 0 Seconds	9:22:17	2021/5/10	9
Situs Event	Double 12V DC Po...	Situs	Starting Main	9:22:17	2021/5/10	10
Routing S...	Double 12V DC Po...	Situs	Calculating Board Density	9:22:17	2021/5/10	11
Situs Event	Double 12V DC Po...	Situs	Completed Main in 0 Seconds	9:22:18	2021/5/10	12
Situs Event	Double 12V DC Po...	Situs	Starting Completion	9:22:18	2021/5/10	13
Situs Event	Double 12V DC Po...	Situs	Completed Completion in 0 Seconds	9:22:18	2021/5/10	14
Situs Event	Double 12V DC Po...	Situs	Starting Straighten	9:22:18	2021/5/10	15
Situs Event	Double 12V DC Po...	Situs	Completed Straighten in 0 Seconds	9:22:18	2021/5/10	16
Routing S...	Double 12V DC Po...	Situs	25 of 25 connections routed (100.00%) in 0 Seconds	9:22:18	2021/5/10	17
Situs Event	Double 12V DC Po...	Situs	Routing finished with 0 contentions(s). Failed to complete 0 connection(s) in 0 Seconds	9:22:18	2021/5/10	18

图 3.2.29　布线信息对话框

6)取消布线

如果对布线不满意,可以取消布线,再重新布线。方法是:执行菜单命令:"工具"→"取消布线"→"全部"。

布线完成后的电路图如图 3.2.30 所示。

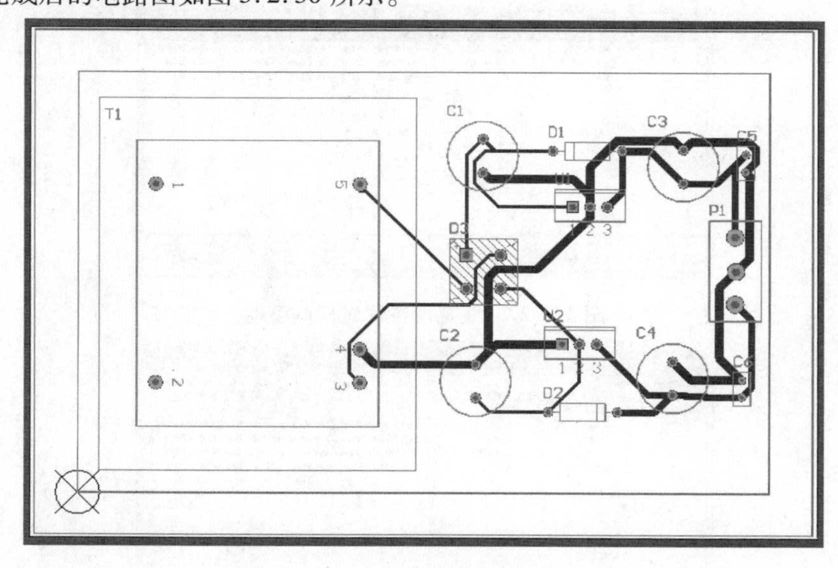

图 3.2.30　自动布线后的 PCB 图

7)添加泪滴

选择菜单命令"工具"→"泪滴…",系统弹出"泪滴选项"对话框,如图 3.2.31 所示。

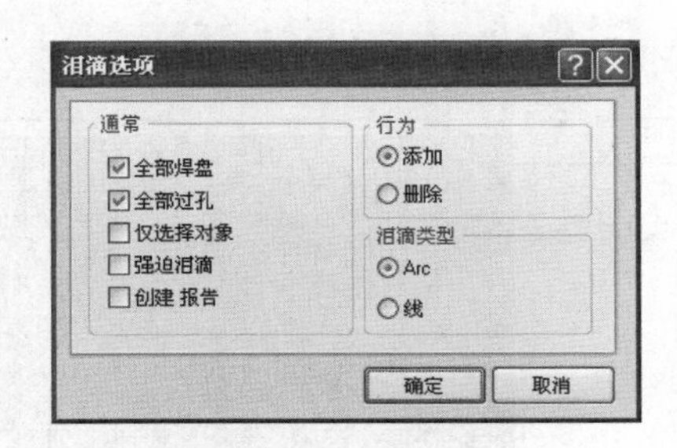

图 3.2.31 “泪滴选项”对话框

单击“确定”按钮，对焊盘和过孔添加泪滴，添加泪滴前后的焊盘如图 3.2.32 所示。

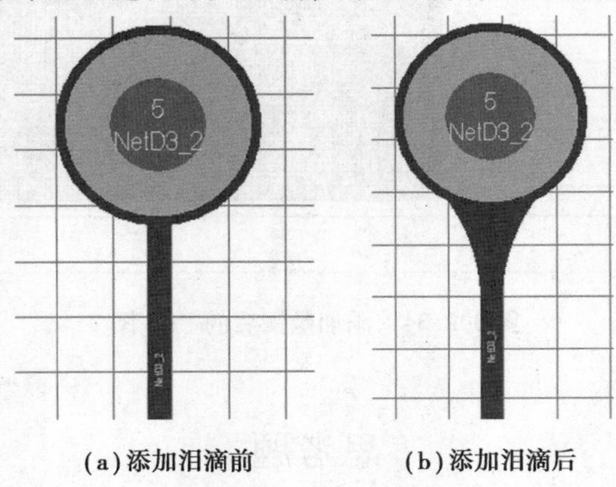

(a)添加泪滴前　(b)添加泪滴后

图 3.2.32 添加泪滴前后的焊盘对

8)添加敷铜

选择“Bottom Layer”作为当前层。选择菜单命令“放置”→“多边形敷铜”，在弹出的“多边形敷铜”对话框中选择“Hatched[Track/Arcs]影线化填充”，连接到底层的网络 GND，如图 3.2.33 所示，点击“确定”。在底层绘制一个封闭的区域，即可添加敷铜，如图 3.2.34 所示。

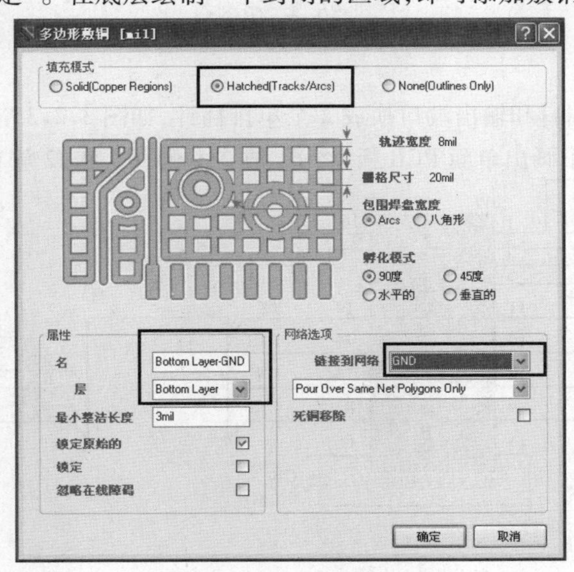

图 3.2.33 添加敷铜对话框

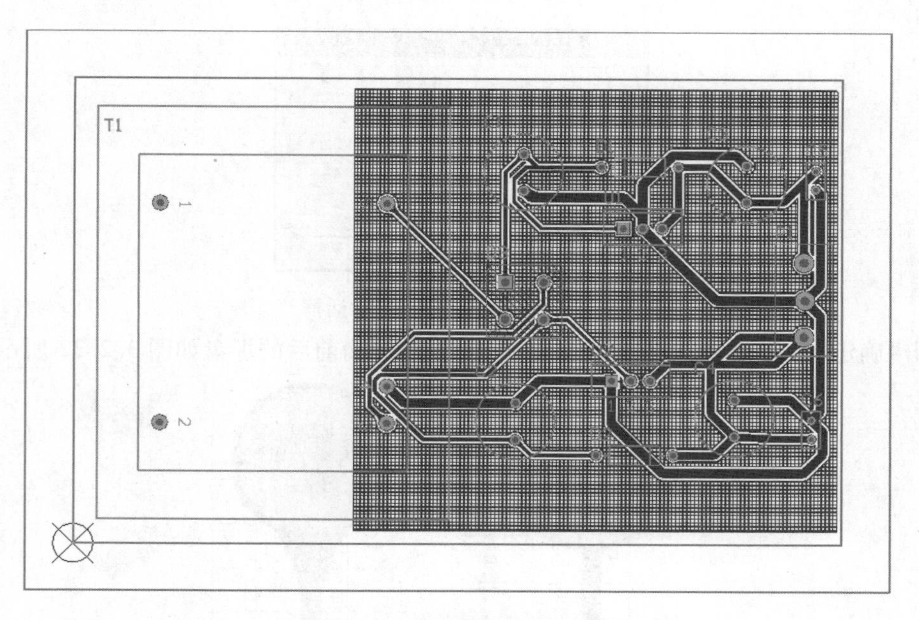

图 3.2.34　添加敷铜后的 PCB 图

思考题

1. 如何设置布线规则?
2. 简述 PCB 板设计的流程。

练一练

将图 3.1.9 输入端口和输出端口换成 2 个单排插针,如图 3.2.35 所示,各元件封装如表 3.2.2 所示,按正文要求画出单面 PCB 板,将 P1 放在左侧,P2 和 J2 放在右侧。

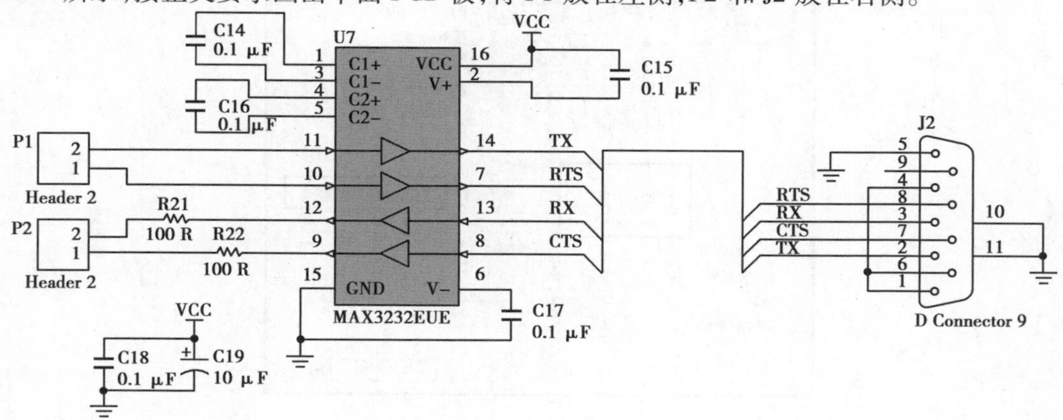

图 3.2.35　RS232 接口电路原理图 2

表 3.2.2 元件封装设置

元件类别	封装	所在库
MAX3232EUE	DIP_14	Miscellaneous Devices. IntLib
9 针 D 型插座	DSUB1. 385_2H9	Miscellaneous Connectors. IntLib
电阻	AXIAL-0. 4	Miscellaneous Devices. IntLib
电解电容	RB5-10. 5	Miscellaneous Devices. IntLib
无极性电容	RAD-0. 1	Miscellaneous Devices. IntLib
排针 Header 2	HDR1×2	Miscellaneous Connectors. IntLib

实验3.3 声控开关原理介绍

3.3 声控开关

3.3.1 实验目的

①学习音频放大电路的测试。
②学习单稳态触发器在声控开关中的作用。
③学习双稳态电路的测试。
④学习音频信号的放大及其在开关控制电路中的应用。
⑤了解用继电器实现弱电控制强电回路的方法。

3.3.2 实验设备及材料

①装有 Multisim 14 的计算机。
②函数信号发生器。
③双踪示波器。
④数字万用表。
⑤面包板。
⑥芯片 CD4001;晶体管 9013×4;二极管 1N4148×2;电阻 1 kΩ×2、3 kΩ、4. 7 kΩ×5、9. 1 kΩ×2、10 kΩ×3、1 MΩ×2;电容 0. 1 μF(104) ×5、1 μF(105);发光二极管;驻极体话筒(带引脚,9 mm×7 mm)

3.3.3 实验原理

声控开关电路原理图如图 3. 3. 1 所示,包括音频放大电路、单稳态触发器和双稳态触发器。

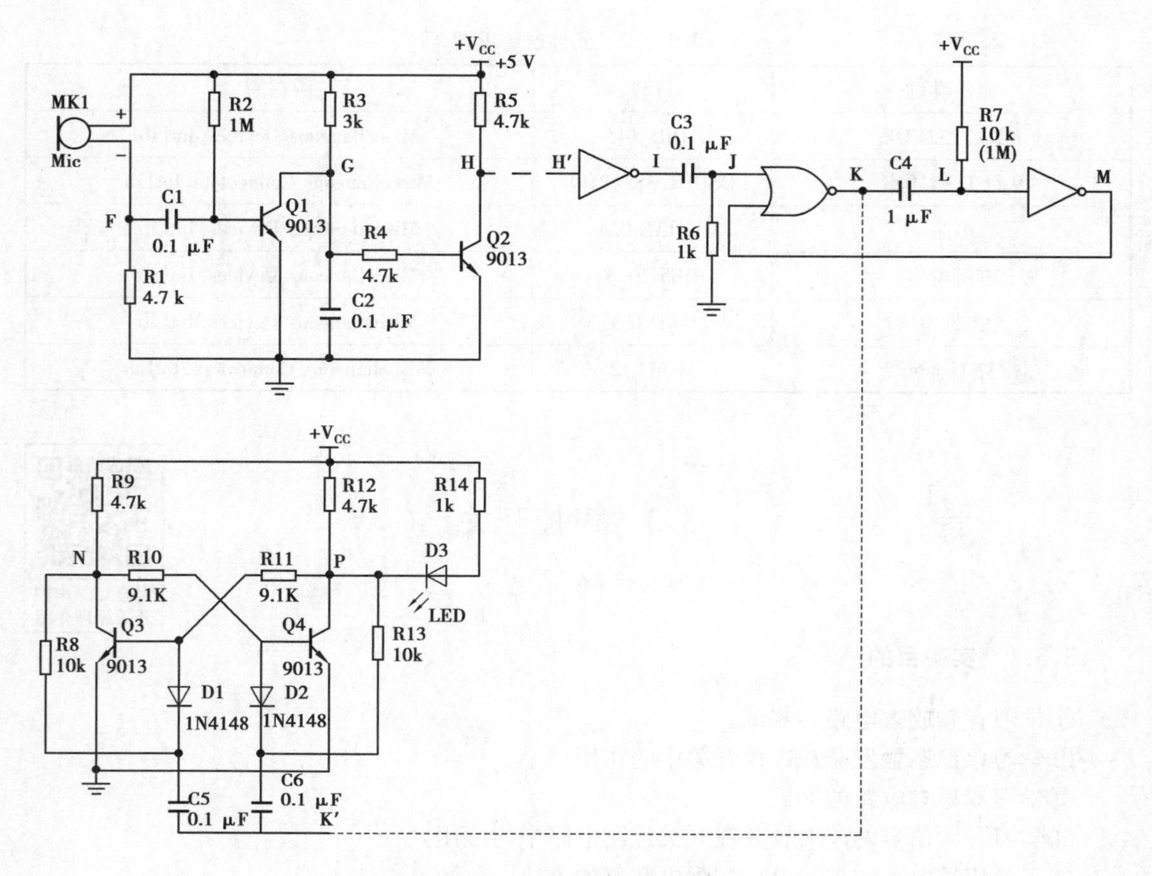

图 3.3.1　声控开关实验线路图

1)音频放大电路

音频放大电路如图 3.3.2 所示,目的是将声音信号放大并转化成脉冲信号。Q_1 组成音频放大电路,由话筒 MK1 接收的音频信号经 C_1 耦合至 Q_1 的基极,Q_1 集电极得到放大后的交流信号;放大后的信号由集电极直接馈至 Q_2 的基极,由 Q_2、R_4、R_5 组成开关电路。

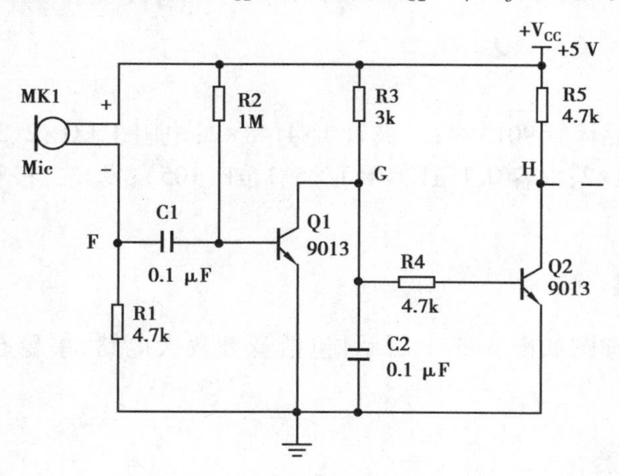

图 3.3.2　音频放大电路原理图

对于 Q_1，其静态工作点估算式为：

$$I_{B1}\approx\frac{V_{CC}-U_{BE1}}{R_{B1}}$$

$$I_{C1}\approx\beta I_{B1}$$

$$U_{CE1}\approx V_{CC}-(I_{C1}+I_{B2})R_{C1}$$

$$I_{B2}\approx\frac{U_{CE1}-U_{BE2}}{R_{B2}}$$

估算时，U_{BE1}、U_{BE2} 均取 0.65 V，β 取 260。本电路中 $R_{B1}=R_2=1\ \text{M}\Omega$，$R_{C1}=R_3=3\ \text{k}\Omega$，$R_{B2}=R_4=4.7\ \text{k}\Omega$。

无音频信号输入时，Q_1 处于静态工作点，本电路把 G 点电压设置在高于晶体管的导通压降，使得 Q_2 饱和导通，H 点为低电平。接收到音频信号后，当 F 点电位上升时，G 点电压可能低于晶体管的导通电压，Q_2 截止，H 点输出高电平；反之，当 F 点电位下降时，G 点电压可能高于晶体管的导通电压，Q_2 导通，H 点输出低电平。因此，在 Q_2 的集电极 H 点得到一脉冲信号，用来触发单稳态电路。

2）单稳态触发器

单稳态触发器是用 CMOS 门电路和 RC 微分电路构成的微分型单稳态触发器，如图 3.3.3 所示。通常阀门电压 $V_{TH}\approx 1/2V_{CC}=2.5\ \text{V}$，暂稳态时间由 R 和 C 组成的时间常数决定，通常 $t_w\approx 0.69RC$，其各点的波形如图 3.3.4 所示。

没有触发电平时，v_1 为低电平，v_O 为低电平，v_{O1} 为高电平，为稳态。

在 t_1 时刻，当 v_1 正跳变时，v_{O1} 由高到低，v_{I2} 为低电平。于是 v_O 为高电平。即使 v_I 触发信号撤除，由于 v_O 的作用，v_{O1} 仍可为低电平。进入暂稳态。

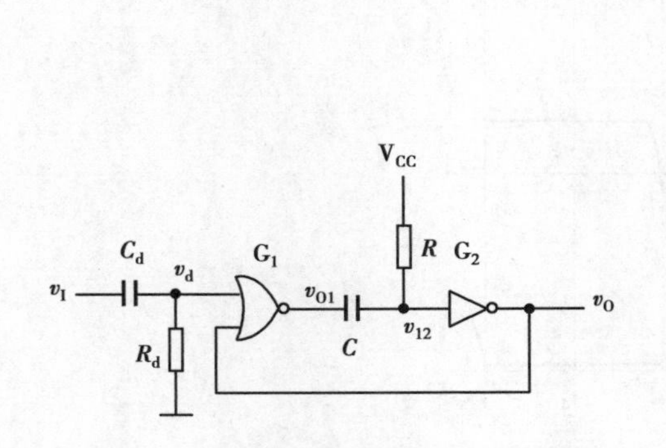

图 3.3.3　单稳态触发器原理图

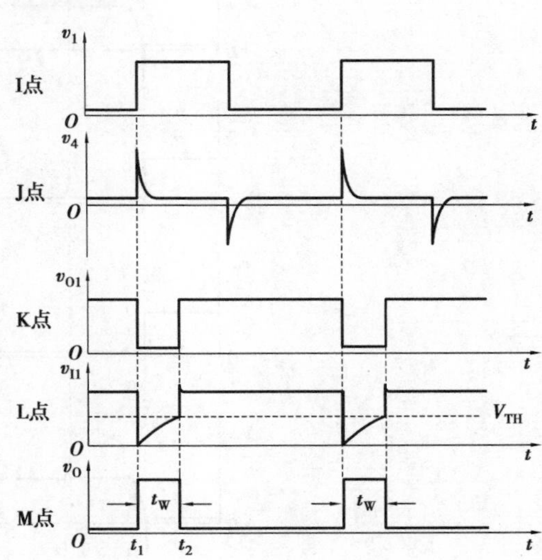

图 3.3.4　单稳态触发器各点波形图

在暂稳态期间，电源 V_{CC} 经电阻 R 和门 G_1 对电容 C 充电，v_{I2} 升高，当 $v_{I2}=V_{TH}=2.5\ \text{V}$ 时（t_2 时刻），v_O 变为低电平，v_{O1} 变为高电平，v_{I2} 再次升高回落到 5 V。最终 $v_{O1}=1$，$v_O=0$，回到稳态。

3）双稳态触发器

双稳态触发器如图 3.3.5 所示。电源接通时，假设 Q_4 集电极（P 点）为高电平，Q_3 集电极（N 点）为低电平，处于第一稳态。此时，Q_3 导通，Q_4 截止，Q_3 的基极为 0.7V，D_1-（阴极端）为 0 V，D_2-为 5 V。其各点波形如图 3.3.6 所示。

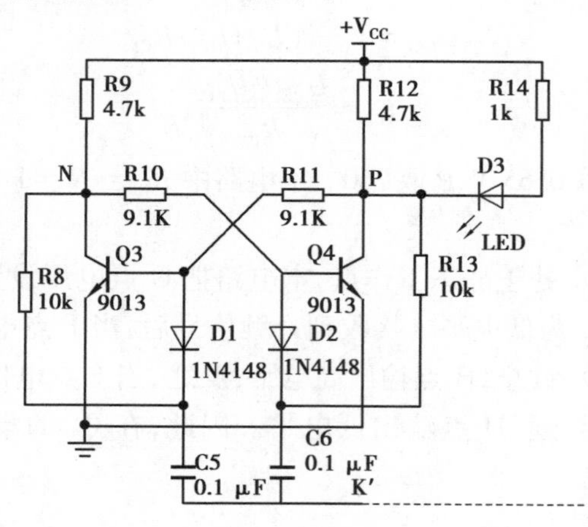

图 3.3.5　双稳态触发器电路原理图

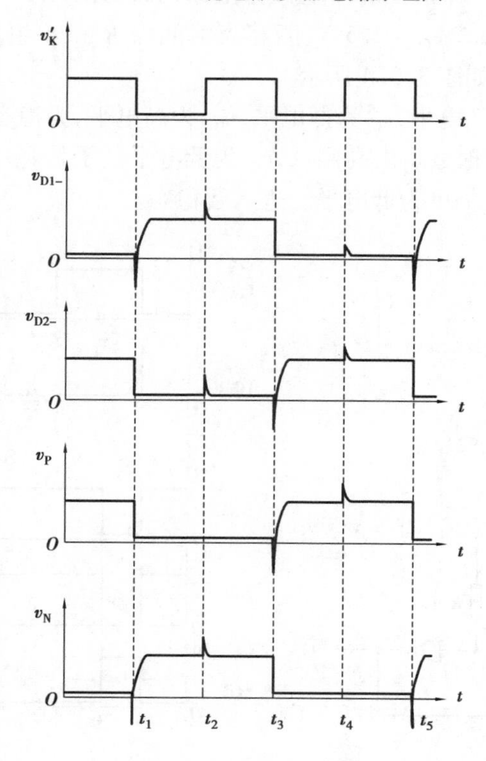

图 3.3.6　双稳态触发器波形图

在 t_1 时刻，当 K' 点下降沿到来时，D_1-变为-5 V（0 V-5 V），D_2-变为 0V（5V-5V），D_1 导通，压降为 0.7 V，D_1+（阳极端）为-4.3 V。也就是说，Q_3 基极变成负电压（-5 V+0.7 V=-4.3 V），Q_3 立刻截止（因为基极电位小于发射极电位），Q_3 集电极（N 点）变成高电平。然后

Q_4 导通,Q_4 集电极(P 点)电压变为低电平,实现翻转,达到第二稳态。D_1-通过 R_8 拉至高电平,D_2-通过 R_{13} 拉至低电平。

在 t_2 时刻,当 K' 点上升沿到来时,因电容两端电压差不能突变,D_1、D_2 阴极端都在原来的基础上加 5 V,因此 D_1、D_2 都不导通,不改变两个晶体管基极电位,不实现翻转。D_1 阴极端电压为 10V,通过 R_8 传递给 N 点,所以 N 点电位瞬时升高,会有一个高于 5V 的尖峰脉冲出现。

在 t_3 时刻,当 K' 点下降沿到来时,与 t_1 时刻 D_1 作用相同,此时 D_2 的负尖峰脉冲使得电路再次发生翻转,又回到第一稳态。

再看一下 R_8 的作用。在 t_1 时刻,当 Q_3 截止而 Q_4 尚未导通前的这段时间,Q_3 集电极(N 点)通过 R_8 向电容 C_5 充电,Q_4 集电极(P 点)也通过 R_{11} 和 D_1 这条支路向电容 C_5 充电,但比前一条支路的充电速度慢。所以前一条支路迅速使得 D_1 截止,防止 Q_3 基极电压升高而重新导通。R_{13} 的作用与 R_8 相同。

4)控制强电回路

图 3.3.7 为继电器实验电路板电路图,是由弱电控制强电的一种方式,光耦起一个隔离的作用,把弱电和强电分开,具有良好的电绝缘能力和抗干扰能力。当 IN_1 输入低电平时,Q_1 导通,继电器线圈通电,常开触点闭合,白炽灯发光,反之则不发光。

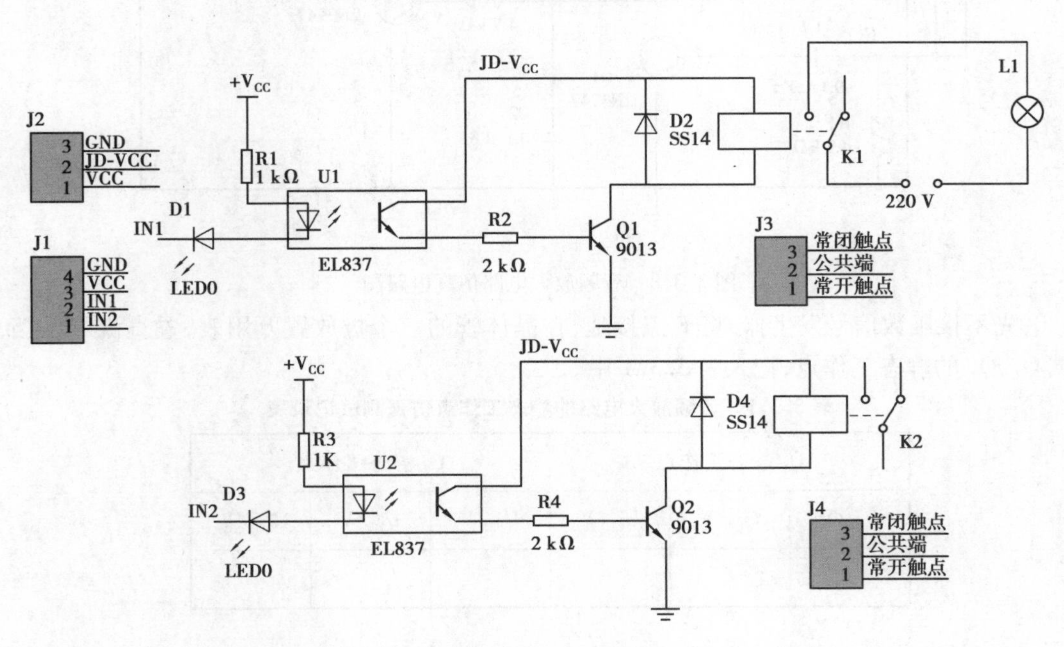

图 3.3.7　继电器实验电路板电路图及实物图

3.3.4 仿真实验内容

1)音频放大电路

①打开 Multisim 14,建立文件,绘制音频放大电路如图 3.3.8 所示。具体步骤:单击分类图标,打开"Select a Component"窗口,选择需要的电阻、电容、晶体管、电源等元器件,放到仿真工作区。各元件所在位置如下。

- 晶体管:(Group)Transistors→(Family)BJT_NPN→(Component)2N3947。
- 电阻:(Group)Basic→(Family)RESISTOR。
- 无极性电容:(Group)Basic→(Family)CAPACITOR。
- 电源 V_{CC}:(Group)Sourses→(Family)POWER_SOURSES→(Component)VCC。
- 地 GND:(Group)Sourses→(Family)POWER_SOURSES→(Component)GROUND。

②找到主页面竖排虚拟仪器图标,单击需要的虚拟仪器,如信号发生器(Function Generator)、四踪示波器(Four Channel Oscilloscope)等,示波器的几个通道的连线注意用几种不同的颜色进行区分。调整各元器件位置绘制电路。

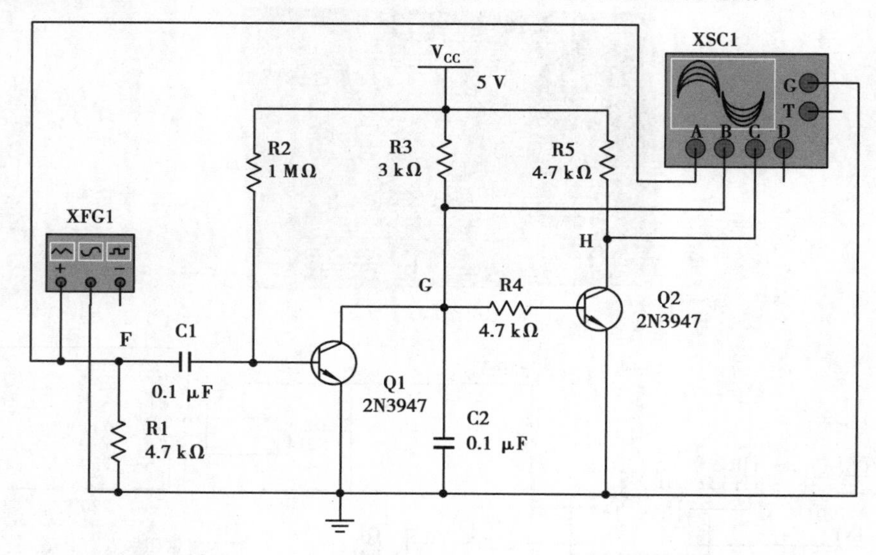

图 3.3.8 音频放大电路仿真电路图

③先不接函数信号发生器,将 F 点接地,在晶体管的三个极放置万用表,置直流电压挡,测试 Q_1、Q_2 的静态工作点,记入表 3.3.1 中。

表 3.3.1 音频放大电路的静态工作点仿真测试记录表

Q_1 静态工作点			Q_2 静态工作点		
U_{B1}/V	U_{E1}/V	U_{C1}/V	U_{B2}/V	U_{E2}/V	U_{C2}/V

④在 F 点接入函数信号发生器,设置其波形为 1 kHz,峰值为 30 mV 的正弦波,如图 3.3.9 所示。仿真运行,打开示波器观察波形如图 3.3.10 所示,可以观察到 F 点的峰峰值为________,G 点的峰峰值为________,电压放大倍数为________倍。H 点最大值为________,H 点发生电压跳变所对应的 G 点的电压为________和________(如图 3.3.11)。

⑤适当减小输入信号的幅度,观察 H 点脉冲信号刚消失时,F 点输入信号的峰值为________,此为该电路能受控的最小音量。

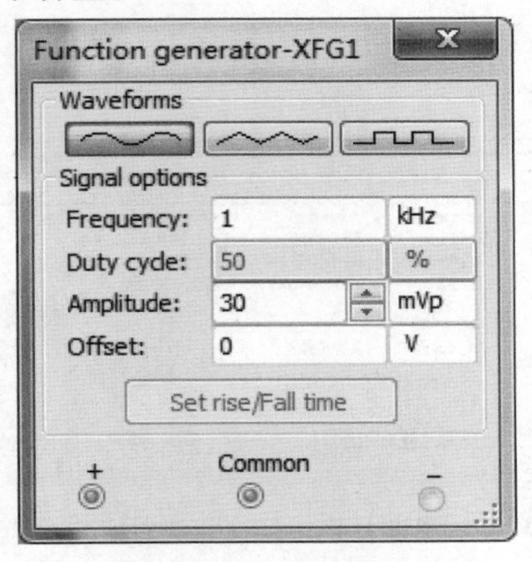

图 3.3.9　函数信号发生器设置

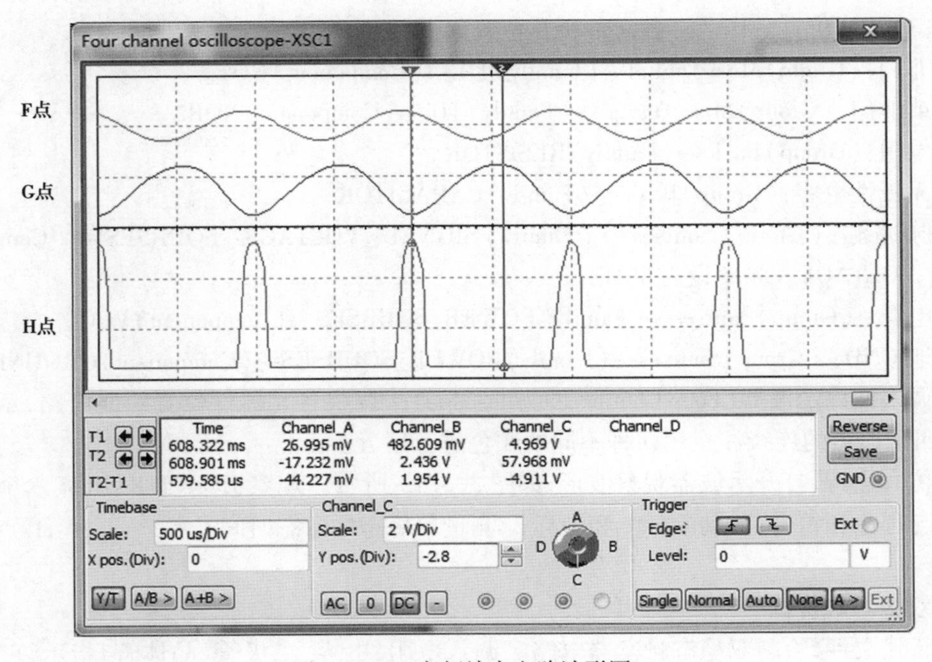

图 3.3.10　音频放大电路波形图

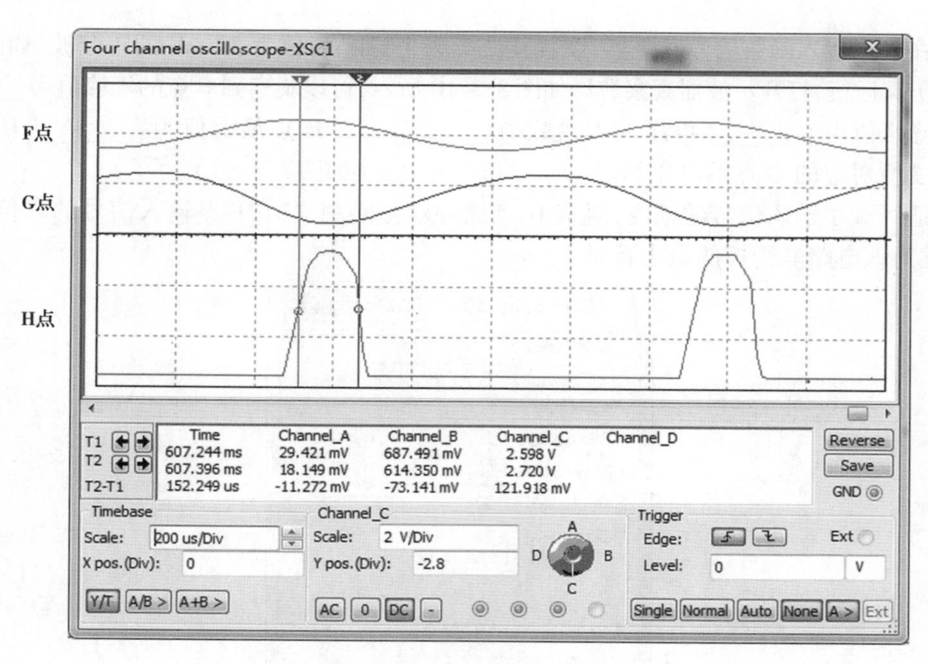

图 3.3.11　观察 H 点电压变化所对应的 G 点电压

2) 单稳态触发器

①新建文件,绘制电路如图 3.3.12 所示。调入电阻、电容、或非门、非门、脉冲源、电源等元器件,放置到仿真工作区。各元件所在位置如下:

- 非门:(Group) Misc Digital→(Family) TIL→(Component) NOT。
- 或非门:(Group) Misc Digital→(Family) TIL→(Component) NOR2。
- 电阻:(Group) Basic→(Family) RESISTOR。
- 无极性电容:(Group) Basic→(Family) CAPACITOR。
- 脉冲源:(Group) Sourses→(Family) SIGNAL_VOLTAGE_SOURSES→(Component) CLOCK_VOLTAGE。频率设为 50HZ。
- 电源:(Group) Sourses→(Family) POWER_SOURSES→(Component) VCC。
- 地 GND:(Group) Sourses→(Family) POWER_SOURSES→(Component) GROUND。

②调入四踪示波器(Four Channel Oscilloscope)。调整各元器件位置绘制电路,示波器的 ABCD 四个通道的连线注意用四种不同的颜色进行区分。

③仿真运行,打开示波器观察波形,如图 3.3.13 所示。观察 H′、I、J、K、L、M 六个点的波形是否与理论相符合,移动游标 1 和游标 2,测量单稳态的暂态时间 t_w = ________,L 点的阀门电压 V_{th} = ________。

3) 双稳态触发器

①新建文件,绘制双稳态触发器电路。调入电阻、电容、二极管、晶体管、指示灯、电源等元器件,放置到仿真工作区。各元件所在位置如下。

- 晶体管:(Group) Transistors→(Family) BJT_NPN→(Component) 2N3947。
- 电阻:(Group) Basic→(Family) RESISTOR。
- 无极性电容:(Group) Basic→(Family) CAPACITOR。

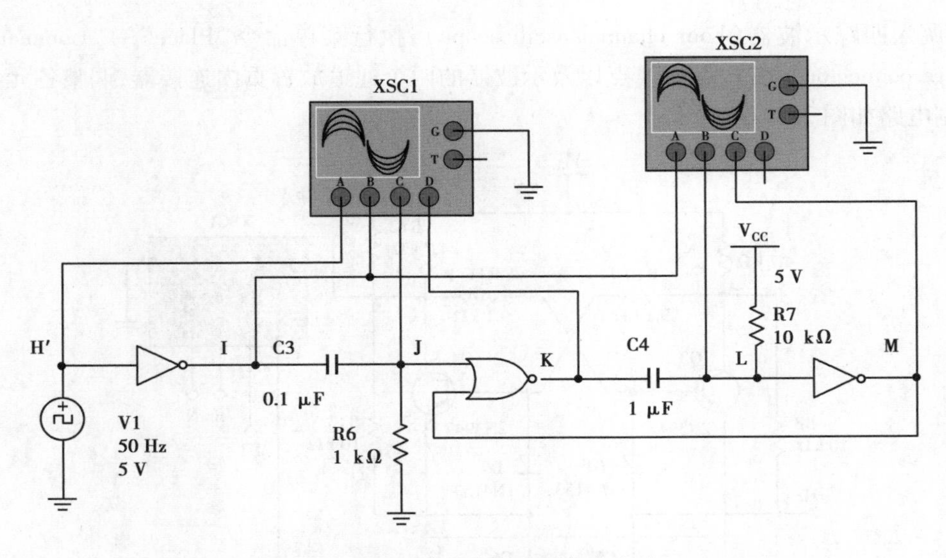

图 3.3.12 单稳态触发器仿真电路

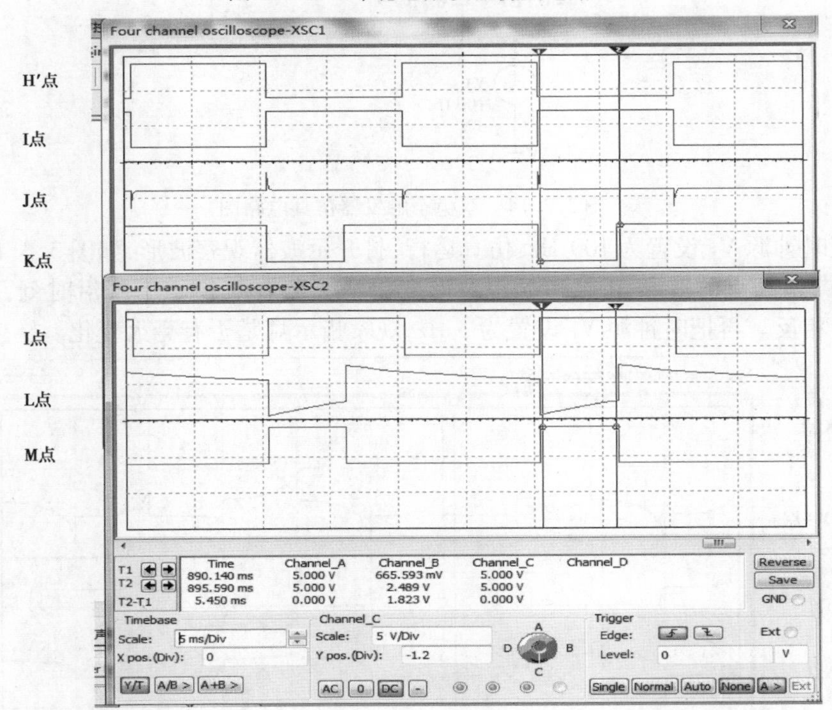

图 3.3.13 单稳态触发器仿真波形

- 二极管：(Group)Diodes→(Family)Diode→(Component)1N4153。
- 指示灯：Group)Indicators→(Family)PROBE→(Component)PROBE_DIG_GREEN。
- 时钟源：(Group)Sourses→(Family)SIGNAL_VOLTAGE_SOURSES→(Component)CLOCK_VOLTAGE。
- 电源：(Group)Sourses→(Family)POWER_SOURSES→(Component)VCC。
- 地 GND：(Group)Sourses→(Family)POWER_SOURSES→(Component)GROUND。

②调入四踪示波器(Four channel oscilloscope),执行菜单命令“Place”→“Connectors”→“On-page connector”,在P点和N点以及示波器的两个通道放置页内连接器,调整各元器件位置,绘制电路如图3.3.14所示。

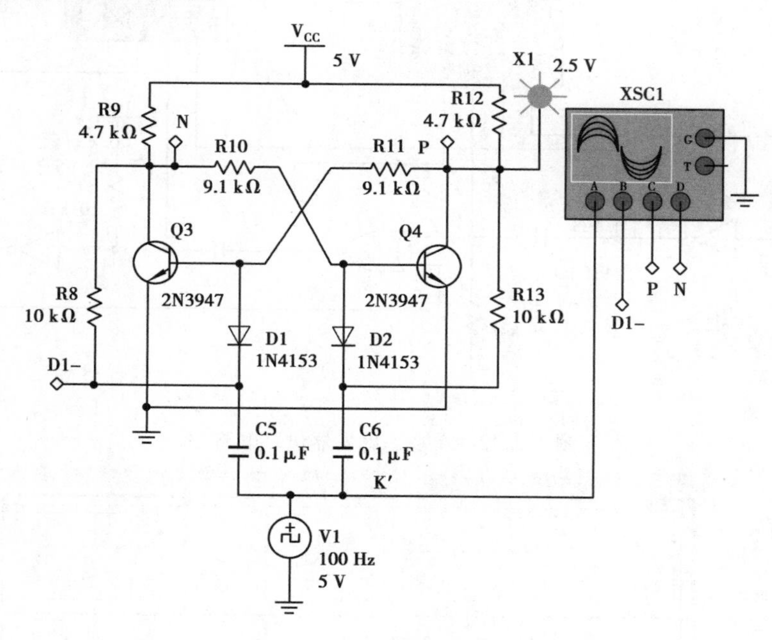

图3.3.14　双稳态触发器仿真电路图

③先把时钟源V_1设置为100 Hz,仿真运行,打开示波器观察波形,如图3.3.15所示。观察K′点、P点和N点的波形,P点和N点波形变化是否发生在K′点下降沿时刻,P点和N点的波形相位相反。再把时钟源V_1设置为1 Hz,观察指示灯是否有亮灭变化。

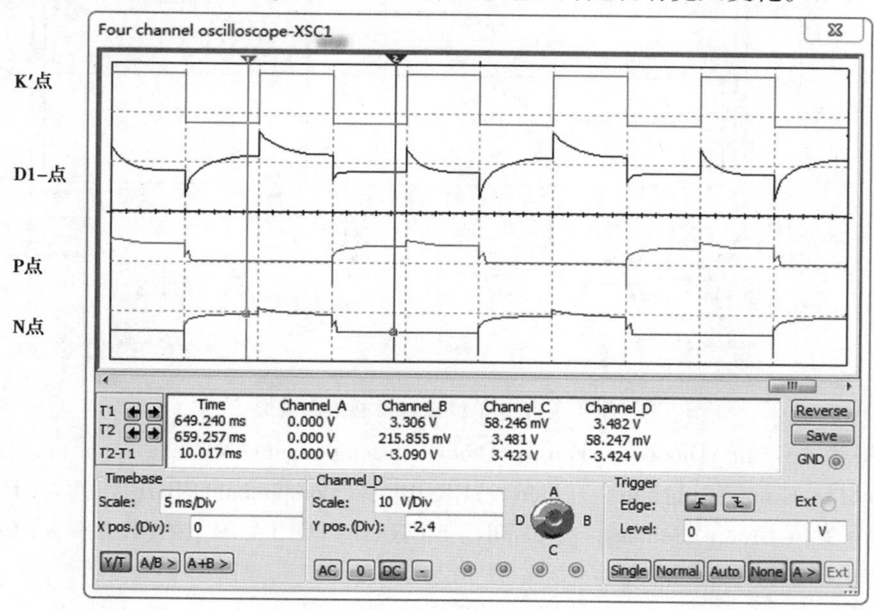

图3.3.15　双稳态触发器波形图

3.3.5　实验内容

本电路的测试，对实验内容1）至3），示波器均选用直流耦合方式，对实验内容5），示波器选用交流耦合方式。

1）音频放大电路的测试

①搭接音频放大电路，麦克风先不接入（断开），把F点接地，将万用表设置为直流电压挡，分别测试晶体管 Q_1 和 Q_2 的三个极的静态工作点，记入表3.3.2中。

表3.3.2　音频放大电路的静态工作点实做记录表

Q_1 静态工作点			Q_2 静态工作点		
U_{B1}/V	U_{E1}/V	U_{C1}/V	U_{B2}/V	U_{E2}/V	U_{C2}/V

②在F点输入1 kHz、V_{PP}=30 mV的正弦波，观察并记录F、G和H点波形，计算 Q_1 所组成的放大电路的电压放大倍数约为________倍。

③适当减小F点的幅值，观察H点波形变化，H点波形刚消失时（没有脉冲信号），F点的峰值 $V_{F\text{-}min}$ 为________，此为该电路能受控的最小音量。

2）单稳态触发器测试

搭接单稳态触发器，R_7 取10 kΩ，在H′点输入400 Hz方波（高电平为5 V，低电平为0 V），观察并记录H′、I、J、K、L、M点的波形。

使用光标测试M点的暂态时间 t_w=________。

光标测试 t_w 方法如图3.3.16所示。点Cursor，打开光标，并把光标模式设置为手动，光标类型设置为X，点Cur A使其反白，旋转旋钮（Cursor左侧旋钮），使光标A处于正脉冲的上升沿；取消Cur A使其不反白，点Cur B使其反白，旋转旋钮（Cursor左侧旋钮），使光标B处于正脉冲的下降沿；读出值即为暂态时间 t_w。

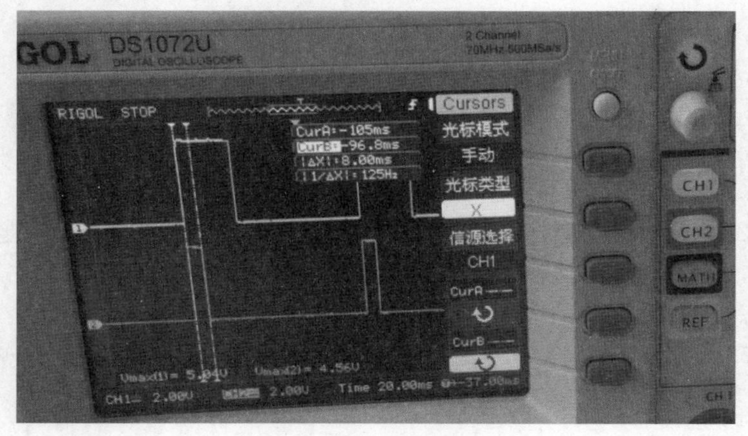

图3.3.16　用光标测试暂态时间

3)双稳态触发器测试

搭接双稳态触发器电路,在 K′点输入 100 Hz 方波(高电平为 5 V,低电平为 0 V),在示波器上观察并记录 K′点、P 点和 N 点波形,注意观察 P 点和 N 点翻转是否发生在 K′点下降沿。

4)联合调试

F 点接入麦克风,R_7 改用 1 MΩ 电阻,将 H 点和 H′点连接起来,将 K 点与 K′点连接起来,对着麦克风拍手输入声音信号,观察是否能控制 D_3 的亮灭。

5)(*选做)观察声音信号

用示波器观察 F 点信号,耦合方式设置为交流;时间(X 轴)灵敏度设置为 1 s,幅度(Y 轴)灵敏度设置为 20 mV;触发方式设置为单次触发,旋转 Level 旋钮设置触发电平为 50 mV,设置界面如图 3.3.17 所示。拍手观察声音信号,记录波形,测出其最大值为________。在 X 方向展开波形,观察音量超过 F 点最小幅值 $V_{F\text{-}min}$ 的持续时间为________。

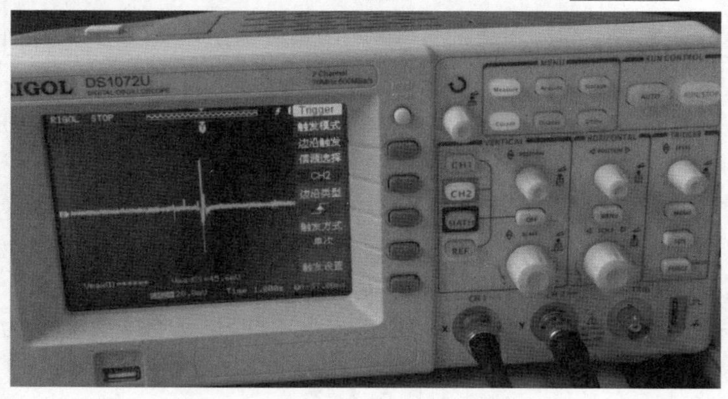

图 3.3.17 捕获声音信号的示波器触发设置

6)(*选做)声控强电回路

将 P 点接入图 3.3.7 的 IN_1,V_{CC} 接+5V,光耦右侧的 JD-V_{CC} 和地分别接另一实验箱的+5 V 和地,白炽灯一端接继电器开关的公共端,一端接继电器开关的常闭触点,接入白炽灯插座,拍手输入声音信号,观察是否能控制白炽灯的亮灭。

思考题

1. 在音频放大电路中,静态时,Q_1 和 Q_2 分别工作在哪个区?

2. R_7 为什么取 1 MΩ,取得过大如 22 MΩ,或过小如 1 kΩ,会有什么问题?通过计算来说明。

3. 在双稳态触发电路中,若把 R_8 和 R_{13} 断开,电路能否实现翻转,为什么?

4. 试用 NE555 或 74LS123 实现单稳态触发,设计电路图并在 Multisim 14 中仿真实现。

练一练

1. 修改电路实现单稳态控制、暂态时间设为 10 秒。

2. 取消单稳态触发器，直接把 H 点和 K′点连接起来，根据实验现象，说明单稳态触发器在整个电路中的作用。

实验3.4 步进电机控制器原理介绍

3.4 步进电机控制器

3.4.1 实验目的

1）设计任务

要求设计一个步进电机的控制电路，该电路能对步进电机的运行状态进行控制。

2）基本要求

①能控制步进电机正转及速度，并由 LED 显示运行状态。

A. 单四拍方式：通电顺序为 A—B—C—D—A。

B. 双四拍方式：通电顺序为 AB—BC—CD—DA—AB

C. 四相八拍方式：通电顺序 A—AB—B—BC—C—CD—D—DA—A

②测量步进电机的步距角。步距角：对应一个脉冲信号，电机转子转过的角位移用 θ 表示。可通过实测步进电机转子旋转一周所需要的脉冲数，推算出步进电机的步距角，$\theta=360°/(f*t)$ 。

3.4.2 实验设备及材料

①装有 Multisim 14 的计算机。

②函数信号发生器。

③双踪示波器。

④数字万用表。

⑤面包板。

⑥芯片 555、74LS161、74LS138、74LS20×2；电阻 100 kΩ×2、510 Ω×4；电容 0.01 μF(103)、0.1 μF(104)；发光二极管×4；四相八拍步进电机 28BYJ-48/5V；步进电机驱动模块（含 ULN2003）；杜邦线（公对母）×6。

3.4.3 实验原理

1）步进电机

步进电机是将电脉冲信号转变为角位移或线位移的开环控制元件。在非超载的情况下，电机的转速、停止的位置只取决于脉冲信号的频率和脉冲数，而不受负载变化的影响。步进驱动器接收到一个脉冲信号时，它就驱动步进电机按设定的方向转动一个固定的角度，称为

“步距角”,它的旋转是以固定的角度一步一步运行的。可以通过控制脉冲个数来控制角位移量,从而达到准确定位的目的;同时可以通过控制脉冲频率来控制电机转动的速度和加速度,从而达到调速的目的。

该步进电机为一四相步进电机,采用单极性直流电源供电。只要对步进电机的各相绕组按合适的时序通电,就能使步进电机步进转动。图 3.4.1 是该五线四相反应式步进电机工作原理示意图。

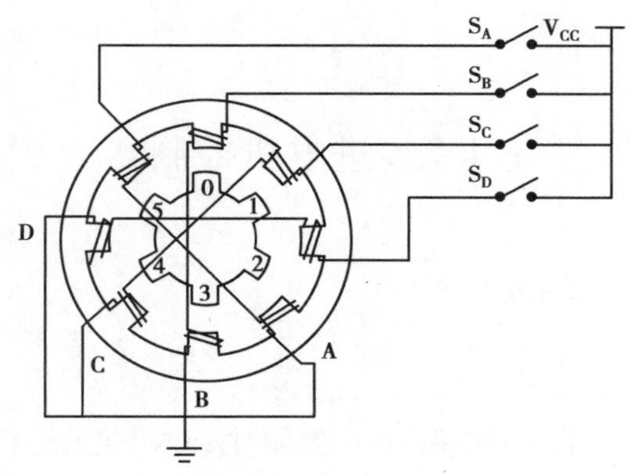

图 3.4.1 五线四相反应式步进电机工作原理示意图

开始时,开关 S_B 接通电源,S_A、S_C、S_D 断开,B 相磁极和转子 0、3 号齿对齐,同时,转子的 1、4 号齿就和 C 相绕组磁极产生错齿,2、5 号齿就和 D 相绕组磁极产生错齿。

当开关 S_C 接通电源,S_B、S_A、S_D 断开时,由于 C 相绕组磁力线的作用,转子转动,1、4 号齿和 C 相绕组的磁极对齐。而 0、3 号齿和 B 相绕组产生错齿,2、5 号齿就和 D 相绕组磁极产生错齿。以此类推,A、B、C、D 四相绕组轮流供电,则转子会沿着 A、B、C、D 方向转动。

四相步进电机按照通电顺序的不同,可分为单四拍、双四拍、八拍三种工作方式。单四拍与双四拍的步距角相等,但双四拍的转动力矩更大。八拍工作方式的步距角是单四拍与双四拍的一半,因此,八拍工作方式既可以保持较高的转动力矩又可以提高控制精度。

单四拍、双四拍与八拍工作方式的电源通电时序与波形分别如图 3.4.2(a)、3.4.2(b)、3.4.2(c)所示。

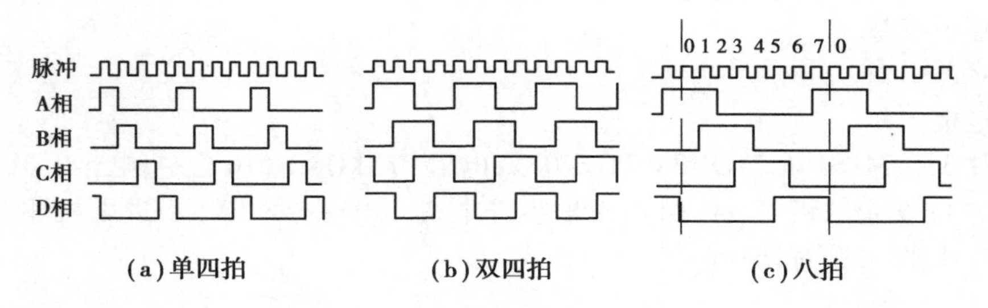

图 3.4.2 步进电机通电顺序

本实验例子采用四相八拍的方式。由图 3.4.2(c)可知,需要用一个 8 进制计数器对这八拍计数。而 A、B、C、D 四相都是一个顺序脉冲信号,由此可见,可运用译码器实现顺序脉冲发生电路,再由顺序脉冲组合成 A、B、C、D 四相所需要的脉冲信号,其框图如图 3.4.3 所示。

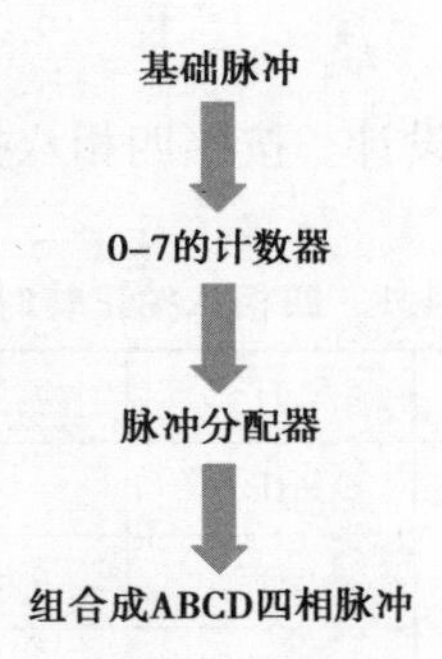

图 3.4.3 四相八拍步进电机控制电路框图

2)四相八拍步进电机控制电路

如图 3.4.4 所示为四相八拍步进电机控制电路,由 555 产生脉冲信号,由 74LS161 进行计数,再由 74LS138 进行译码,最后由 74LS20 组合成所需的四相脉冲信号。

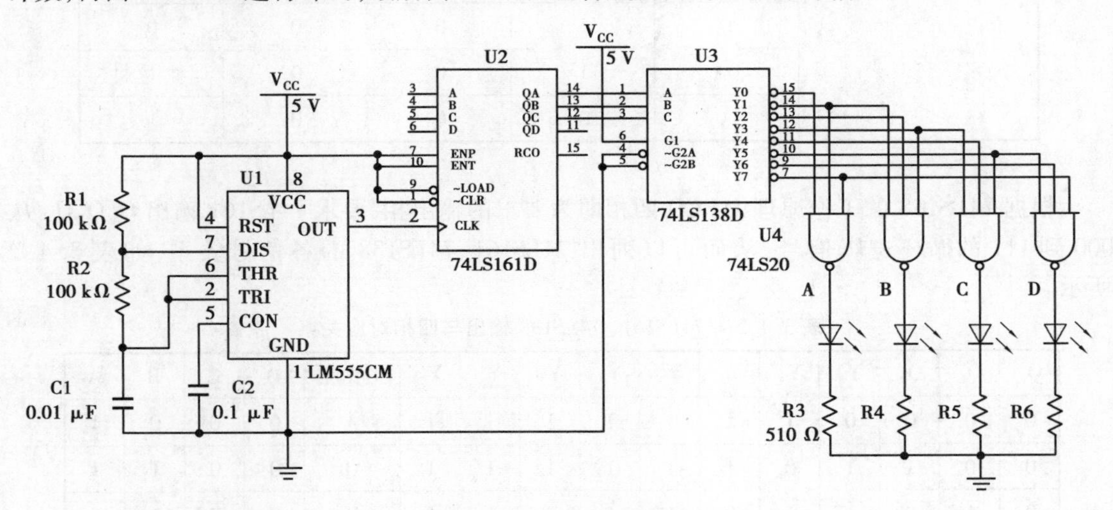

图 3.4.4 四相八拍步进电机控制电路

(1)脉冲发生电路

脉冲发生电路由 555 及外接阻容元件构成多谐振荡器产生。多谐振荡器是一个可以产生周期性的矩形脉冲信号的自激振荡电路。

根据频率 $f=\dfrac{1}{0.7(R_1+2R_2)C_1}$ 和占空比 $q=\dfrac{R_1+R_2}{R_1+2R_2}$,可算出其频率和占空比。

(2)环形脉冲分配电路

环形脉冲分配电路是步进电机中的一个重要环节,利用环形脉冲分配电路可以产生所需要的脉冲波形,以实现对步进电机的控制。

本电路用 555 为 74LS161 提供时钟脉冲,使 74LS161 进行 16 进制计数,低三位则实现 8 进制计数。将 Q_A、Q_B、Q_C 三个输出端的信号作为 74LS138 芯片的输入信号由其进行译码工作,由此产生顺序脉冲。

(3)控制电路

本项目以四相八拍正转为例进行设计。按照四相八拍的工作方式,列出真值表如表 3.4.1 所示。

表 3.4.1　四相八拍正转时序表

工作方式	励磁方式	D	C	B	A
四相八拍	A	0	0	0	1
	AB	0	0	1	1
	B	0	0	1	0
	BC	0	1	1	0
	C	0	1	0	0
	CD	1	1	0	0
	D	1	0	0	0
	DA	1	0	0	1
	A	0	0	0	1

根据 74LS138 的工作原理,ABCD 四相即为要求的输出相,要求 74LS161 输出 $Q_CQ_BQ_A$ 从 000 到 111 的循环逻辑信号,从而可以列出 74LS161、74LS138 的各信号关系,如表 3.4.2 所示。

表 3.4.2　74LS161、74LS138 输出与四相对应关系

Q_C	Q_B	Q_A	Y'_0	Y'_1	Y'_2	Y'_3	Y'_4	Y'_5	Y'_6	Y'_7	工作相	D	C	B	A
0	0	0	0	1	1	1	1	1	1	1	A	0	0	0	1
0	0	1	1	0	1	1	1	1	1	1	AB	0	0	1	1
0	1	0	1	1	0	1	1	1	1	1	B	0	0	1	0
0	1	1	1	1	1	0	1	1	1	1	BC	0	1	1	0
1	0	0	1	1	1	1	0	1	1	1	C	0	1	0	0
1	0	1	1	1	1	1	1	0	1	1	CD	1	1	0	0
1	1	0	1	1	1	1	1	1	0	1	D	1	0	0	0
1	1	1	1	1	1	1	1	1	1	0	DA	1	0	0	1

从表 3.4.2 中可以分析出:

$$A=(Y'_0Y'_1Y'_7)' \quad B=(Y'_1Y'_2Y'_3)'$$

$$C=(Y'_3Y'_4Y'_5)' \quad D=(Y'_5Y'_6Y'_7)'$$

可以得出结论:步进电机的每相都由 74LS138 的 3 个输出端控制,只要 3 个输出端有一个端输出为 0,输出则为 1,该端所控制的线圈有电压。

(4)步进电机驱动电路

步进电机驱动电路运用 ULN2003 驱动。图 3.4.5 为内部结构是达林顿管的 ULN2003 列阵,它是一个非门电路,包含 7 个单元,各二极管的正极分别接各达林顿的集电极。用于感性负载时,该脚接负载电源正极,起续流作用。在感性负载中,电路断开后会产生很大的反电动势,为防止损坏达林顿管,接反相的二极管来构成通路,使之转换为电流。图 3.4.6 是步进电机驱动电路图,图 3.4.7 为步进电机驱动模块实物图,图 3.4.8 为步进电机实物图。

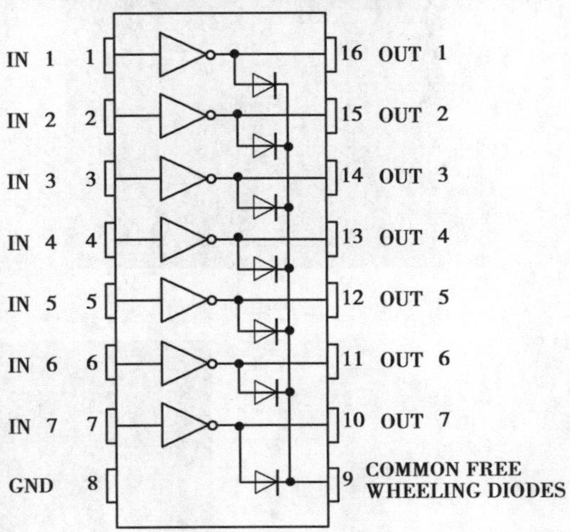

图 3.4.5　ULN2003 内部结构

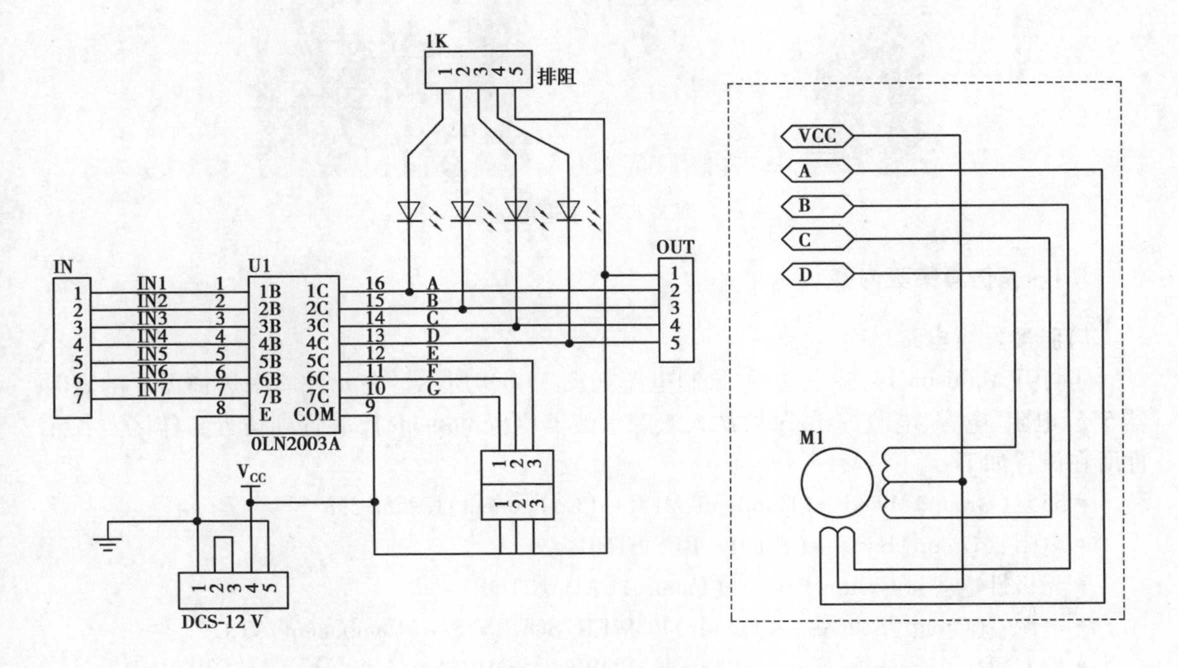

图 3.4.6　步进电机驱动电路

图 3.4.7　步进电机驱动模块

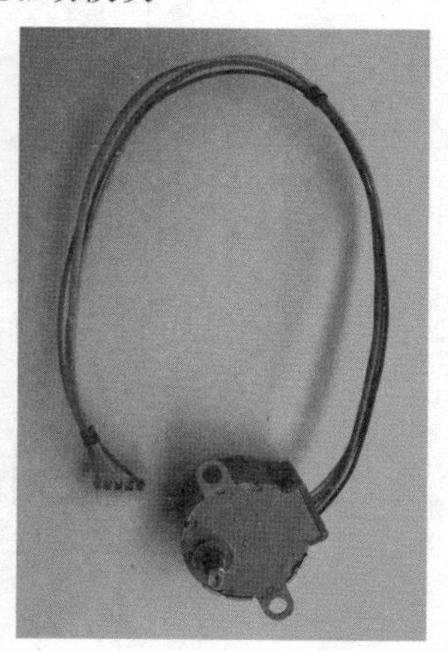

图 3.4.8　步进电机

3.4.4　仿真实验内容

1)脉冲发生电路

①打开 Multisim 14,建立文件,绘制电路如图 3.4.9 所示。在元件库中选择需要的定时器 555、电阻、电容、电源等元器件,调入双踪示波器(Oscilloscope),放置到仿真工作区。各元件所在位置如下:

- 555:(Group)Mixed→(Family)TIMER→(Component)LM555CM
- 电阻:(Group)Basic→(Family)RESISTOR。
- 无极性电容:(Group)Basic→(Family)CAPACITOR。
- 电源:(Group)Sourses→(Family)POWER_SOURSES→(Component)VCC。
- 地 GND:(Group)Sourses→(Family)POWER_SOURSES→(Component)GROUND。

②仿真运行,打开示波器观察波形,如图 3.4.10 所示。可以观察出电容 C_1 上的电压变化范围为________至________,输出脉冲(3 脚)的高电平时间为________,低电平时间为________,周期为________,频率为________。

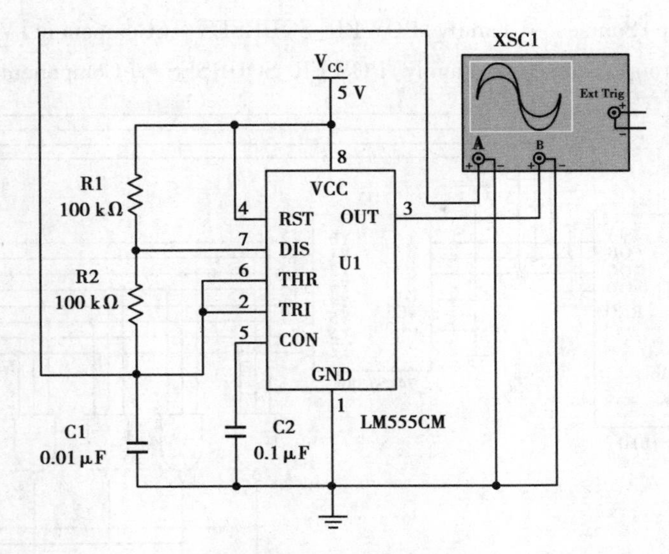

图 3.4.9 脉冲发生电路

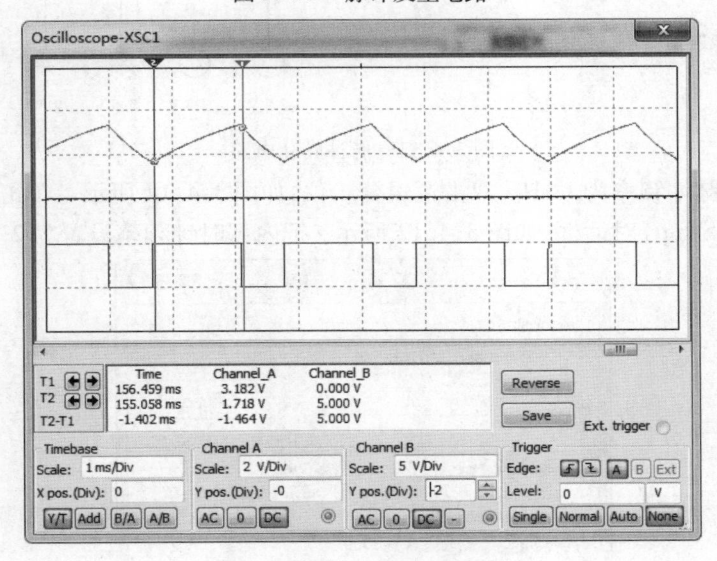

图 3.4.10 脉冲发生电路波形图

2)脉冲转化电路

①建立新文件,绘制电路如图 3.4.11 所示。在元件库中选择需要的计数器 74LS161、译码器 74LS138、三输入与非门、指示灯、脉冲源、电源等元器件,在虚拟仪器库中调入逻辑分析仪(Logic Analyzer),放置到仿真工作区。各元件所在位置如下:

- 74LS161:(Group)TTL→(Family)74LS→(Component)74LS161D。
- 74LS138:(Group)TTL→(Family)74LS→(Component)74LS138D。
- 三输入与非门:(Group)Misc Digital→(Family)TIL→(Component)NAND3。
- 指示灯:(Group)Indicators→(Family)PROBE→(Component)PROBE_DIG_GREEN。
- 脉冲源:(Group)Sourses→(Family)SIGNAL_VOLTAGE_SOURSES→(Component)CLOCK_VOLTAGE。

- 电源：(Group) Sourses→(Family) POWER_SOURSES→(Component) VCC。
- 地 GND：(Group) Sourses→(Family) POWER_SOURSES→(Component) GROUND。

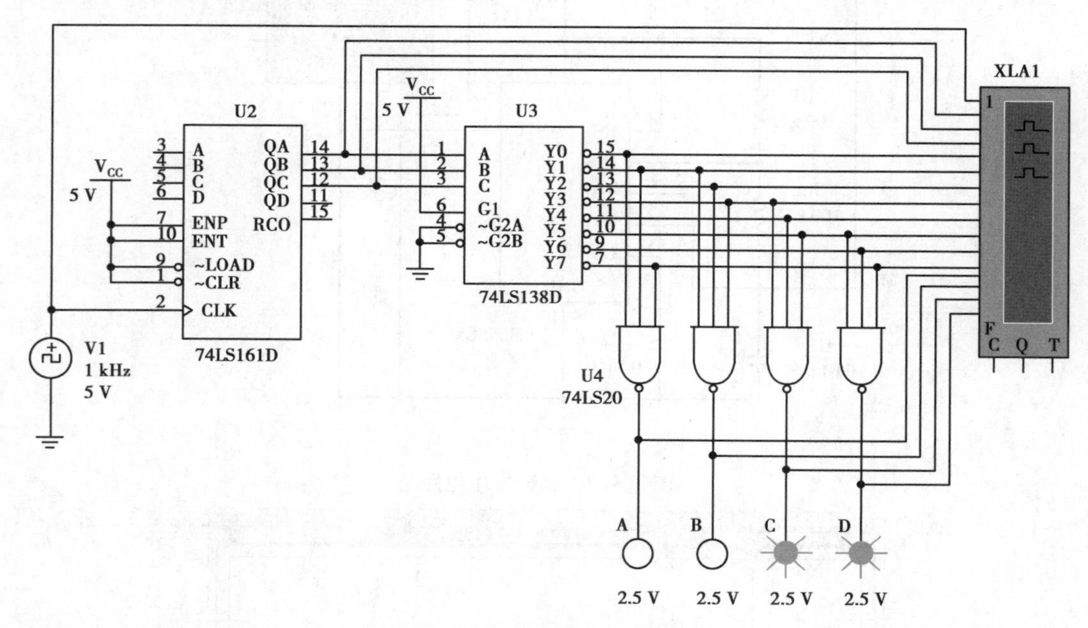

图 3.4.11　脉冲转化电路

②设置时钟脉冲频率为 1 kHz，双击逻辑分析仪，如图 3.4.14 所示。单击 set…，打开内部时钟设置(Clock Setup)对话框，如图 3.4.12 所示，把内部时钟频率设置为 2 kHz。

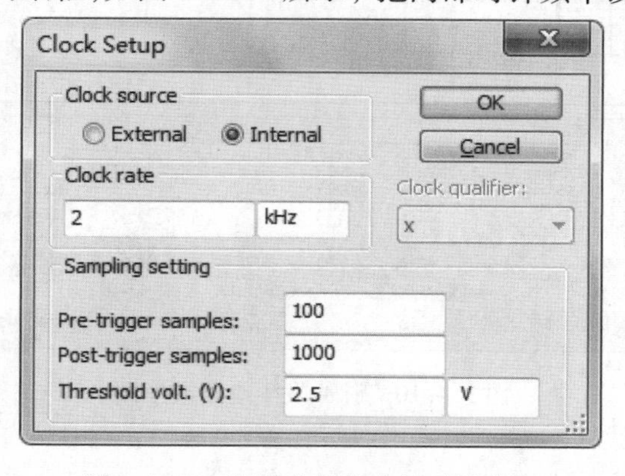

图 3.4.12　逻辑分析仪内部时钟设置

③为了方便观察，双击逻辑分析仪输入端的导线，修改网络名如图 3.4.13 所示。

④仿真运行，则可观察到各点输出的逻辑关系如图 3.4.14 所示。观察 74LS161 的 Q_A、Q_B、Q_C 分别为 CLK 的________分频、________分频、________分频；在 CLK 的 8 个脉冲之中，Y_0'-Y_7' 均为高电平占________个周期，低电平占________个周期；A、B、C、D 均为高电平占________个 CLK 脉冲宽度，低电平占________个 CLK 脉冲宽度；B 正脉冲比 A 落后________个 CLK 周期。

⑤把 V_1 的频率调成 1 Hz，仿真运行，观察指示灯 A、B、C、D 是否满足四相八拍的时序为________________________________。

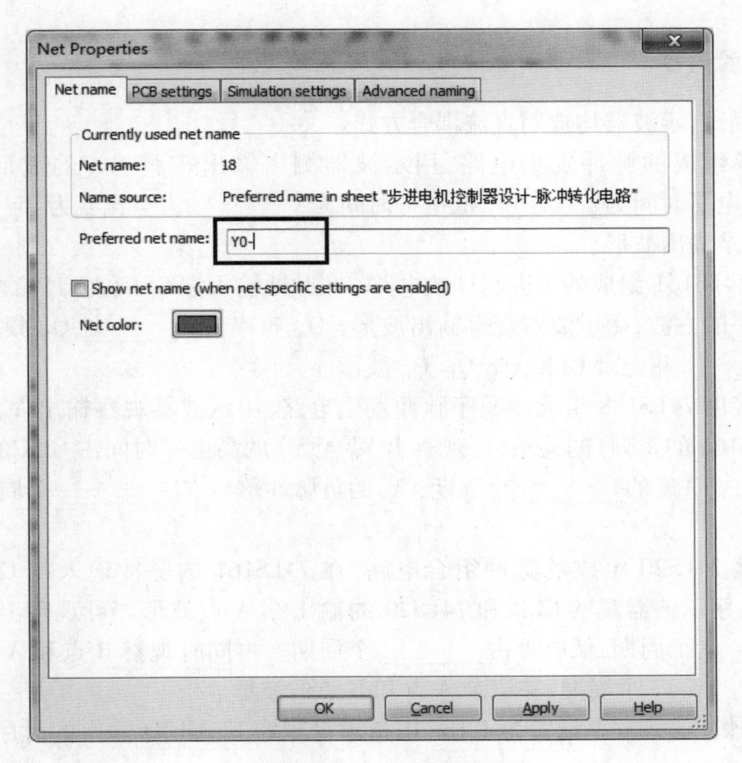

图 3.4.13 修改网络名

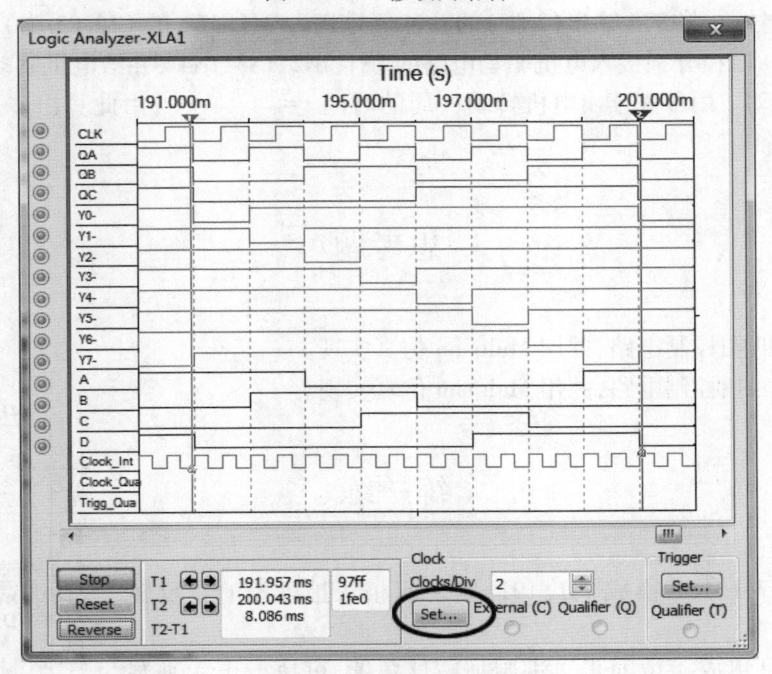

图 3.4.14 脉冲转化电路各点输出的时序关系图

3.4.5 实验内容

本电路的测试,示波器均选用直流耦合方式。

①搭接555组成的脉冲发生电路,用示波器测出输出3脚Out的波形。读出周期T为________、高电平时间为________、低电平时间为________、占空比q为________、频率f为________,并记录输出波形。

②搭接由74LS161组成的8进制计数电路,在脉冲输入端CLK(2脚)输入1 kHz、高电平5 V、低电平0 V的方波,用示波器观察输出波形,Q_A频率为________、Q_B频率为________、Q_C频率为________,并记录CLK、Q_A、Q_B、Q_C波形。

③继续搭接由74LS138组成的顺序脉冲发生电路,用示波器观察输出Y_0'—Y_7'的输出波形与CLK(74LS161的2脚)的关系,可观察出Y_0'至Y_7'的高电平时间占CLK的________个周期,低电平时间占CLK的________个周期,Y_1'的负脉冲落后Y_0'________个周期。记录Y_0'和Y_1'的波形。

④继续搭接74LS20组成的脉冲组合电路,在74LS161的脉冲输入端CLK(2脚)输入1kHz连续脉冲,用示波器观察CLK和74LS20的输出端A点波形。可观察出A点的高电平占CLK的________个周期,低电平占________个周期。再同时观察B点和A点,可观察出B点落后于A点________个周期,并记录A点和B点的波形。

⑤将CLK脉冲信号频率设置为1 Hz,用指示灯观察其ABCD输出的时序为________________________________。

⑥撤掉信号源,将555输出(3脚)的脉冲信号送入74LS161的CLK(2脚),将74LS20的输出A、B、C、D四相分别接入电机驱动电路的IN1、IN2、IN3、IN4,并给电机驱动模块供电,观察电机是否转动。用秒表读出电机转动一周的时间t=________,由此算出步进电机的步距角为________。

思考题

1. 设计单四拍控制电路,并用Multisim仿真实现。
2. 设计双四拍控制电路,并用Multisim仿真实现。

练一练

把计数器74LS161换成74LS191,实现四相八拍可控的正反转电路。

74LS191是集成4位同步二进制加减计数器,可执行十六进制加/减法计数及异步置数功能。

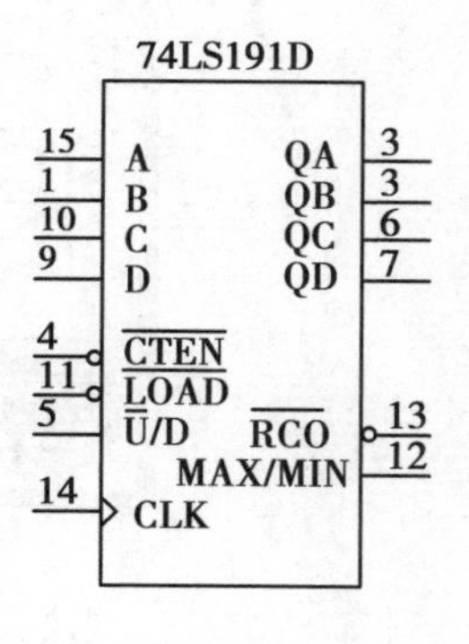

图3.4.15 74LS191芯片引脚图

芯片管脚图如图3.4.15所示。CLK为加/减脉冲输入端,上升沿有效。$\overline{U}$/D为加/减计数控制端,低电平为加计数,高电平为减计数。

$\overline{CTEN}$ 为计数使能端，低电平有效。$\overline{LOAD}$ 为异步置数端，低电平有效，DCBA 为数据输入端。$Q_D Q_C Q_B Q_A$ 为数据输出端。$\overline{RCO}$ 为进位/借位输出端。MAX/MIN 为最大值/最小值标志位。

实验3.5　交流自动增益控制放大器原理介绍

3.5　交流电压自动增益控制放大器

3.5.1　实验目的

要求设计一个交流电压自动增益控制放大器，实现的功能为：

①对于不同的输入信号自动变换增益：

a. 输入信号峰值为 0～1 V，增益为 3；

b. 输入信号峰值为 1～2 V，增益为 2；

c. 输入信号峰值为 2～3 V，增益为 1；

d. 输入信号峰值为 3 V 以上，增益为 0.5；

②通过数码管显示当前放大电路的放大倍数，用 0、1、2、3 分别表示 0.5、1、2、3 倍。

3.5.2　实验设备及材料

①装有 Multisim 14 的计算机。

②函数信号发生器。

③双踪示波器。

④数字万用表。

⑤面包板

⑥芯片 uA741×4、LM339、74LS00、CD4052、74LS48；共阴极数码管、电阻 1 kΩ×4、5.1 kΩ×4，10 kΩ×8、20 kΩ×2、30 kΩ、1 MΩ；电容 1 μF(105)；二极管 1N4148。

3.5.3　实验原理

交流电压自动增益控制放大器由五个单元电路组成，其框图如图 3.5.1 所示。

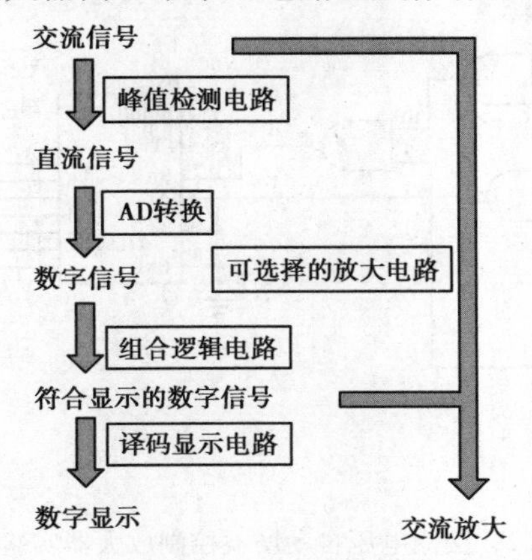

图 3.5.1　交流自动增益控制放大器框图

将各单元电路具体实现，实验线路图如图 3.5.2 所示。

1）峰值检测电路

峰值检测电路的作用是对输入交流信号的峰值进行提取，为了实现这样的目标，D 点电压会一直保持，直到一个新的更大的峰值出现或电路复位。

U_1 和 U_2 组成一个采样保持电路。U_1 组成一个比较器，U_2 组成一个电压跟随器。当 A 点电位高于 D 点电位时，B 点输出高电平，二极管 D_1 导通，电容 C_1 充电，直到 A 点达到峰值。随后 A 点电位下降，当 A 点电位低于 D 点电位时，二极管截止，电容 C_1 通过 R_2 放电。等到 A 点电位再次上升超过 D 点电位时，B 点再次输出高电平，二极管导通，电容 C_1 充电，如此反复，因此，C 点是一个充放电的波形。只要 A 点峰值不变，且 R_2 较大时，C 点电压基本不变，等于 A 点峰值，D 点电压跟随 C 点电压；R_2 和 C_1 组成的 RC 放电回路，时间常数较大，可设置为 1 秒以上。

这样就把交流信号转化为了直流信号，提取出交流信号的峰值。

2）A/D 转换电路

峰值检测电路的输出送入比较器 LM339 的同相输入端，反向输入端接分压电阻的分压电压。当输入的峰值电压大于对应分压电压时，比较器输出为正，反之为零。根据题目要求的电压等级划分需要分压电压分别为 1 V、2 V、3 V，则对应电阻可选 10 kΩ、10 kΩ、10 kΩ、20 kΩ，对应不同的交流信号，GFE 输出不同的 0、1 组合，这样就实现了直流信号的 A/D 转换。

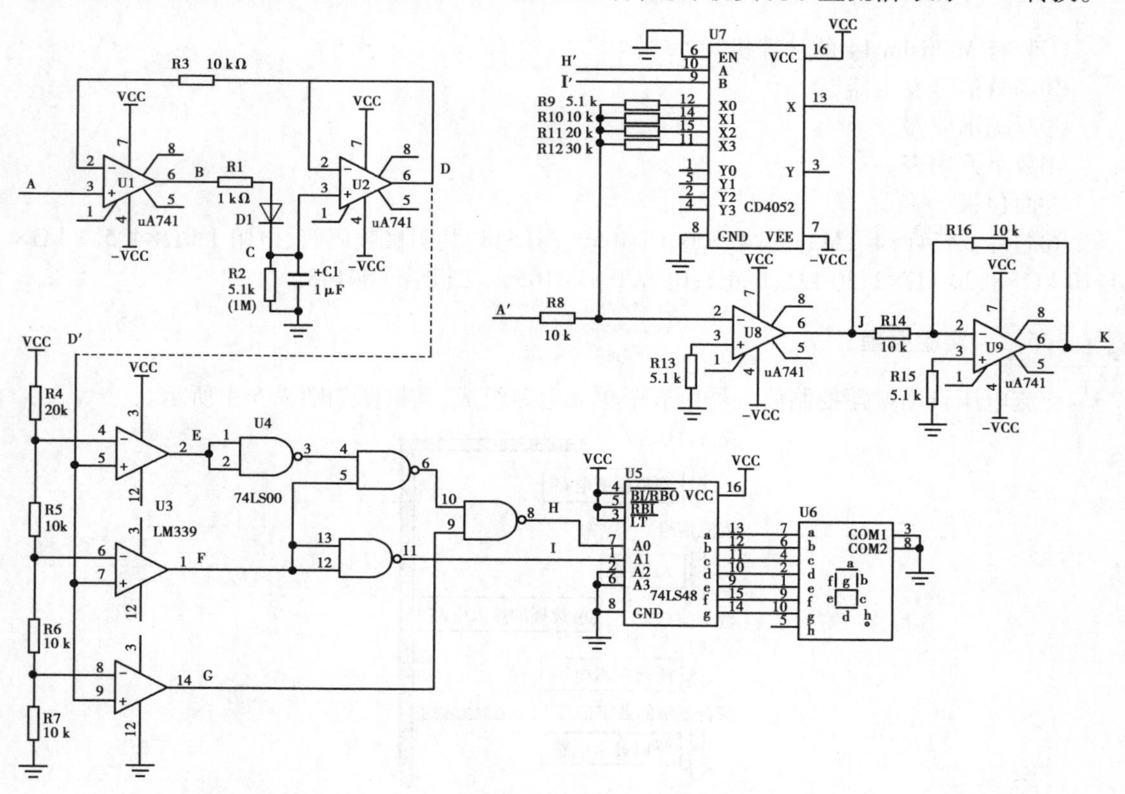

图 3.5.2　交流电压自动增益控制放大器实验线路图

3)数字信号变换电路

根据分析,可以列出输入信号峰值与比较器电路输出以及译码器输入的对应关系,如表3.5.1所示。

表3.5.1 比较器的输出与对应BCD码

输入峰值	G F E (比较电路输出)	$A_3A_2A_1$(I)A_0(H) (74LS48 输入)	数码管显示
0~1 V	0 0 0	0 0 1 1	3
1~2 V	1 0 0	0 0 1 0	2
2 ~3 V	1 1 0	0 0 0 1	1
3 V以上	1 1 1	0 0 0 0	0

根据表3.5.1可列出IH与GFE的关系,因此可以列出真值表,画出卡诺图(注意补充无关项),分别写出I和H与EFG之间的逻辑表达式,并用与非门74LS00来实现。这个分析过程请同学们自己完成,并写在实验报告上。

4)译码显示电路

把74LS48接成译码方式。把I、H接到A_1和A_0,A_3和A_2接地,所以输入变化范围$A_3A_2A_1A_0$为0000—0011,输出显示范围也是0~3。

5)放大电路

U_7与U_8组成可变增益反相放大器,CD4052为模拟开关,反馈电阻选择R_9、R_{10}、R_{11}、R_{12}其中一个,由I′ H′的组合来选择,如I′H′=10, X_2(15脚)与X(13脚)接通,反馈电阻为R_{11}(20 kΩ),此时增益为$-R_{11}/R_8=-2$倍,其余类推。U_9组成一个反相器,将相位翻转过来,因此输出K点与输入A′点同相。

3.5.4 仿真实验内容

1)峰值检测电路

①打开Multisim 14,建立文件,绘制电路如图3.5.3所示。在元件库中选择需要的运放741、电阻、电容、二极管、交流电压源、电源等元器件,调入四踪示波器(Four Channel Oscilloscope),放置到仿真工作区。各元件所在位置如下。

- 运放741:(Group)Analog→(Family)OPAMP→(Component)UA741CD。
- 电阻:(Group)Basic→(Family)RESISTOR。
- 极性电容:(Group)Basic→(Family)CAP-ELECTROLIT。
- 二极管:(Group)Diodes→(Family)Diode→(Component)1N4149。
- 交流电压源:(Group)Sourses→(Family)SIGNAL_VOLTAGE_SOURSES→(Component)AC_VOLTAGE。
- 电源:(Group)Sourses→(Family)POWER_SOURSES→(Component)VCC。
- 地GND:(Group)Sourses→(Family)POWER_SOURSES→(Component)GROUND。

②执行菜单命令“Place”→“Connectors”→“On-page connector”,在A点、B点、C点、D点以及示波器的四个通道放置页内连接器,调整各元器件位置绘制电路如图3.5.3所示。将交

流电压源设置为 1 kHz,峰值为 1.5 V,仿真运行,打开示波器观察波形如图 3.5.4 所示。

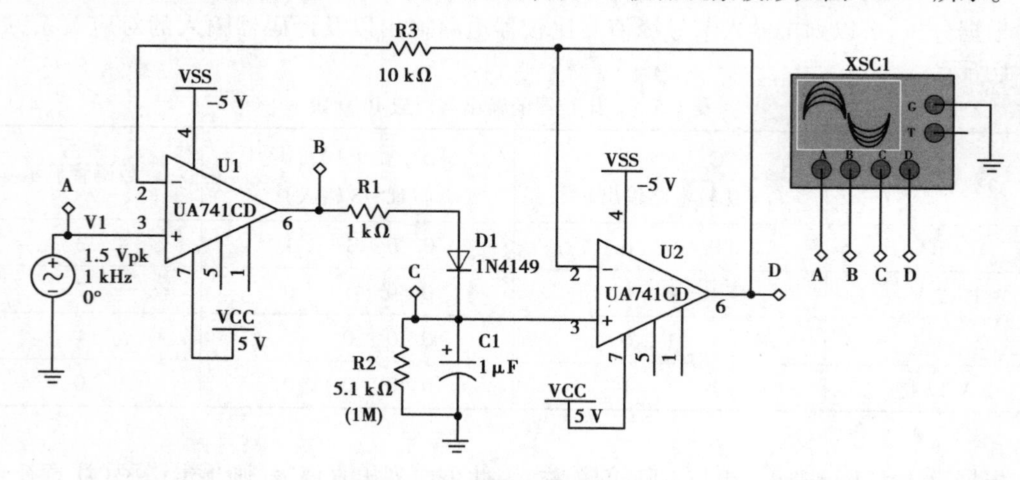

图 3.5.3　峰值检测电路仿真电路

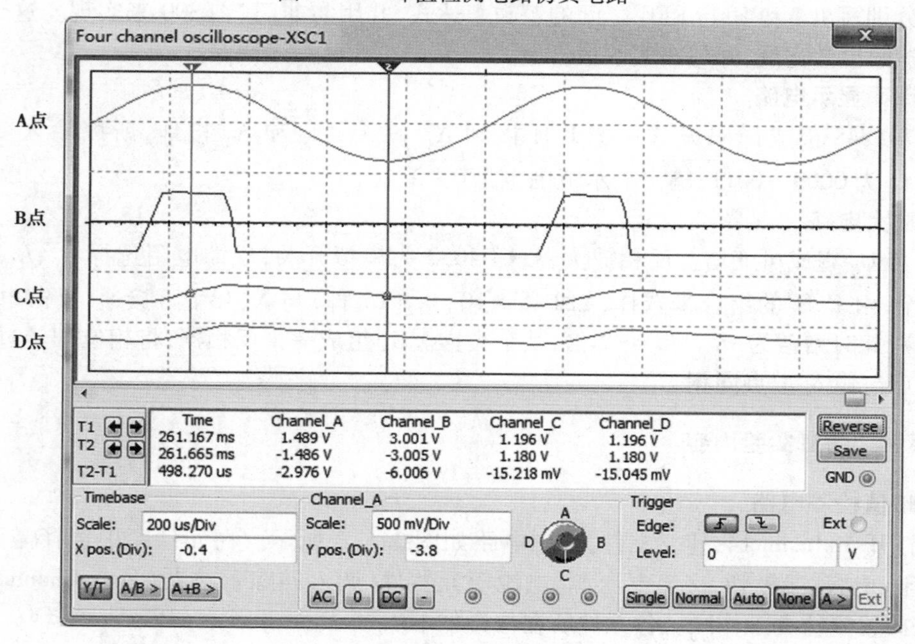

图 3.5.4　峰值检测电路仿真波图

③通过仿真波形可知,B 点高电平为__________V,低电平为__________V。C 点最大值为________V,最小值为________V。

④将 R_2 换成 1 MΩ,重新观察示波器波形如图 3.5.5 所示。可见,由于 R_2 较大,电容放电慢,C 点电位几乎没有变化,而二极管只在很短时间导通,给电容 C_1 充电。

⑤通过仿真波形可知,B 点最大值为________V,最小值为________V。C 点几乎恒等于________V。

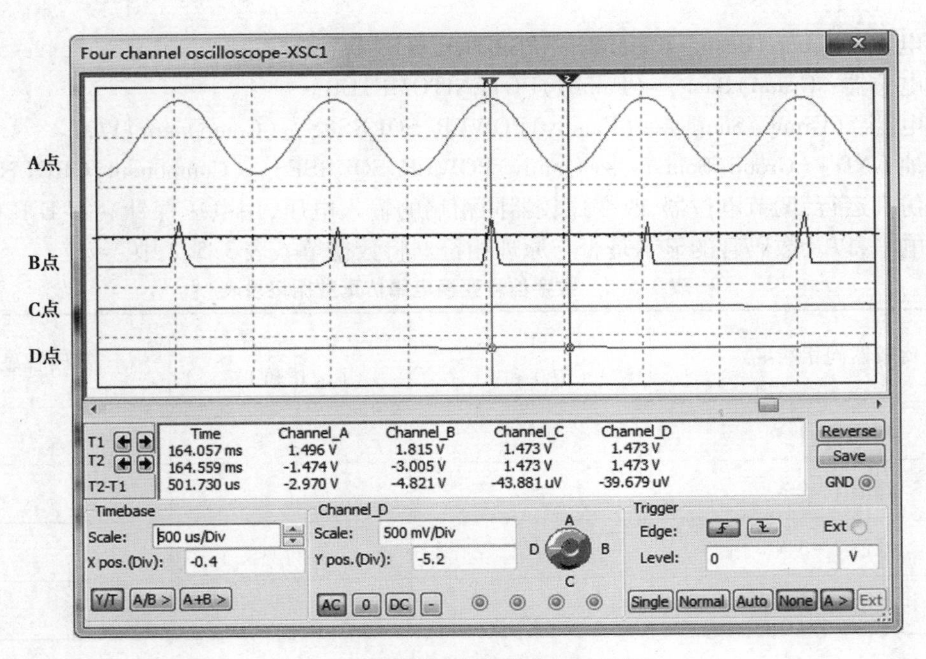

图 3.5.5　峰值检测电路仿真波形图

2) A/D 转换及数字信号变换电路

A/D 转换电路由三个比较器组成，数字信号变换电路包括组合逻辑电路、译码显示电路。

①新建文件，绘制电路如图 3.5.6 所示。在元件库中选择比较器、与非门 74LS00 等元器件，调入电压探针 (Voltage Probe)，放置到仿真工作区。各元件所在位置如下。

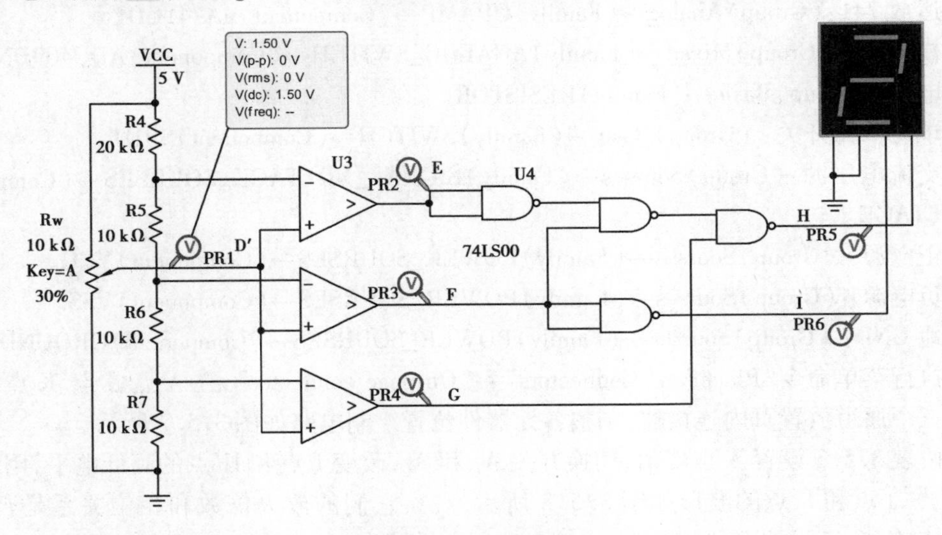

图 3.5.6　数字信号变换电路仿真电路图

- 比较器：(Group) Analog→(Family) Analog_VIRTUAL→(Component) COMPARATOR_IDEAL。
- 与非门 74LS00：(Group) TTL→(Family) 74LS→(Component) 74LS00。
- 数码管：Group) Indicators→(Family) HEX_DISPLAY→(Component) DCD_HEX。

• 电阻:(Group)Basic→(Family)RESISTOR。

• 电位器: Group)Basic→(Family)POTENITOMETER。

• 电源:(Group)Sourses→(Family)POWER_SOURSES→(Component)VCC。

• 地 GND:(Group)Sourses→(Family)POWER_SOURSES→(Component)GROUND。

②仿真运行,调节电位器,改变比较器同相端的输入电压,用电压探针观察 E F G 和 I H 的高低电平,以及数码管的显示是否与原理相符。将数据填入表 3.5.2 中。

表 3.5.2 数字信号变换电路仿真数据记录表

比较器同相端 $V_{D'}$	E F G（记 0 和 1）	I H（记 0 和 1）	数码管显示
( )V 峰值 0 ~ 1 V			
( )V 峰值 1 ~ 2 V			
( )V 峰值 2 ~ 3 V			
( )V 峰值>3 V			

3)放大电路

①新建文件,绘制电路如图 3.5.7 所示。在元件库中选择运放 741、模拟开关等元器件,在虚拟仪器库中调入四踪示波器(Four Channel Oscilloscope),放置到仿真工作区。各元件所在位置如下:

• 运放 741:(Group)Analog→(Family)OPAMP→(Component)uA741CD。

• 模拟开关:Group)Mixed→(Family)ANALOG_SWITCH→(Component)ADG409BN。

• 电阻:(Group)Basic→(Family)RESISTOR。

• 单刀双掷开关:(Group)Basic→(Family)SWITCH→(Component)SPDT。

• 交流电压源:(Group)Sourses→(Family)SIGNAL_VOLTAGE_SOURSES→(Component)AC_VOLTAGE。

• 正电源:(Group)Sourses→(Family)POWER_SOURSES→(Component)VCC。

• 负电源:(Group)Sourses→(Family)POWER_SOURSES→(Component)VSS。

• 地 GND:(Group)Sourses→(Family)POWER_SOURSES→(Component)GROUND。

②执行菜单命令"Place"→"Connectors"→"On-page connector",在 A 点、J 点、K 点以及示波器的三个通道放置页内连接器,调整各元器件位置绘制电路如图 3.5.7 所示。

③按表 3.5.3 设置 A 点峰值,切换开关 A_1 和 A_0,改变 I′点和 H′点的高低电平,用示波器观察 A′点、J 点和 K 点的波形如图 3.5.8 所示,观察它们的放大倍数和相位关系是否符合。记录 K 点峰值,算出放大倍数。

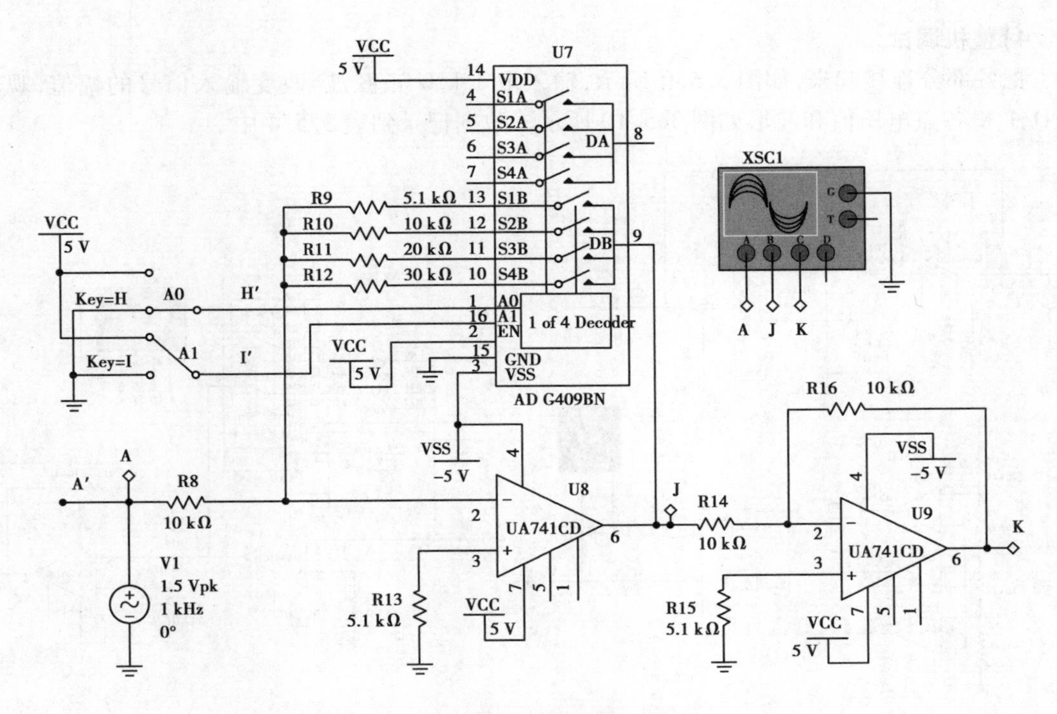

图 3.5.7 放大电路仿真电路图

表 3.5.3 放大电路仿真记录表

A′点峰值		I′	H′	K 点峰值	放大倍数 A_V
( )V	峰值 0～1V	1	1		
( )V	峰值 1～2V	1	0		
( )V	峰值 2～3V	0	1		
( )V	峰值>3V	0	0		

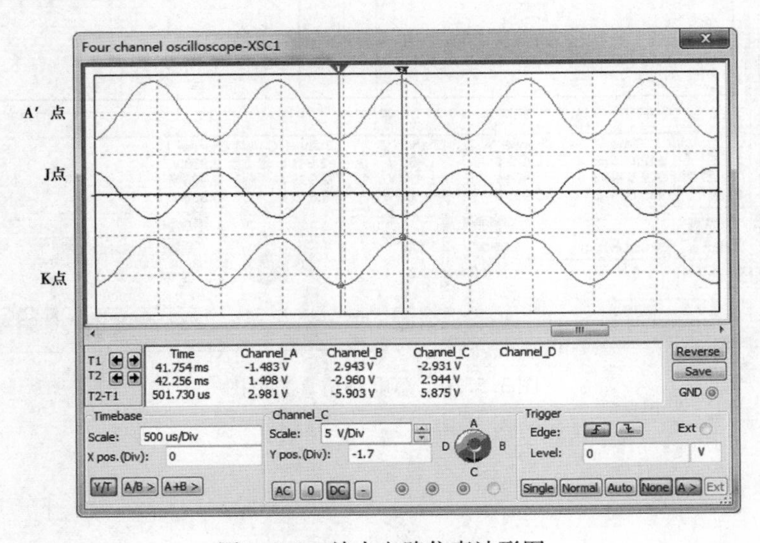

图 3.5.8 放大电路仿真波形图

4）整机调试

把各部分连接起来，如图 3.5.9 所示，输入取 1 kHz 正弦波，改变输入信号的幅值，观察 A、D、J、K 各点电压值和波形如图 3.5.10 所示。数据记录到表 3.5.4 中。

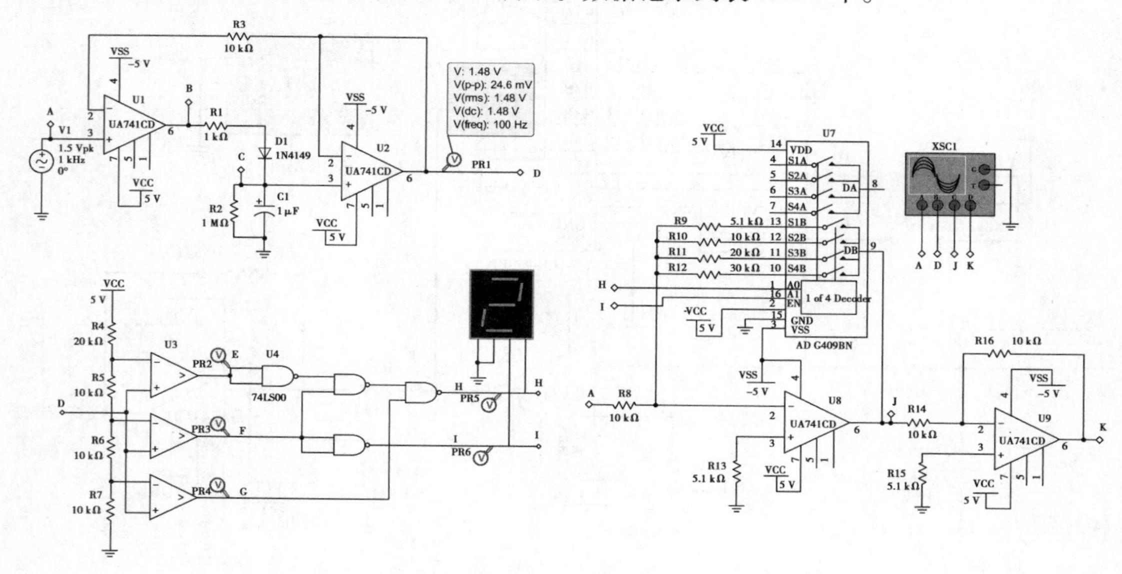

图 3.5.9　仿真总电路

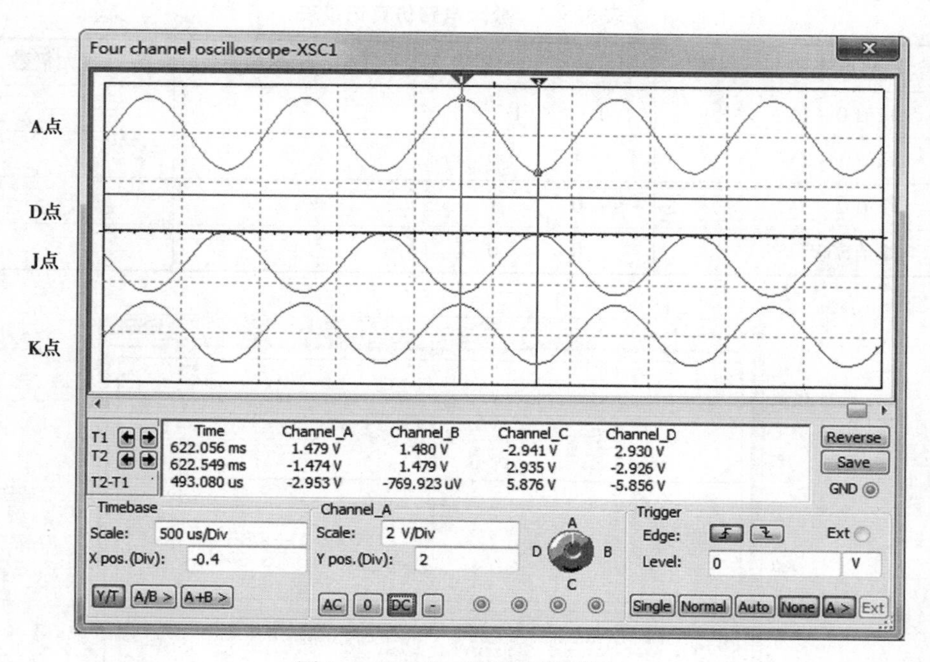

图 3.5.10　总电路仿真波形图

表 3.5.4 总电路仿真数据记录表

A 点输入峰值	D 点电压/V（直流电压）	E F G（记 0 和 1）	I H（记 0 和 1）	数码管显示	K 点输出峰值/V
( )V 峰值 0 ~ 1 V					
( )V 峰值 1 ~ 2 V					
( )V 峰值 2 ~ 3 V					
( )V 峰值>3 V					

3.5.5 实验室操作内容

1) 峰值检测电路

①V_{CC} 取+5V，$-V_{CC}$ 取−5 V。搭接峰值检测电路，R_2 取 5.1 kΩ，A 点输入 1 kHz、峰峰值为 3 V 的正弦波，用示波器观察 A、B、C、D 四个点的波形，示波器选用直流耦合方式，记录波形。

②R_2 取 1 MΩ，仍然从 A 点输入 1 kHz 正弦波，峰峰值按表 3.5.3 设置，用示波器观察 A、B、C、D 四个点的波形，注意观察波形与 R_2 取 5.1 kΩ 时的波形有什么不同。用万用表直流电压挡观察 D 点电压，记录到表 3.5.5 中。

表 3.5.5 峰值检测电路记录表

A 点输入峰峰值	输出 V_D/V
Vpp= 1 V	
Vpp=3 V	
Vpp=5 V	
Vpp=7V	

2) A/D 转换及数字信号变换电路

A/D 转换及数字信号变换电路包括比较器电路、组合逻辑电路、译码显示电路。以下测试数据记录到表 3.5.6 中。

①搭接比较器电路，三个比较器输出端分别接一上拉电阻 1kΩ（图 3.5.1 中未画出）。测量三个比较器的反相输入端是否为 1 V、2 V、3 V。在同相端 D′ 输入不同的直流电压值，可用表 3.5.6 所示的电位器调节。测量 EFG 点的高低电平。

②再搭接组合逻辑电路，同时测出 I 点和 H 点的高低电平。

③继续搭接译码显示电路，观察数码管显示数据。

表 3.5.6 数字变换电路记录表

D′电压/V	E F G（记 1 或 0）	I H（记 1 或 0）	数码管显示	
0.5				+5 V 10 kΩ
1.5				
2.5				
3.5				

3)放大电路

搭接放大电路,I′H′ 接高低电平,A′ 输入 1 kHz、峰峰值为 2 V 的正弦波,用示波器观察输入输出,记入表 3.5.7 中,并记录一组波形。

表 3.5.7 放大电路记录表

I′ H′	K 点峰峰值/V	放大倍数 A_v
0 0		
0 1		
1 0		
1 1		

4)整机调试

把 A 与 A′点、D 与 D′点、I 与 I′点、H 与 H′点分别连接起来,取 1 kHz 正弦波,改变输入信号的幅值,观察放大倍数和数码管显示,以及各点数据记录到表 3.5.8 中。

表 3.5.8 整机调试记录表

输入峰峰值 V_A	V_D/V（直流电压）	E F G（记 1 或 0）	I H（记 1 或 0）	数码管显示	输出峰峰值 V_K/V
( )V 峰值 0 ~1 V					
( )V 峰值 1 ~2 V					
( )V 峰值 2 ~3 V					
( )V 峰值>3 V					

思考题

1. 列出 IH 与 EFG 之间的关系,并写出表达式,画出卡诺图,化简成二输入与非门的最简表达式。

2. 如果 R_2 和 C_1 取值较小,如 C_1 取 0.01 μf,R_2 取 1 kΩ,峰值检测电路输出效果是怎样的?

练一练

将 4050 改用 4051,画出电路图,再搭接电路实现相同功能。

3.6 基于 Multisim 14 的电子秒表的设计与开发

电子秒表是重要的计时工具,广泛运用于各行各业中。它可应用于对运动物体的速度、加速度的测量实验,还可用来验证牛顿第二定律、机械能守恒等物理实验,同时也适用于对时间测量精度要求较高的场合。作为一种测量工具,电子秒表相对于其他一般的记时工具具有便捷、准确、可比性高等特点,不仅可以提高精确度,而且可以大大减轻操作人员的负担,降低错误率。

3.6.1 电子秒表的设计要求

①电子秒表计时范围为 0.0 ~9.9 s。
②该秒表精度达到 0.02 s。
③该秒表具有启动、停止的功能。

3.6.2 电子秒表的工作原理

电子秒表的电路方框图如图 3.6.1 所示,主要由脉冲产生电路、控制电路、分频电路、计数器电路、译码显示电路等单元电路组成。根据设计要求,需要 10 Hz 时钟脉冲信号,由于需要精度达到 0.02 s,因此可设计一个 50 Hz 的时钟脉冲信号再进行分频得到。计数器进行 0—99 的加计数,再通过译码显示模块显示出来,主控制电路控制计数器的清零、重新计数和数据停止。

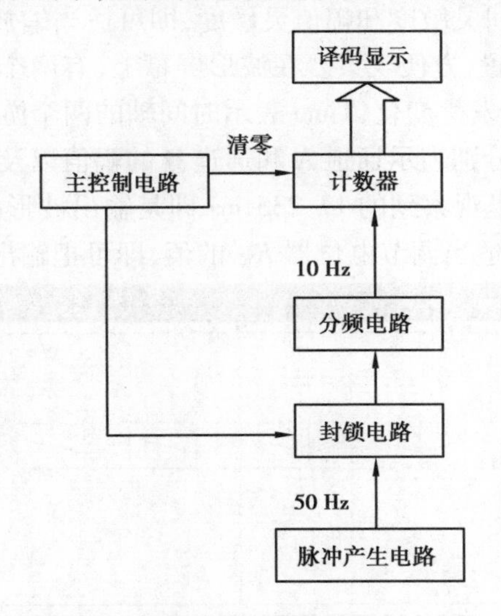

图 3.6.1 电子秒表的电路方框图

3.6.3 Multisim 14 在电子秒表设计中的应用

1) 单元电路的设计

(1)50 Hz 时钟产生电路的设计及仿真

①创建电路。在元件库 Mixed→TIMER 里调入 LM555CM,在 Basic→RESISTOR 里调入电

阻，在 Basic→CAPACITOR 里调入电容，在 Basic→POTENTIOMETER 里调入电位器，在 Sources→POWER_SOURSES 调入电源和地，设置成相应的参数，连接成如图 3.6.2 所示的多谐振荡器。调入示波器观察波形，示波器的两个通道可以用不同的颜色导线来区分，这样方便波形的观察。

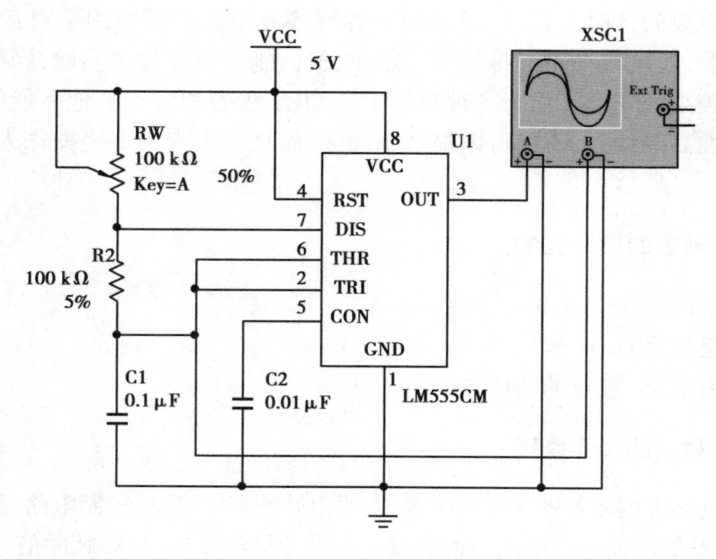

图 3.6.2　555 组成的多谐振荡器

②仿真分析。双击示波器，打开示波器面板如图 3.6.3 所示。运行文件，即可观察到示波器上有波形出现；调节时间灵敏度和幅值灵敏度，即可适当缩放波形；适当调整波形基准线 Y Position，即可拉开波形位置，方便观察。在波形屏幕上，有两个游标，拉动游标 1 和游标 2，观察到数据表格里的数据在发生变化，Time 表示时间轴的两个游标的数据以及两个游标的差值，Channel A 和 Channel B 分别表示通道 A 和通道 B 的幅值以及两个游标的电压差值。把游标卡在一个周期的位置，这里观察到的 17.235 ms 即是输出波形一个周期的时间。这里需要的是 50 Hz，也就是 20 ms。适当调节电位器 R_W 的值，即可把输出频率调至 50 Hz。

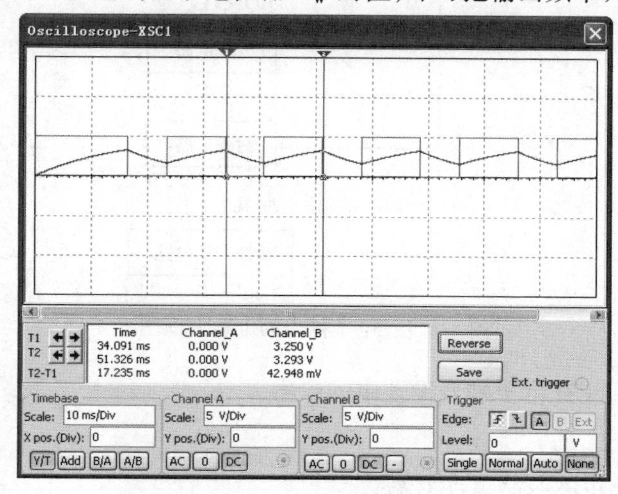

图 3.6.3　555 多谐振荡器输出波形

③存储文件。把文件存储为“脉冲产生电路”。

(2)控制电路的设计及仿真

①实验原理分析。控制电路需要控制计数的复位启动,停止计数。这里用基本 RS 触发器和单稳态触发器来设计,如图 3.6.4 所示。

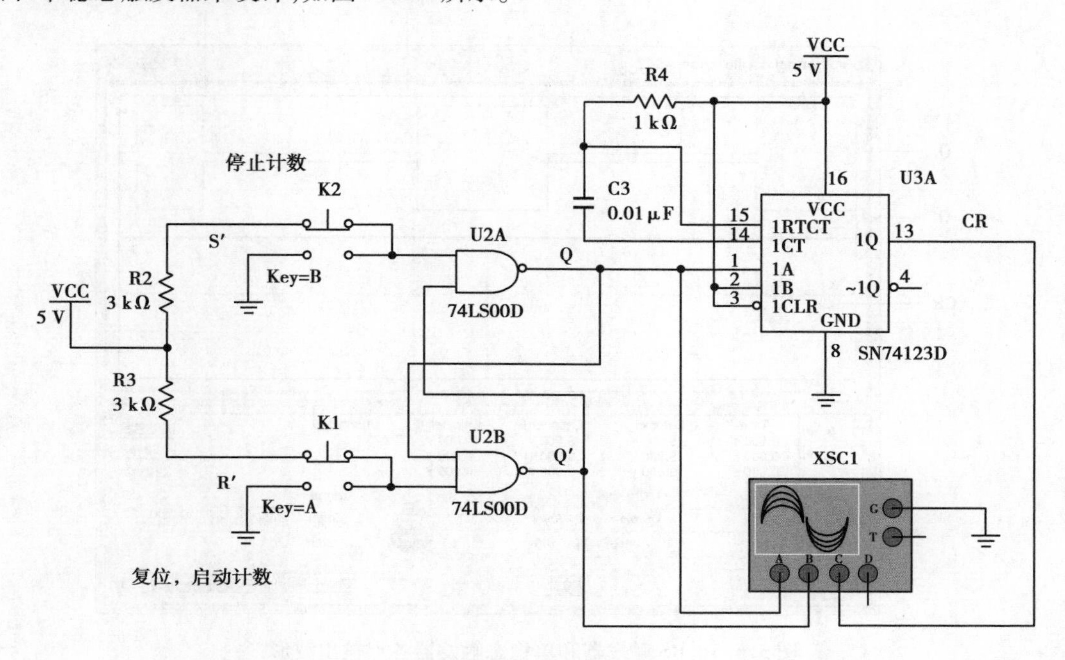

图 3.6.4　电子秒表控制电路图

图 3.6.4 中,U2A、U2B 组成的基本 RS 触发器的一路输出 Q 作为单稳态触发器的输入,另一路输出 Q′作为封锁脉冲信号的输入控制信号。

在由 U2A 和 U2B 组成的 RS 触发器中,按动复位按钮开关 K_1(接地),则 Q′=1,与非门 U2C 开启(见图 3.6.9),为计数器启动做好准备;同时 Q=0,Q 输出的负脉冲启动单稳态触发器,使得计数器复位; K_1 复位后,Q、Q′状态保持不变。再按动停止按钮开关 K_2(接地),则 Q 由 0 变为 1,Q′由 1 变 0,与非门 U2C 封锁。

基本 RS 触发器在电子秒表中的作用是启动和停止秒表的工作。

在由 U3A、C3、R4 组成的单稳态触发器,当按 K_2 键,U2A 的 Q 从 1 变为 0,74LS123 的 A 端(1 脚)得到一个下降沿,输出端 Q 端 (13 脚)输出一个正脉冲信号。

②创建电路。创建如图 3.6.4 所示的 RS 触发器和单稳态触发器电路,并调入示波器,改变示波器不同通道的连线的颜色,观察波形如图 3.6.5 所示。

单击运行按钮,进行仿真分析,观察仿真结果。

操作说明:

• 按开关 K_1,U2B 输入低电平,系统自动运行。观察到示波器屏幕上 RS 触发器的两个输出端电位,U2A(Q)输出 0,U2B(Q′)输出 1,这使得单稳态触发器 74LS123 的 A 端得到一个下降沿,单稳态触发器的输出端 Q(13 脚)输出一个正脉冲,去清除计数器的数据。同时,555 输出的脉冲信号通过与非门,计数器正常分频计数。

• 按开关 K_2,U2A 输入低电平。观察到示波器屏幕上 RS 触发器的两个输出端电位均翻转,U2A(Q)输出 1,U2B(Q′)输出 0,555 输出的脉冲信号不能通过与非门 U2C,计数器停止分频计数。

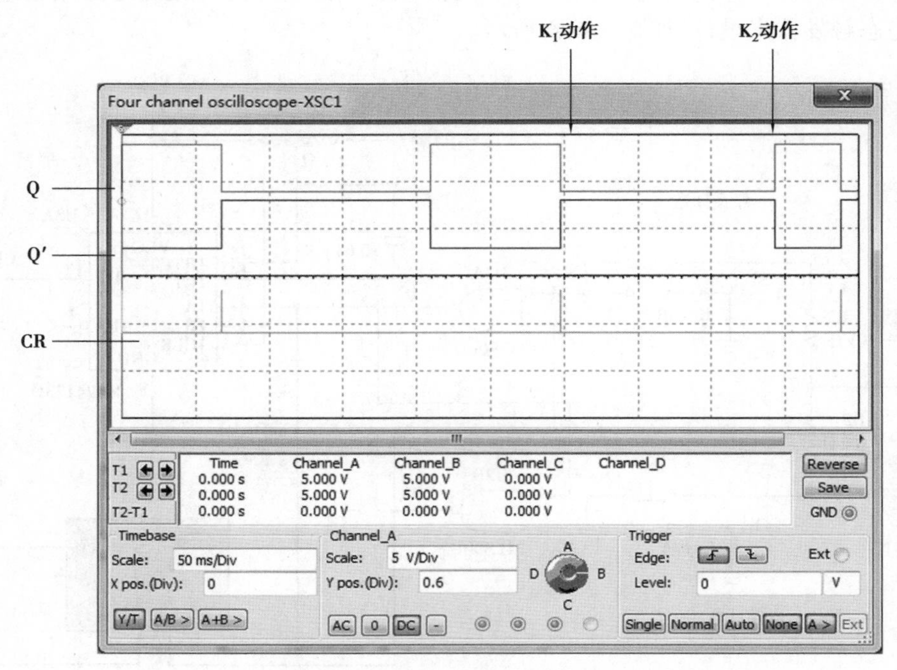

图 3.6.5　RS 触发器和单稳态触发器各点输出波形

③存储文件,将文件存储为“控制电路”。

(3)分频及计数器电路的设计及仿真

①创建电路。调入相关元器件,建立如图 3.6.6 所示的分频及计数器电路。在 Sources→Signal_ VOLTAGE_SOURCES 里调入脉冲信号 CLOCK_VOLTAGE,设置成 50 Hz,并调入示波器观察波形。U_4 组成的五进制计数器实现五分频的功能,U_5 和 U_6 组成 100 进制加计数。

②仿真分析。单击运行按钮,进行仿真分析,观察仿真结果。

操作说明:

• 点击按钮开关 J_1,数据复位为 00,然后开始递增,最多到 99。在任何数据下,再次点击开关 J_1,数据又复位为 00,然后开始递增。

• 双击示波器,打开示波器面板,如图 3.6.7 所示,即可观察到分频电路的脉冲信号输入输出关系。利用游标测量,输入脉冲周期为 20 ms,输出脉冲周期为 100 ms,符合设计要求。

③存储文件。单击存储按钮,将文件存储为“计数器电路”。

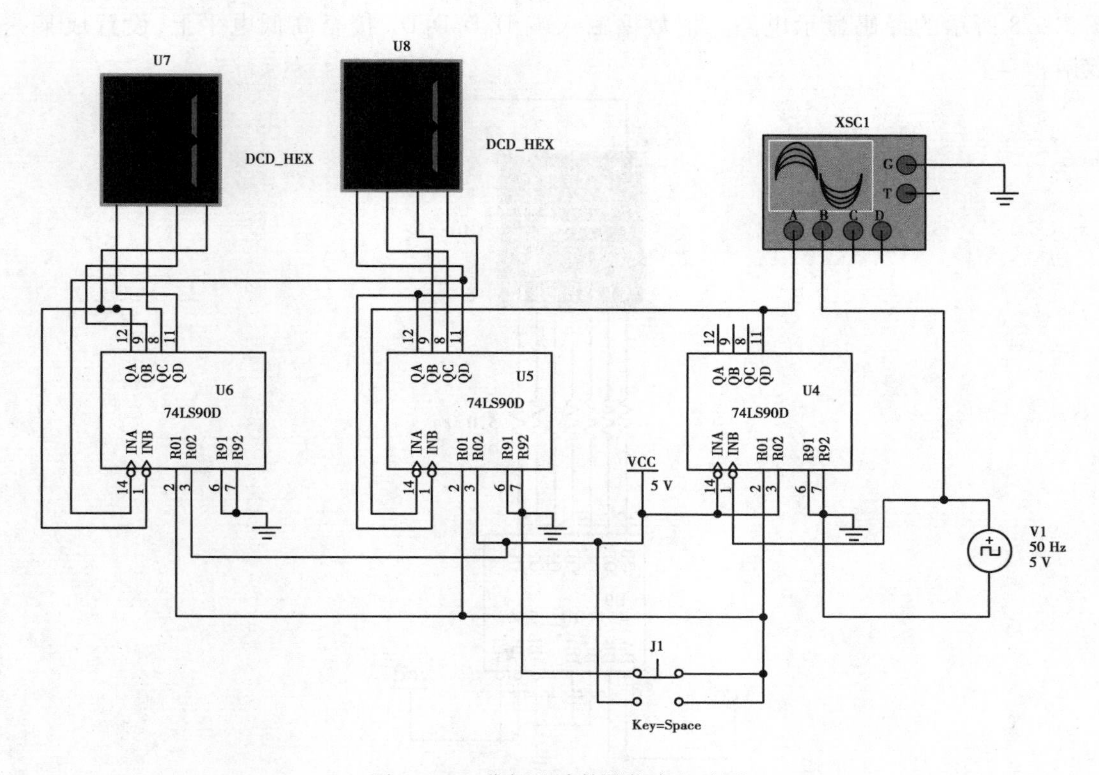

图 3.6.6 分频及计数器仿真电路图

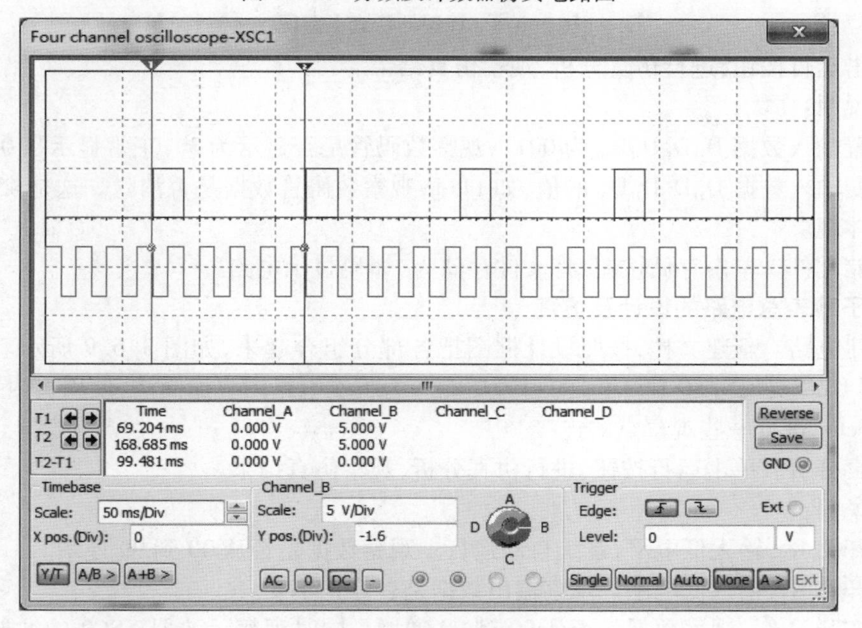

图 3.6.7 分频电路仿真波形图

(4)译码电路的设计及仿真

①创建电路。在元件库 CMOS→CMOS_5V 里调入 4511，在 Basic→RESISTER 里调入电阻，在 Indicators→HEX_DISPLAY 里调入共阴极七段数码管 SEVEN_SEG_COM_K，连接成如

图 3.6.8 所示的译码显示电路。把数据输入端 $D_DD_CD_BD_A$ 接至高低电平上,设置成某一数据。

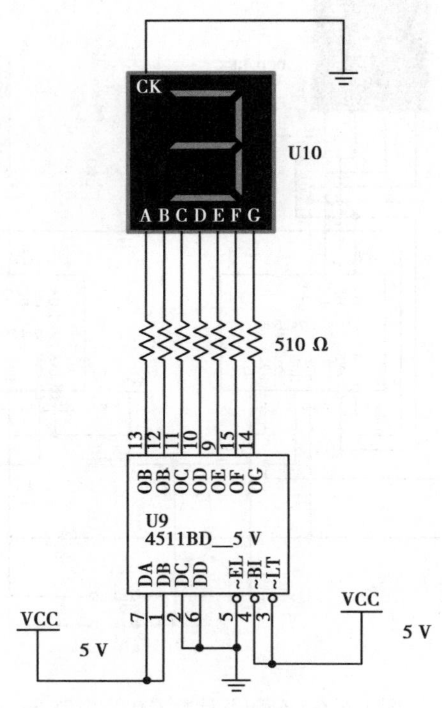

图 3.6.8　译码器仿真电路图

②单击运行按钮,进行仿真分析,观察仿真结果。

操作说明:

• 设置输入数据 $D_DD_CD_BD_A$ 为 0011,观察数码管是否显示为 3。正常显示从 0 到 9。

• 改变输入数据 $D_DD_CD_BD_A$ 的值,如 1111,观察数码管数据是否消隐。这是 4511 的拒伪码功能的体现。

③存储文件。单击存储按钮,将文件存储为"译码显示电路"。

2) 电子秒表总电路的设计及仿真

①创建电路。新建文档,按照设计框图把各部分组合起来,如图 3.6.9 所示。在总电路中,与非门 U2C 实现对 50 Hz 信号的封锁功能。为了使电路图更加简洁,使用页内连接器 On-page connector 进行一些观察点的连接。

②仿真分析。单击运行按钮,进行仿真分析,观察仿真结果。

操作说明:

• 按开关 K_1,输入低电平,系统自动运行。观察数据是否从 00 到 99 递增。

• 按开关 K_2,输入低电平。观察输出数据是否停止不变。

• 再按开关 K_1,观察数据是否从 00 到 99 递增。同时观察示波器 XSC2 的波形,调整 R_W 的值,使输出 50 Hz 准确。观察 50 Hz_1、10 Hz、1 Hz 这几个点的波形。

③存储文件。单击存储按钮,将文件存储为"电子秒表总电路"。

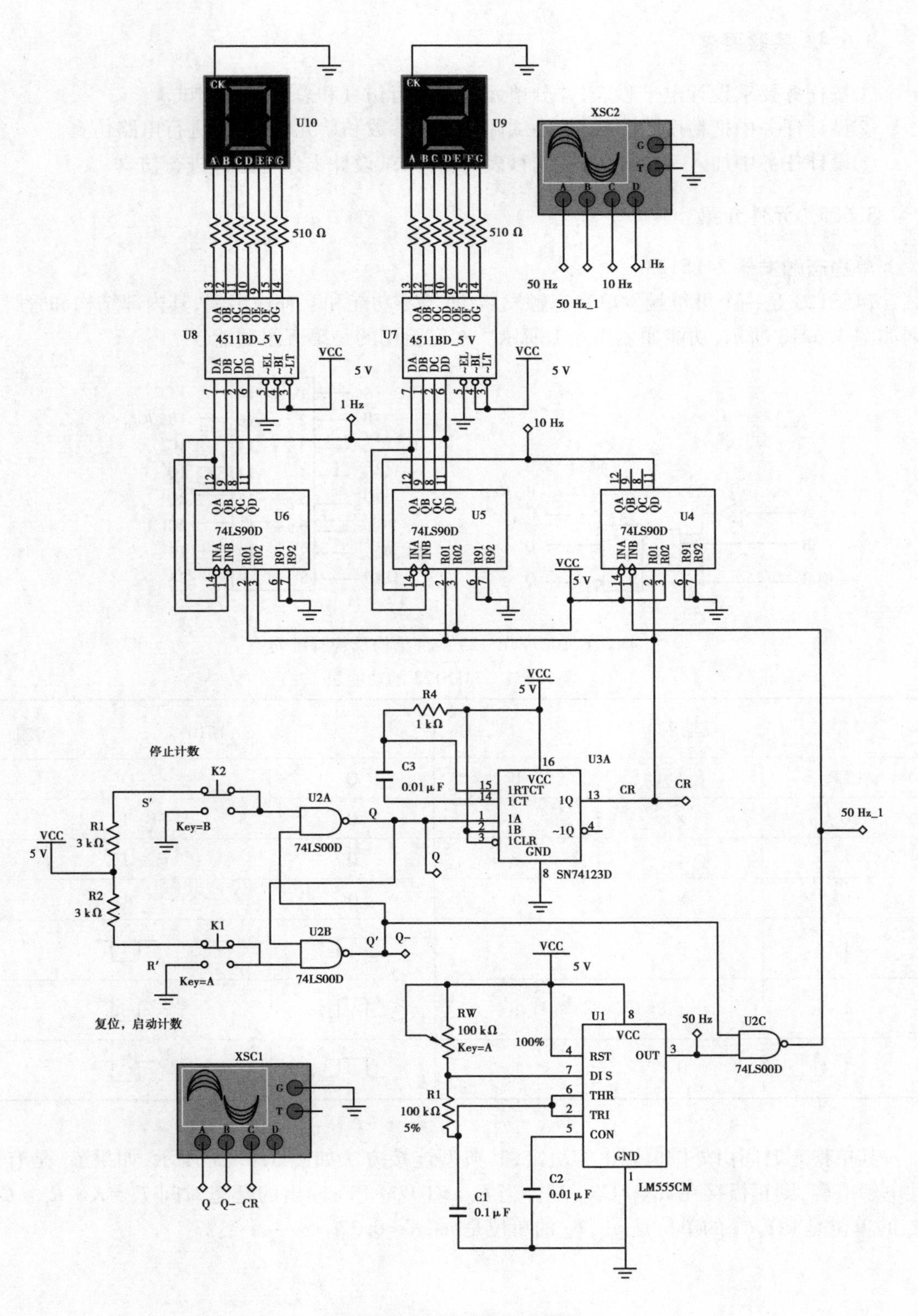

图 3.6.9　电子秒表总电路图

3.6.4　实验要求

①按任务要求设计电子秒表,并分单元电路进行仿真和总体电路调试。
②设计任务中把精度改为0.01 s,试调整相关参数和单元电路,并进行电路仿真。
③设计任务中加入一个开关,控制秒表的暂停,试设计出该电路并进行仿真。

3.6.5　元件介绍

单稳态触发器74LS123

74LS123是一个可重触发单稳态触发器,有清零功能和互补输出端,其内部结构和管脚排列如图3.6.10所示,功能如表3.6.1所示。本实验用的是第五组功能。

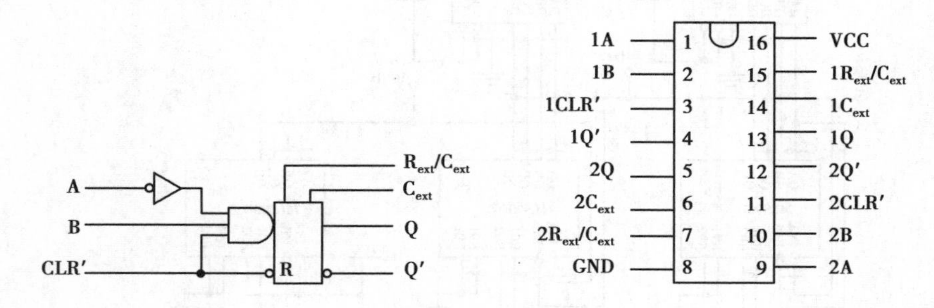

图3.6.10　74LS123内部结构及管脚排列

表3.6.1　74LS123的功能表

输入			输出	
CLR	A	B	Q	Q′
0	×	×	0	1
×	1	×	0	1
×	×	0	0	1
1	0	↑	⊓	⊔
1	↓	1	⊓	⊔
↑	0	1	⊓	⊔

其单稳态时间由外围电阻电容决定,其典型连接方法如图3.6.11所示,如果 C_x 是有极性电解电容,则正极接在 R_{EXT}/C_{EXT} 端。当 C_x>>1 000 PF,输出的暂态时间 $T_w = K * R_x * C_x$。R_x 的单位是kΩ,C_x 的单位是pF,T_w 的单位是ns,$K \approx 0.37$。

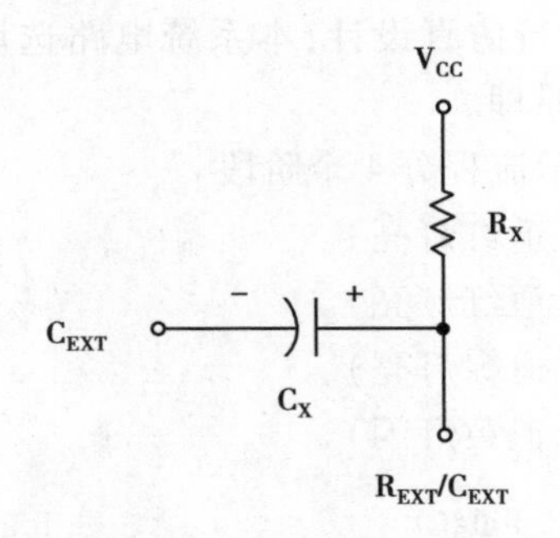

图 3.6.11　74LS123 外围元件的连接

思考题

1. 把 555 输出频率调整成 1 000 Hz,试调整相关参数。
2. 试用 555 来实现单稳态电路部分的设计。
3. 译码器电路改用 74LS47 来实现,试设计出相应的电路。
4. 把计数器部分的 74LS90 换成 74LS192,试设计出相应的电路。

练一练

把 555 输出调成 40 Hz,在分频电路中,用 D 触发器 74LS74 来实现四分频,试设计该电路,并实现相同功能。

3.7　交通信号控制系统的设计与开发

交通管理系统是一个城市交通管理的重要组成部分,其性能的好坏直接关系到城市现代化水平的高低。本实验设计的电子电路系统模拟十字路口的交通灯管理,管理车辆通过十字路口。在十字路口的正中,面对各方向悬挂红、黄、绿三色信号灯及表示禁止(或允许)通行时间的数码显示牌,包括信号灯(红、黄、绿三色信号灯)管理和时间牌管理。

3.7.1　交通灯管理系统的设计要求

①本十字路口交通灯控制电路,要求主干道与支干道交替通行。主干道通行时,主干道绿灯亮,支干道红灯亮,时间为 60 s。支干道通行时,支干道绿灯亮,主干道红灯亮,时间为 30 s。

②每次绿灯变红时,要求黄灯先闪烁 3 s(频率为 5 Hz)。此时另一路口红灯不变。

③在绿灯亮(通行时间内)和红灯亮(禁止通行时间内)均有倒计时显示。

3.7.2　交通灯管理系统的工作原理

分析交通灯管理系统的设计要求,电路实现可采用单片机控制方式,也可采用数字电路控制方式。考虑到用 Multisim 进行仿真设计,本系统电路选用数字控制方式,并根据设计要求,按单元电路分析电路的工作原理。

如图 3.7.1 所示,交通灯显示流程分 4 个阶段。

①阶段:主干道绿灯亮(支干道红灯亮)。

②阶段:主干道黄灯闪(支干道红灯亮)。

③阶段:主干道红灯亮(支干道绿灯亮)。

④阶段:主干道红灯亮(支干道黄灯闪)。

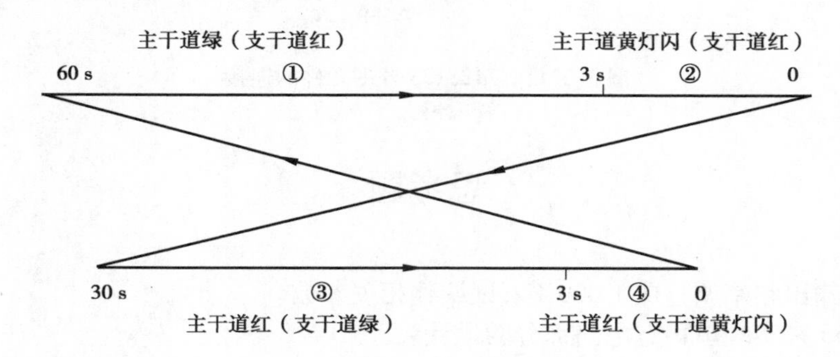

图 3.7.1　交通灯显示流程

• 时间牌从 60 到 0,又从 30 到 0 进行减计数,因此需要用到减计数器,具体应选用输出是两位 BCD 码的减计数器。

• 按秒减,则需要提供秒脉冲;黄灯按 5 Hz 闪烁,则需要提供 5 Hz 脉冲。这两个脉冲信号则由时钟发生电路提供,可先设计一个频率稍高的脉冲信号(如 100 Hz),再进行分频得到,这样有利于保证精确度。

• 减计数至 0s,红绿灯交替,这意味着应将 0s 这种状态识别出来,作为"检 0 信号"。控制计数器置入另一组数据 30 或 60,并控制红绿灯的交替。

• 减计数至小于等于 3 s,黄灯闪烁。这意味着,应能将 01 ~ 03 s 从计数结果中识别出来,故应由"检 3 信号"承担 01 ~ 03 s 的译码任务;并有"黄灯闪烁控制电路"控制黄灯的闪烁。

• 应有译码显示电路,承担计数结果的显示任务。

• 应有信号灯驱动电路,承担驱动信号灯(红、黄、绿三色信号灯)发光的任务。

按以上分析,可设计交通信号控制系统的原理框图,如图 3.7.2 所示。

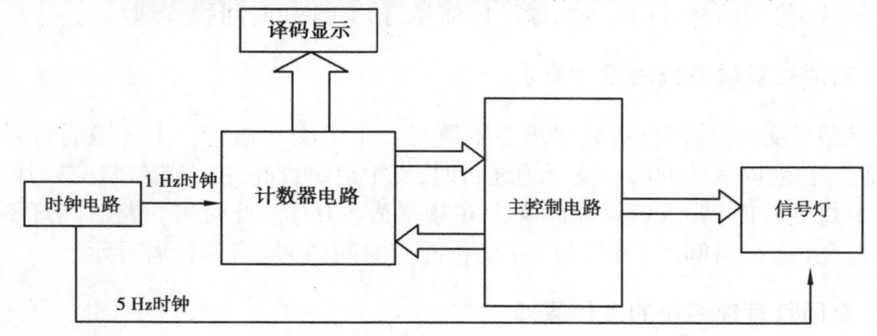

图 3.7.2　交通信号控制系统的原理框图

3.7.3 Multisim 14 在交通信号控制系统设计中的应用

1)单元模块电路的设计

用 Multisim 仿真时,将硬件电路分为时钟产生模块、计数器模块、译码模块、主控制电路模块,其他部件如 LED 数码管、红黄绿信号灯放在总体电路中,以便观察结果。在这里,时钟产生模块由 100 Hz 时钟产生电路和分频电路两部分组成。

(1)100 Hz 时钟产生电路模块的设计和封装

①创建电路。这里利用 555 组成多谐振荡器,利用电容 C_1 的充放电,使得输出得到矩形波,如图 3.7.3 所示。选择元器件创建 100 Hz 时钟产生电路,并用示波器测试 A 点输出波形和 B 点电容 C_1 的充放电波形,调试相关参数,使输出波形频率为 100 Hz,并记录元件参数和波形。

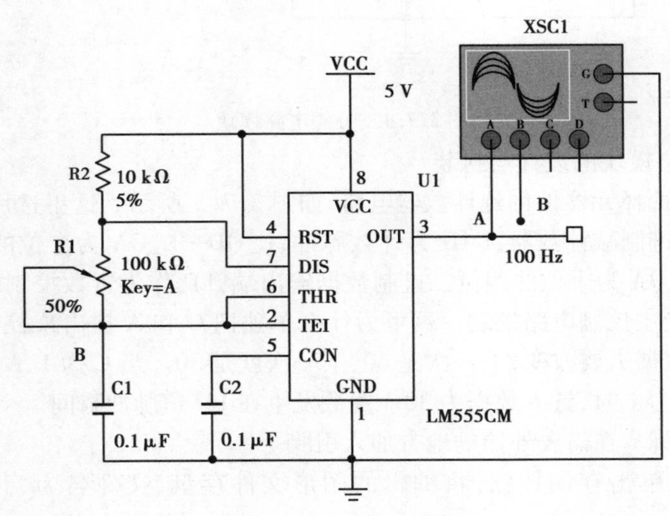

图 3.7.3 100 Hz 时钟产生电路模块

②添加模块引脚。选择“Place”→“Connectors”→“Hierarchical Connector”命令,将其更名为 100 Hz。

③存储文件。单击存储按钮,将编辑的图形文件存盘,文件名为“555 产生的时钟脉冲模块. ms14”。

④模块封装。模块封装在总体电路设计环境中进行。

(2)分频电路模块的设计和封装

①创建电路。选择元器件创建分频电路,如图 3.7.4 所示。在 100 Hz 处加入 CLOCK_VOLTAGE,输入 100 Hz 脉冲信号,用示波器观察输入输出信号,观察输入输出频率关系并做好波形记录。此处选用两个 74LS192 加计数级联进行 20 分频和 100 分频,得到 5 Hz 和 1 Hz 时钟脉冲信号。

②添加模块引脚。在需要外接的地方加入引脚 100 Hz、5 Hz 和 1 Hz。

③存储文件。单击存储按钮,将编辑的图形文件存盘,文件名为“分频电路模块. ms14”。

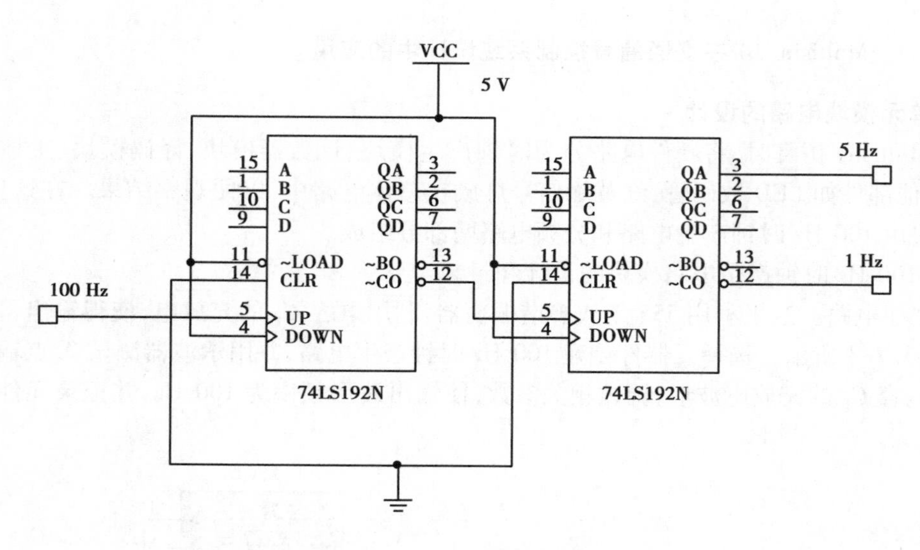

图 3.7.4　分频电路模块

(3)计数器电路模块的设计与封装

①创建电路。选择元器件创建计数器电路,如图 3.7.5 所示。这里选用两个 74LS192 减计数级联组成 100 进制减计数器,1 Hz 为计数脉冲,L_QD—L_QA 为个位的四位二进制数据输出端,H_QD—H_QA 为十位的四位二进制数据输出端,LD 作为置数控制端,C、A 作为可改变的置入数据,都受主控制电路控制。这里为什么单独把 C 和 A 提出来控制,是因为每次计数到 0 后,置入的数据需要改变,上一次是 60,下一次就是 30。当 C 为 1、A 为 0 时,置入数据为 60;当 C 为 0、A 为 1 时,置入数据为 30。置数发生在 LD 负脉冲瞬间。

②添加模块引脚。在需要外接的地方加入引脚。

③存储文件。单击存储按钮,将编辑的图形文件存盘,文件名为"计数器电路模块.ms14"。

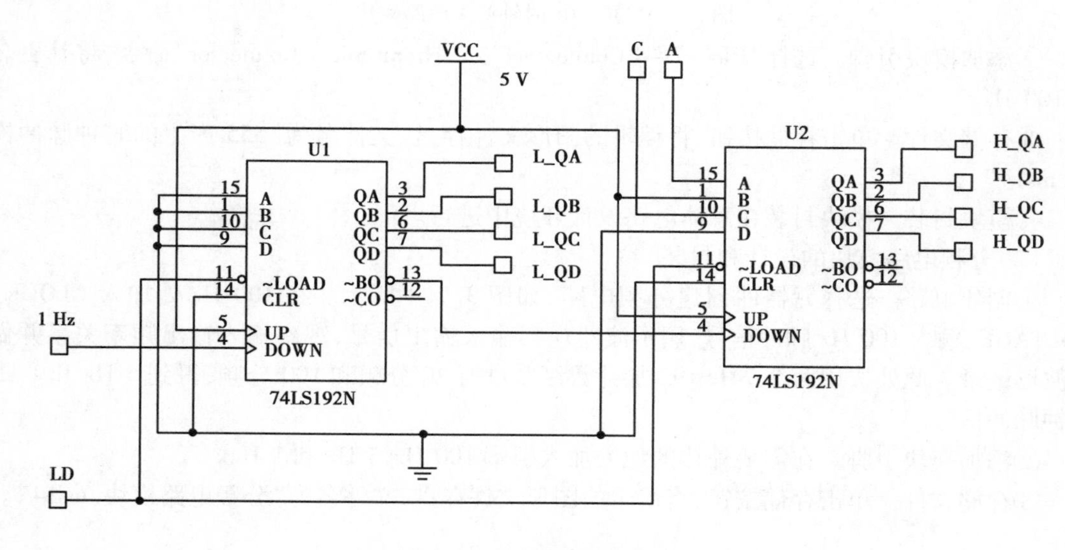

图 3.7.5　计数器电路模块

(4)译码电路模块的设计与封装

①创建电路。选择元器件创建计数器电路,如图3.7.6所示。这里用共阴极数码管译码器4511作为译码器件,输出的每一段串联一个限流电阻,防止输出电流过大,烧毁数码管。

②添加模块引脚。在四个输入端ID—IA和七个输出端Og—Oa接入模块引脚。

③存储文件。单击存储按钮,将编辑的图形文件存盘,文件名为“译码电路模块.ms14”。

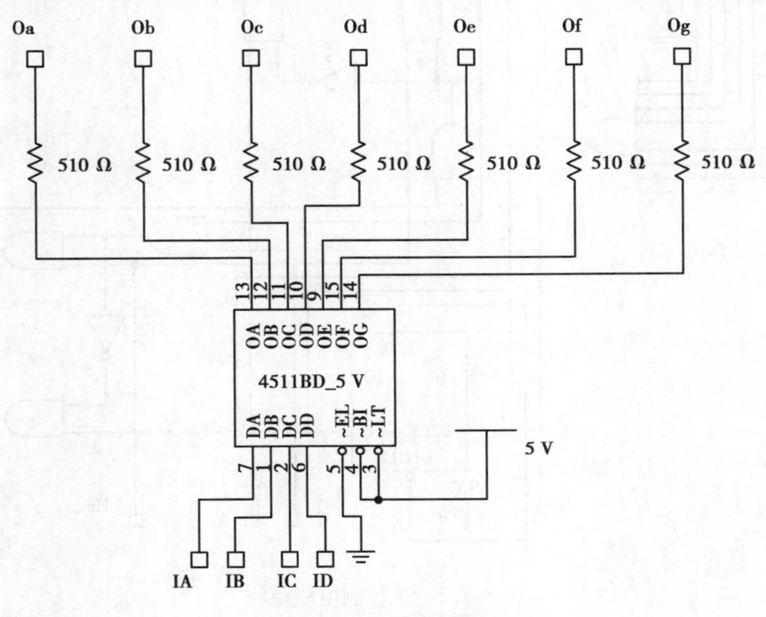

图3.7.6　译码电路模块

(5)主控制电路模块的设计与封装

①创建电路。选择元器件创建主控制电路,如图3.7.7所示。这里用一个8输入或门作为“检0信号”,当计数到0时,输出LD为0,使得计数器置数。置数后LD马上恢复至1,使得计数器又进入计数状态,LD的上升沿触发D触发器,使得触发器输出端Q和~Q发生翻转,也就是C和A的数据发生翻转,为下一次置数准备好数据。图3.7.8为主控制电路的时序图,从中可以看出,在C为1期间,主干道红灯亮,因此R_1直接接C即可。在A为1期间,需要把后3秒区分出来,这里用6输入或非门作为“检3信号”;当为最后3秒时,输出为1,控制5 Hz信号进入Y_1,使得黄灯Y_1闪烁,其余则绿灯G_1亮。

②添加模块引脚。H_QD—H_QA为十位计数器输出端,L_QD—L_QA为个位计数器输出端,R_1、Y_1、G_1分别为主干道的红黄绿灯,R_2、Y_2、G_2分别为支干道的红黄绿灯,LD为置数控制端,5 Hz为控制黄灯闪烁的脉冲输入端,C和A为置数数据输入端。

③存储文件。单击储存按钮,将编辑的图形文件存盘,文件名为“主控制电路模块.ms14”。

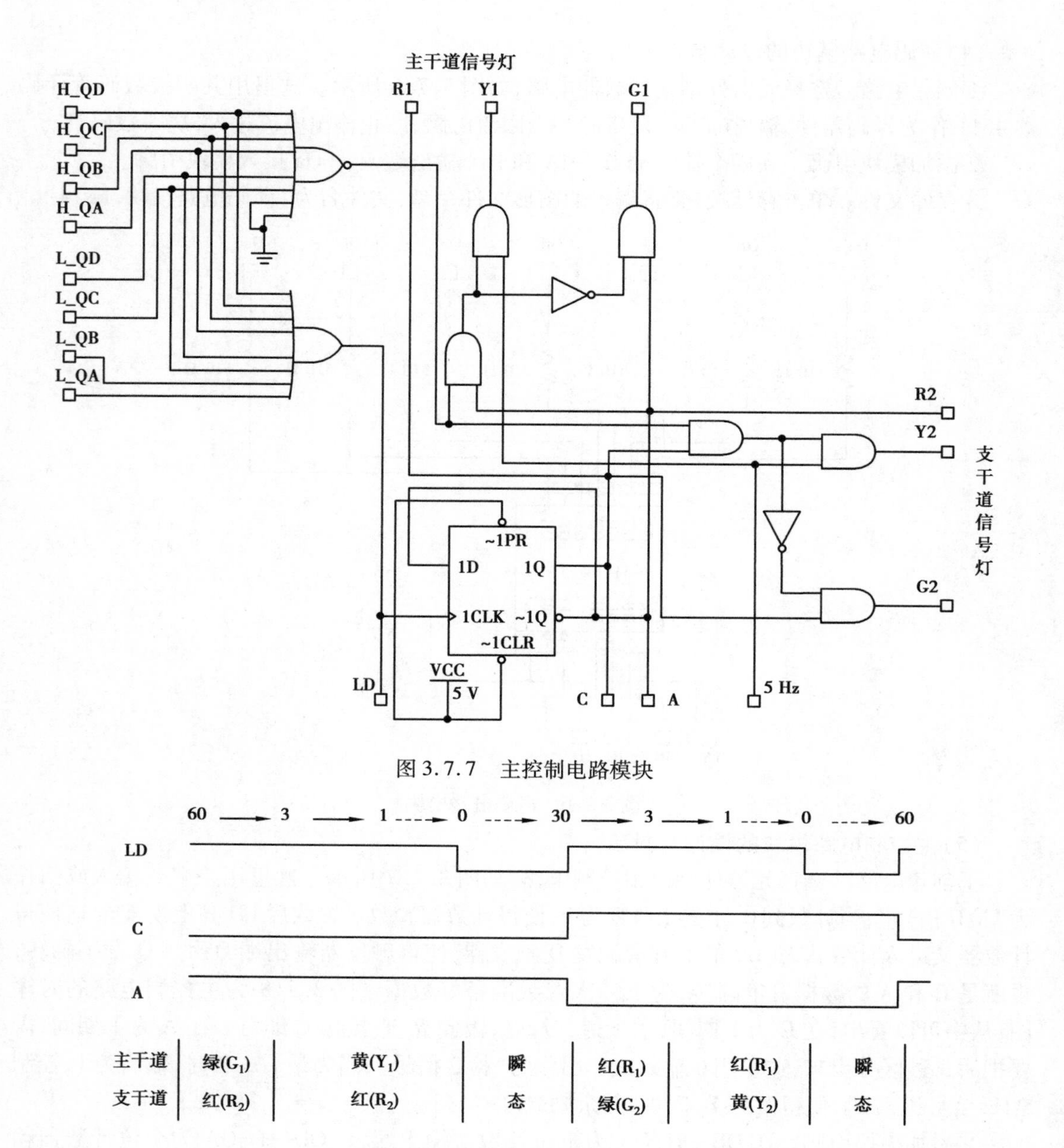

图 3.7.7　主控制电路模块

图 3.7.8　主控制电路模块时序图

2) 总体电路的设计和仿真

(1) 总体电路的设计

①放置模块电路。新建文件,命名为“交通灯总电路”。执行菜单命令“Place”→“Hierarchical lock from file…”或单击放置模块按钮,如图 3.7.9 所示。

图 3.7.9　放置模块按钮示意图

②在弹出的“打开”对话框中选择要封装的模块电路文件“计数器电路模块.ms14”，如图3.7.10所示。

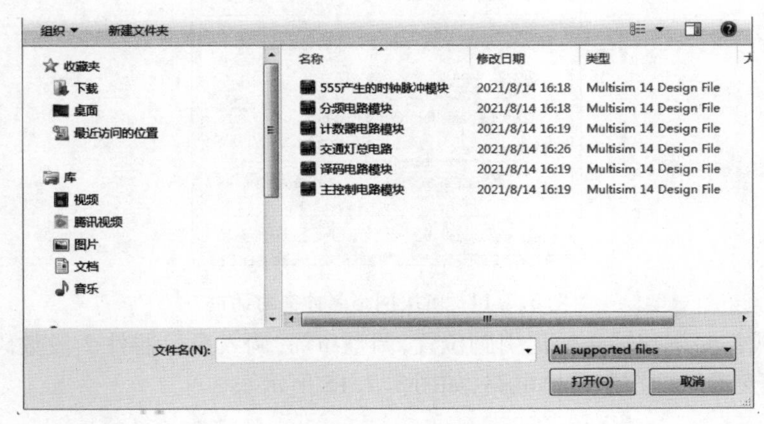

图3.7.10　选择封装的模块电路文件

③单击“打开”按钮，即可实现对电路文件的封装，封装模型如图3.7.11所示。

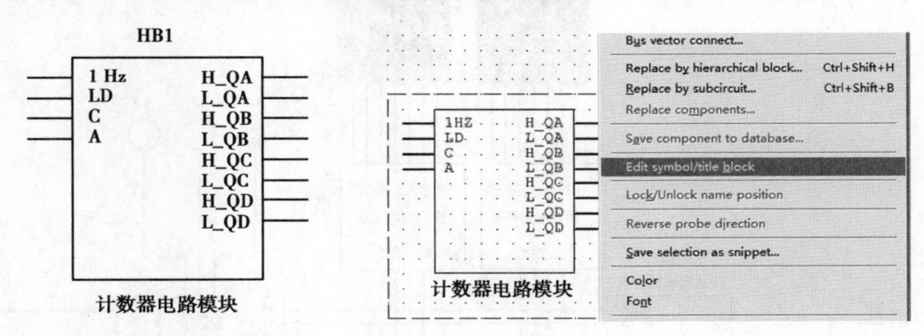

图3.7.11　封装模型　　　　图3.7.12　编辑封装模型的引脚

④在模块图标上右击，选择“Edit symbol/title block（编辑符号/标题栏）”命令，可编辑封装模型的输入输出引脚，如图3.7.12所示。编辑时，通常将输入引脚放在模型的左边，将输出引脚放在模型的右边。经调整后的封装模型如图3.7.13所示，在模块图标上双击，可对模块内部电路重新调整和编辑。

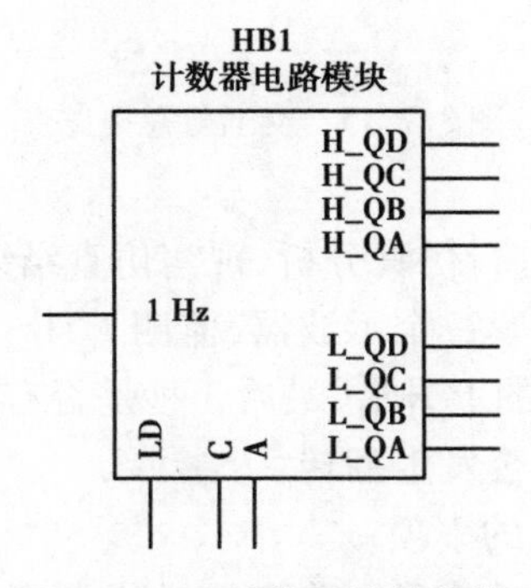

图3.7.13　封装后的封装模型

⑤依次放置“555产生的时钟脉冲模块”“分频电路模块”“主控制电路模块”“译码电路模块”。在放置“主控制电路模块”时，因为部分端口是连在一起的，因此弹出对话框如图

3.7.14 所示。选择“OK”即可,表示两个端口共用一个网络名。

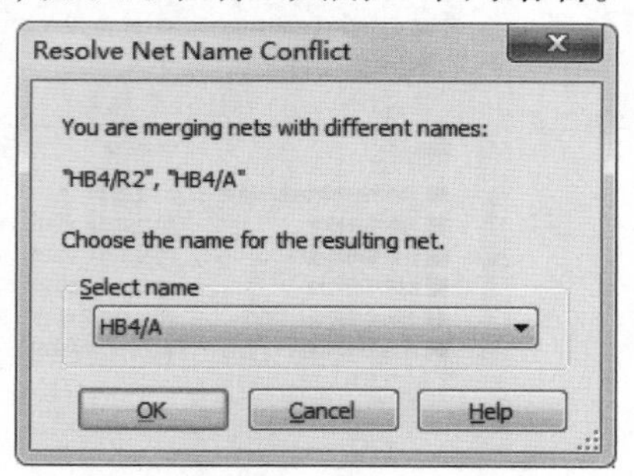

图 3.7.14　解决网络名冲突对话框

⑥根据连线需要调整输入输出引脚位置,调整布局,调入显示器件 7 段数码管和指示灯,进行连线,创建交通管理控制总体电路,如图 3.7.15 所示。

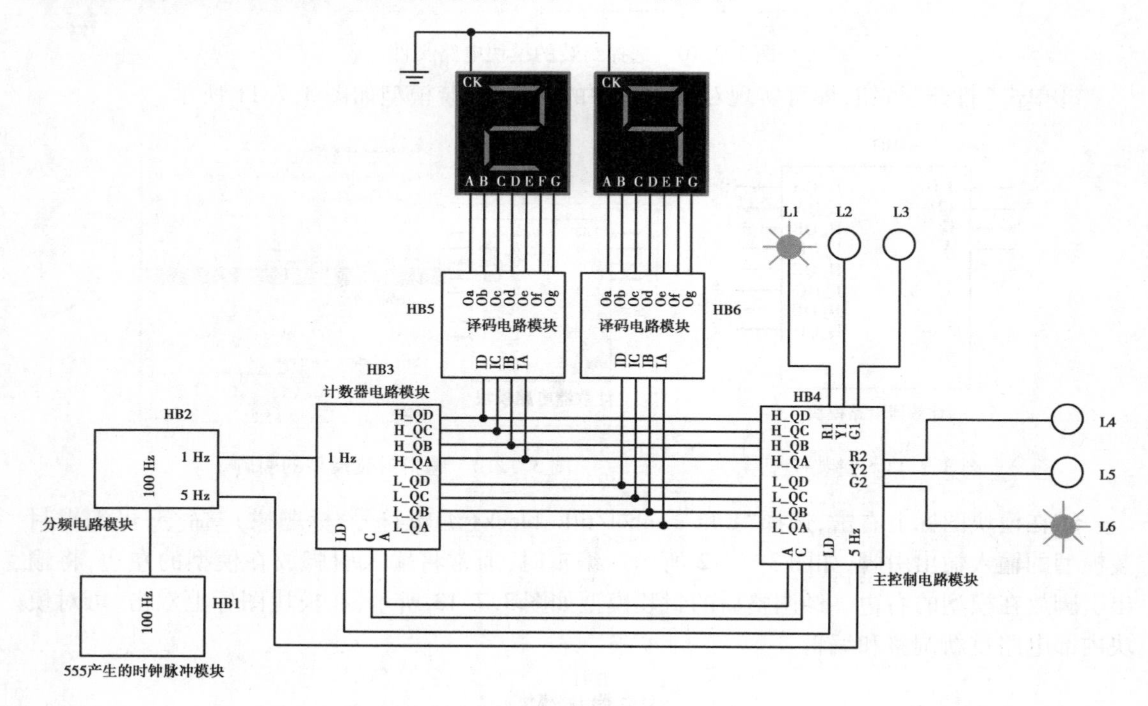

图 3.7.15　交通灯总电路

(2)仿真分析和操作说明

①仿真运行:单击运行按钮,进行仿真分析,观察仿真结果。

②操作说明:可在总电路里放置一个示波器,监测 1 Hz、LD、C、A 几个点,并观察其波形,观察数码管变化是否发生在 1 Hz 的上升沿,最后 3 秒是否有绿灯变黄灯闪烁,计数到 0 时 LD 是否出现负脉冲,A 和 C 的数据是否发生翻转。

(3)复杂电路系统仿真应注意的事项

①采用模块化设计和封装,先对单元电路模块进行仿真分析,再对总体电路进行仿真分析,以提高仿真效率,并使总体电路简单。

②在进行电路设计时,对于输入(如开关)、输出(如 LED 数码管、指示灯、示波器)等不进

行封装操作,以便在总体电路中,容易观察和调整输入输出结果。

③为提高仿真效率,对于电路系统需要用到的时钟脉冲、输出显示部件,设计时可先用系统中的模型替代。等仿真结果满足要求以后,再将设计的脉冲产生电路模块、显示模块接入总电路中。

3.7.4 实验要求

①按任务要求设计交通信号控制系统,并分模块进行仿真和总体电路调试。

②设计任务中把后 3 s 黄灯闪烁改成后 5 s 黄灯闪烁,试设计出该电路并进行仿真。

③设计任务中把 60 s 和 30 s 分别改为 30 s 和 20 s,试设计出该电路并进行仿真。

3.7.5 元件介绍

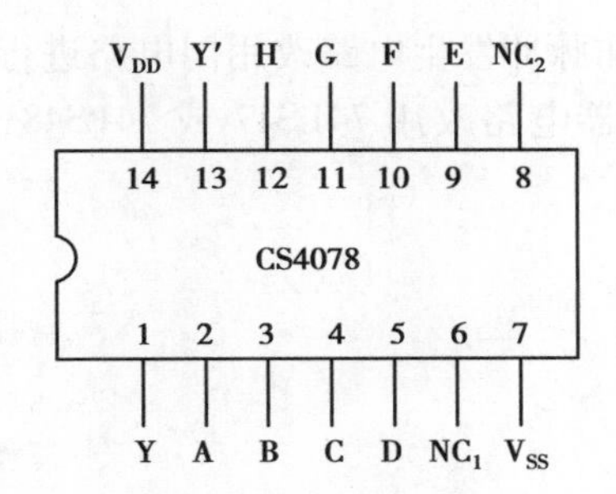

图 3.7.16 八输入或非门/或门 CD4078 管脚图

八输入或非门/或门 CD4078 的管脚图如图 3.7.16 所示,其逻辑功能为:

$$Y=A+B+C+D+E+F+G+H$$

$$Y'=(A+B+C+D+E+F+G+H)'$$

其逻辑功能如表 3.7.1 所示。

表 3.7.1 CD4078 逻辑功能表

输入								输出	
A	B	C	D	E	F	G	H	Y	Y′
0	0	0	0	0	0	0	0	0	1
1	×	×	×	×	×	×	×	1	0
×	1	×	×	×	×	×	×	1	0
×	×	1	×	×	×	×	×	1	0
×	×	×	1	×	×	×	×	1	0
×	×	×	×	1	×	×	×	1	0
×	×	×	×	×	1	×	×	1	0
×	×	×	×	×	×	1	×	1	0
×	×	×	×	×	×	×	1	1	0

思考题

1. 本设计是怎样通过实现数据 0 的检测而实现数据重载的？
2. 重载数据 30、60 是怎样实现切换的？
3. 本设计怎样实现最后 3 s 的检测，并在最后 3 s 实现黄灯的闪烁？

练一练

试用其他芯片进行设计。如脉冲发生电路改用门电路进行设计、分频电路改用 74LS390、计数器电路改用 74LS160、译码器电路改用 74LS47 或 74LS48，试设计出对应的模块，并实现相同功能。

附录 面包板简介

面包板是实验室中用于搭接电路的重要工具，熟练掌握面包板的使用方法是提高实验效率、减少实验故障出现概率的重要基础之一。下面就面包板的结构和使用方法做简单介绍。

面包板的外观和内部结构如附图1所示，常见的最小单元面包板分上、中、下三部分，上面和下面部分一般是由一行或两行插孔构成的窄条，中间部分是由中间一条隔离凹槽和上下各5行的插孔构成的宽条。

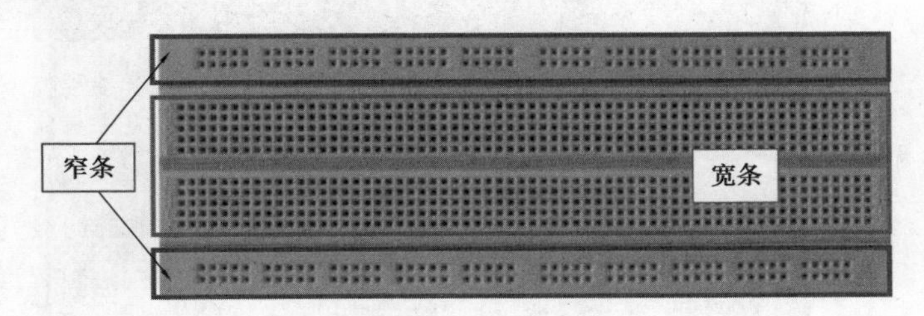

附图1　面包板外观

对上面和下面部分的窄条，外观和结构如附图2所示。

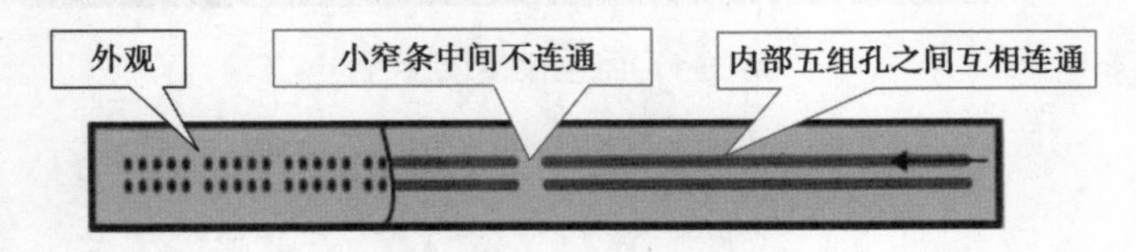

附图2　面包板窄条外观及结构图(5—5结构)

窄条上下两行之间电气不连通。每5个插孔为一组，通常的面包板上有10组或11组。对于10组的结构，左边5组内部电气连通，右边5组内部电气连通，但左右两边不连通，这种结构通常称为5—5结构。还有一种3—4—3结构，即左边3组内部电气连通，中间4组内部电气连通，右边3组内部电气连通，但左边3组、中间4组以及右边3组之间是不连通的。对11组的结构，左边4组内部电气连通，中间3组内部电气连通，右边4组内部电气连通，但左边4组、中间3组以及右边4组之间是不连通的，这种结构称为4—3—4结构。

中间部分宽条由中间一条隔离凹槽和上下各5行的插孔构成。在同一列中的5个插孔是互相连通的，列和列之间以及凹槽上下部分则是不连通的。外观及结构如附图3所示。

是互相连通的,列和列之间以及凹槽上下部分则是不连通的。外观及结构如附图3所示。

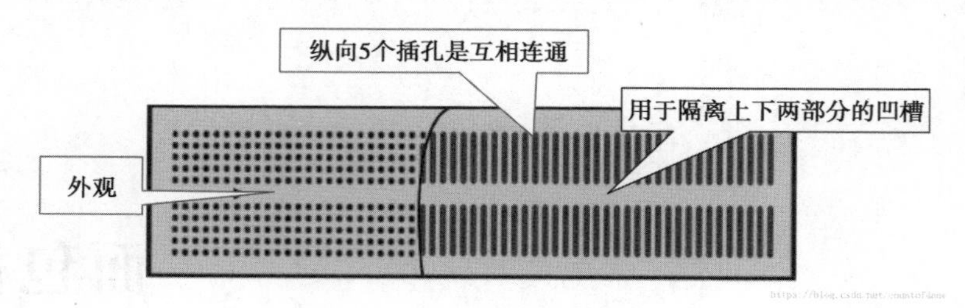

附图3　面包板宽条外观及结构图

窄条一般用于布置电源和地,比如将一条定义为+5V电源,另一条定义为地。宽条一般用于安装电子元件。电子元件安装要遵循以下原则:一是同一个元件的所有管脚要分离开,因此元件只能横放而不能竖放,而双列直插式的芯片必须横放在凹槽的两侧。二是管脚较长的元件(如电阻等),需剪掉多余的部分,紧贴面包板安装。

接线要求规范,如附图4所示。一是一个孔里只能插一根线,二是走线要求横平竖直,三是当需要在凹槽两侧布线时,需要从旁边未接元件的空白区域过渡走线,而不能直接拉斜线,更不能用线将芯片绑住。

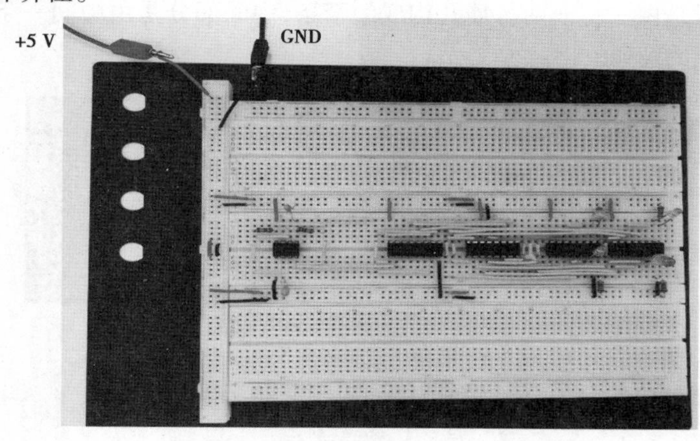

附图4　面包板接线参考

参考文献

[1] 陈晓平,李长杰.电路实验与 Multisim 仿真设计[M].北京:机械工业出版社,2015.

[2] 古良玲,王玉菡. 电子技术实验与 Multisim 12 仿真[M].北京:机械工业出版社,2015.

[3] 古良玲,全晓莉. 电路仿真与电路板设计项目化教程:基于 Multisim 与 Protel[M].北京:机械工业出版社,2014.

[4] 周新.从零开始学 Altium Designer 电路设计与 PCB 制板[M].北京:化学工业出版社,2020.

[5] 刘建清. 从零开始学电路仿真 Multisim 与电路设计 Protel 技术[M]. 北京:国防工业出版社,2006.

[6] 陈桂兰. 电子线路板设计与制作[M]. 北京:人民邮电出版社,2010.

[7] 刘晓稳,陈桂真,薛雪.电路实验[M]. 2 版.北京:机械工业出版社,2016.

[8] 刘莉.电路实验教程[M]. 武汉:武汉理工大学出版社,2015.

[9] 吴霞.电路实践教程[M]. 北京:电子工业出版社,2018.

[10] 范长胜.电学基础实验指导电路部分[M]. 哈尔滨:哈尔滨工业大学出版社,2018.

[11] 李姿,梁爽.电路与电子技术实验教程[M]. 北京:北京理工大学出版社,2018.

[12] 王英.电路与电子技术实验与实训教程(少学时)[M]. 西安:西安交通大学出版社,2018.

[13] 邓泽霞.电路与电子技术实验[M]. 重庆:重庆大学出版社,2019.

[14] 彭小峰,王玉菡,杨奕.电工电子技术实验[M]. 重庆:重庆大学出版社,2017.

[15] Charles K. Alexander,Matthew N. O. Sadiku.电路基础(原书第6版·精编版)[M]. 段哲民,周巍,隐熙鹏,译.北京:机械工业出版社,2019.